卡耐基人生正能量

刘佰龙 编著

中国纺织出版社

内 容 提 要

戴尔·卡耐基，被誉为美国现代成人教育之父，美国著名的人际关系学大师，卡耐基利用了大量普通人不断努力取得成功的事例，通过演讲和书唤起无数陷入迷惘者的斗志，激励了许多人从失落的人生中解脱出来，重新取得辉煌的成功。

本书精心提炼出卡耐基的正能量思想精华，列举了许多关于卡耐基亲身经历或讲述的真实故事，通过生动鲜活的例子教会读者学会如何积聚正能量，如何将负能量转化为正能量，如何充分发挥正能量，修炼阳光心态，从而全面提升自我，打造圆满人生。

图书在版编目（CIP）数据

卡耐基人生正能量／刘佰龙编著. —北京：中国纺织出版社，2013. 9（2024.4重印）
ISBN 978-7-5064-9888-3

Ⅰ.①卡… Ⅱ.①刘… Ⅲ.①成功心理—通俗读物 Ⅳ.①B848.4-49

中国版本图书馆CIP数据核字（2013）第162845号

策划编辑：闫星　　责任编辑：曲小月　　责任印制：储志伟

中国纺织出版社出版发行
地址：北京朝阳区百子湾东里A407号楼　邮政编码：100124
邮购电话：010—67004461　传真：010—87155801
http：//www.c-textilep.com
E-mail：faxing@c-textilep.com
北京兰星球彩色印刷有限公司印刷　各地新华书店经销
2013年9月第1版　2024年4月第2次印刷
开本：710×1000　1/16　印张：19.5
字数：248千字　定价：85.00元

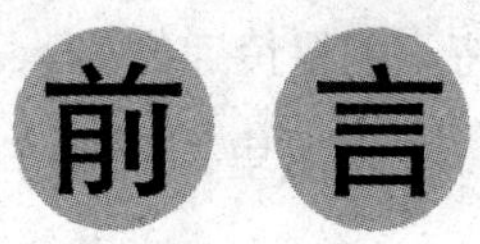

前言

戴尔·卡耐基，被誉为美国现代成人教育之父、美国著名的人际关系学大师、西方现代人际关系教育的奠基人；同时，他被誉为20世纪最伟大的心灵导师和成功学导师。在20世纪早期，美国经济陷入大萧条，战争和贫困致使人们失去了对美好生活的愿望。在这个时候，卡耐基作为正能量的代表出现了，他独辟蹊径，开创了一套融演讲、推销、为人处世、智能开发为一体的教育方式，同时运用了社会学和心理学，对人性进行了深刻的探讨和分析。在这个过程中，卡耐基利用大量普通人不断努力取得成功的故事，通过演讲和著书唤起无数陷入迷惘者的斗志，激励了许多人从失落的情绪中解脱出来，重新取得辉煌的成功。直到今天，卡耐基仍是众多失意者的心灵导师，指引着那些在黑暗中迷路的人找到前进的方向，帮助了无数的人成为拥有正能量的人。

在宇宙中，既充满了正能量，也充斥着负能量。我们生活的世界，是被正能量支配着的。其实在生活中，每一个人都具有能量场，人的一生就是一个耗量过程，假如我们不进行人为的控制，那这个人的能量就只会减弱而不会增强。正能量是代表积极向上的能量，能给人以重新焕发的精神活力。有的人乐观积极，对生活充满热情、希望和信念，就像一个正能量磁场，可以补充或改造四周较弱的负能量磁场；同时，这些人的正能量还能吸引并增强小的正能量磁场，在遇到较强负能量的时候，往往可以起到中和的作用，会逐步减弱负能量给我们带来的负面影响。简而言之，那些浑身充满正能量的人，在人际交往中往往是受欢迎的。无疑，戴尔·卡耐基正是这样一个充满正能量的人；不仅如此，他还能够通过具体有效的方

法将正能量传递给别人。

在本书里，列举了许多关于卡耐基亲身经历或讲述的真实故事，通过生动鲜活的例子，向您传递源源不断的正能量。假如幸运的您拥有了这本书，那将是您人生新方向的开始。

编著者

2013年6月

目录

上篇　幸福生活，用正能量来加持

中篇　完善自我，正确认识正能量

下篇　完满生活，正确运用正能量

上篇

幸福生活，用正能量来加持

能量，似乎听起来更像是一个物理词语，而跟我们那些抽象的生活毫无关系。不过，生活中一直有一种支撑我们不断前进的东西，那就是正能量。试着将人体比作一个能量场，通过激发内在潜能，能够让人呈现出一个新的自我，从而变得更自信、更有活力。所以卡耐基说：幸福生活，需要用正能量来加持。

第1章　心向着阳光，拥抱正能量

成功大师卡耐基认同这样一句话："如果你背后有阴影，别担心，那是因为你前面有阳光。"其实在这个世界上，阳光的分布从来都是不均匀的，在许多不为人知的角落，或许只有阴影和阵阵寒意。但请别忘记，只要我们心向着阳光，那就一定会怀抱希望，从而拥抱正能量，为前进的步伐加油。

负能量从哪里来

负能量与正能量相对，电影《神探亨特张》使"负能量"这个词语开始流行起来。在卡耐基看来，负能量是一种快速降低人的情绪，使人陷入低沉的东西。换言之，就是负能量只会让我们变得越来越糟糕，甚至最后将我们吞噬。我们经常用来安慰人的一句话是"人生不总是一帆风顺的"，但似乎这句话的效用只会发生在我们说给一些失意的人时。实际上，我们自己似乎从来没有去深思这句话的含义，一旦发生了许多让自己不开心的事情，我们就会想到逃避，甚至开始在体内滋生一系列负能量：自卑、贪婪、嫉妒等。而这些将会摧毁我们好不容易建立起来的自信和成功，一步步将我们拉入深渊。

卡耐基讲过一个主人公名叫里昂的故事：里昂多年以来一直担任西蒙出版公司的高层主管，目前是纽约州纽约市洛克菲勒中心袖珍图书公司的

董事长。

在过去的15年里，里昂每天都需要把一半的时间用来开会和讨论问题，比如这个问题应该这样还是那样；或者这个问题根本不用理会，这时里昂都会表现得异常紧张，坐立不安，在房间里走来走去，与下属讨论并不停地争辩，直至将会议开到晚上。散会时，里昂总是感到精疲力尽。

这样的日子重复了很多年，里昂以为他这一辈子都会这样，不过有时也在想，或许会有更好的办法。在这之前，如果有人告诉里昂，减少四分之三的会议时间，可以消除四分之三的紧张感，那里昂会觉得这个人真是盲目的乐观主义者。不过，在经过很长时间的摸索之后，里昂觉得这真的可以。对此，里昂是怎么做的呢？

第一，里昂马上停止了那套15年来会议中一直使用的程序，比如在以前，里昂会跟那些同事先报告一遍问题的细节，最后再询问“我们该怎么办呢？”

第二，里昂订下了一条新的规矩，任何人想要问他问题，必须事前准备好一份书面报告，并准备三个问题：

1.到底是出了什么问题？

在过去我们这种会议一般都要开一两个小时，但是大家还弄不清楚真正的问题在哪里，大家经常是愿意讨论问题，却不愿意提前写出来所讨论的问题究竟是什么。

2.是什么导致了问题的出现？

回想了过去的会议，里昂惊奇地发现，这种会议虽然浪费了很多时间，但是最后却没有找出导致这个问题出现的原因。也就是说，这个会议根本没有达到预期的效果。

3.怎样来解决这些问题？

出现了问题肯定需要解决，在过去的会议上，只要有一个人提出了一个解决方法，就有其他的人为此跟他争论，结果常常是说着说着就说到了别的话题，直到开完会，还没有找到解决问题的办法。

当里昂提出这样几个问题之后，他说："过去那些跟我一起开会的人，经常会在会议上绕圈子，却从来没有想出过切实可行的解决方法。现在，我的下属很少会拿着他们的问题来找我了，因为当他们发现需要回答我上面这几个问题时，已经在仔细思考问题了，当他们做了这些之后，就发现大部分问题都不需要再来找我商量了。"

以上就是里昂摆脱负能量的过程。在过去，每当里昂结束一个会议时，总感觉很累，而且感觉更糟糕的是既浪费了时间，又没有解决问题，却根本没达到自己想要的效果。这样长此以往，最终的结果是里昂对开会越来越提不起精神，甚至一听到"开会"这两个字就会害怕，这其实就是一种负能量，它不断地使人否定自己，打击自信心，最终变得更糟糕。

不要否认，负能量一直存在于我们的潜意识里，就像一个魔鬼，只是在我们没唤醒它的时候，它就像一个熟睡的孩子；一旦触动，则会影响我们的身心，乃至一生的幸福生活。在每个人的身体内部都潜伏着负能量，它通过潜意识微妙地影响我们生活中的每一件事。看似它的存在可以忽略不计，但其实它占据了属于强大的正能量的空间。

卡耐基认为，在生活中每个人都有面对困难和痛苦的经历，它们显然是负能量的来源，而且到最后人们会发现，这些痛苦糟糕的经历带来的创伤会在自己内心某个地方留下情感的伤疤，成为挥之不去的阴影。当然，负能量不仅仅来自于这些糟糕痛苦的经历，甚至有时候生活中的小事也有可能成为我们负能量的来源。

1.喜欢轻易下结论

人们或许不知道，轻易下结论是一个隐蔽的陷阱，它会让我们很容易把一个人的行为和他的为人联系起来。其实关键点在于，我们在不同的时间有不同的处事方式，这会带来多方面的变化，每件事情的变化都会影响到我们的情绪以及自控能力和对待他人的方式。

2.喜欢比较

许多人都有攀比心，这其实是一种不健全的心态，因为在竞争激烈的环境下，我们更应该清楚，有人会成功，就有人会失败。生活并不是和其他人的一场竞赛，我们只需要做好自己，成为自己梦想中的那个人，永远不要沉浸在攀比的游戏中。

3.总觉得自己很委屈

许多人总是存在这样一种心理，好像全世界只有自己最委屈，从而始终扮演着一个受害者的角色。其实，这是我们不愿意承担个人责任的表现，假如我们总觉得自己很可怜，那我们就会长期处于一个自卑、自闭、负面而狭隘的状态，我们会拒绝正能量的加入，导致最后受到更多的负面影响。

4.总看到事情不好的一面

其实，这个世界是美好的，但我们的知觉影响着我们看待事情的方式。假如我们总是看到事情不好的一面，那我们的感受将极其糟糕，那些糟糕的感觉会不断地被扩大，而良好的感觉则会被缩小。于是，负能量就会在我们体内滋长，日积月累将毁掉我们原本美好的生活。

5.总想找个替罪羔羊

当一件不好的事情发生时，我们总会问：这是谁的错？之所以会问这个问题，主要是想找出该对这件事负责的人，希望把责任推到别人身上，让自己得到解脱。虽然我们暂时释放了一些负能量，但是这会让我们的人格受到损害，这时勇敢地承担责任，才是让自己强大起来的方式。

6.想讨所有人的喜欢

不管你是谁，在这个世界上总会有人喜欢你，也总会有人不喜欢你。或许，有人会同意你的观点，也有人会反对你的观点。但不管怎么样，在任何时候都不要为了迎合他人的喜好而改变自己，世界上没有两片一模一样的叶子，人也是一样。如果你总是在为了讨好别人而刻意改变自己，那只会逼着自己走入无限的困惑之中。只有找到真正的自己，你才会坦然地

接受阳光的洗礼。

7.总喜欢回忆痛苦的经历

就好像祥林嫂不断地向人们诉说自己的痛苦经历一样，许多人总是沉浸在痛苦的回忆中，固执地收集着那些不愉快的经历和情感，日积月累，那些糟糕的感觉便如毒气一样挤压在胸口，一旦爆发就会伤得自己体无完肤。我们应该知道，执著于负面情绪就好像服毒，会上瘾，而且会推着我们走向灭亡之路。所以，对于不愉快的经历，应该学会释怀、淡忘。

心向阳光，摆脱负能量

卡耐基说：“不论压力有多大，每个人都能坚持到夜幕降临；无论多么艰难，每个人都能尽力完成一天的任务。在从太阳升起到落下的一天里，我们都能够真诚、愉快地面对生活，这就是生命的真谛。”当我们的心向着阳光时，阴霾天气还会有可乘之机吗？一旦拥有了阳光心态，我们就会彻底地摆脱负能量。其实，一个人内心的负面情绪、心理、思想，如嫉妒、陷害、攀比、贪婪、懒惰等都会让其行为引入负面效应，这样就会产生负能量。我们要学会控制自己的负面情绪、心理，避免将内心那些不愉快的情绪转化为负能量，因为这只会给自己的身心带来诸多伤害。

卡耐基在一次与威利·卡瑞尔一起吃午餐的时候，听到了卡瑞尔先生关于摆脱负能量的经历：

卡瑞尔年轻时在纽约州水牛钢铁公司打工。有一次，他被派往投资高达数百万美元的密苏里州匹兹堡玻璃公司去装配两台煤气结晶器，以清除杂质，使煤气完全燃烧并减轻引擎磨损。当时，这种清洗煤气的新方法仅仅是第二次应用于工业生产，技术还不够成熟，因此出现了许多意想不到的问题。卡瑞尔经过反复调试之后，机器虽然勉强可以运转，但并未达到设计效果。

当时的情况令卡瑞尔尴尬，他遭受了多年以来少有的重大打击，糟糕的情绪使得他肠胃痉挛，疼痛难当，在很长一段日子里都寝食难安。经验告诉卡瑞尔，那些滋生在体内的负能量会越来越多，于是经过一番思考，卡瑞尔终于想到了一个既可以解决问题，同时也可以消除负能量的方法。

第一步，卡瑞尔坦然分析自己所面对的最坏结局，即便是彻底失败，也只会是老板损失两万美元，自己可能丢掉工作，不过绝不可能去坐牢或者被枪毙，这是毫无疑问的。

第二步，卡瑞尔鼓励自己接受这个最坏的结果，他告诫自己，尽管这样，但还能找到新的工作。至于老板，他们也知道这是在试验期，损失的两万美元还付得起，权当付了实验经费。接受了最坏的结果之后，卡瑞尔反而一身轻松，心平气和。

第三步，此后，卡瑞尔开始把时间和精力投入到改善最坏结果的努力中去。他尽可能地想一些补救办法，减少损失的数额，经过几次试验，他发现如果再花五千美元买些辅助设备，就可以解决问题。于是，老板按照卡瑞尔所提出的建议去做，结果公司非但没有损失那两万美元，反而赚了一万五千美元。

最后，卡瑞尔补充道："要是当年我一直担心下去的话，恐怕永远不可能功德圆满了，因为负能量的最大破坏力，就是毁掉一个人的专注力，让人思维混乱，无法作出决定。然而，当我们迫使自己做最坏的打算，同时又做最好的准备时，我们就能轻松掌控全局，因为真实的结果不会更糟了，这样我们就处于心理上的优势地位，进而可以心无旁骛地解决问题。"在后来的几十年，卡瑞尔一直使用这个摆脱负能量的方式，结果在他的生活里很难见到忧虑和烦恼的影子。

在生活中，许多人遭受过负能量的影响，却不知负能量究竟是如何侵

入自己内心的。其实，这一方面是因为人们没有清楚地意识到它的存在，另外一方面是因为人们没有明白忽略它可会能带来的影响。不过，假如我们没有摆脱负能量的正确方法，即便是意识到或者明白这样做的重要性也没有太大的作用。那么，有没有办法可以阻止负能量的产生，而且防止它累积起来阻碍我们追求想要的生活呢?

1.能量守恒定律

根据能量守恒定律可知，能量不会凭空产生或消失，它只会转化为其他形式或转移到另外一个物体中，总量是不变的。正能量是一种健康乐观、积极向上的动力和情感，但现代社会的快速发展使得越来越多的人感觉到正能量不足，他们开始愤怒、悲伤，感到前途渺茫，于是负能量开始滋长，正能量则不断缺失。不过，只要我们摆正心态，在压力之下唤醒动力，负能量就一定会转变为正能量。

2.不为小事烦心

哲人说："人生就像一朵鲜花，有时开，有时败，有时候面带微笑，有时候却低头不语。"无论人生这朵花几时开几时凋谢，我们依然过着自己的生活。即便你昨天刚遭遇了失恋的打击，依然需要保证第二天准时打卡上班，因为没有哪一家公司是可以为那些失恋的人提供假期的，也没有人会关注到你红了的眼眶。因此，为了这样一点小事情，我们有必要烦恼吗?

3.摆脱负能量的万能公式

成功大师卡耐基总结出了摆脱负能量的万能公式：首先，你应该问自己，最坏的可能是什么；其次，做好准备迎接它；最后，镇定、坦然，想方设法对可能的最坏情况加以改善。

摆正心态，即使天塌下来，也不是什么大不了的事情，还要努力享受眼前的美景。对于那些烦心的问题，如果实在找不到解决的办法，不妨先放一放，等到自己心情完全平静之后再去考虑，那时说不定所有的问题都会迎来柳暗花明又一村的光景。

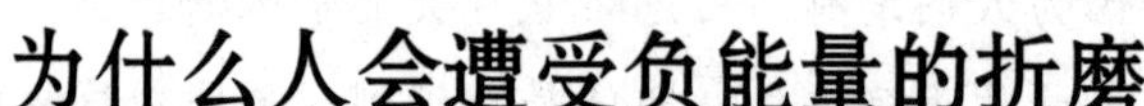

为什么人会遭受负能量的折磨

卡耐基有时会回忆："多年前的一个夜晚，邻居匆忙来按我家门铃，让我们一家去种牛痘以预防天花。惊恐的人们排着长队，多个接种站的两千多名医生、护士夜以继日地工作，这一切都是因为纽约有八人患上天花，其中两人死亡——800万纽约市民仅仅死亡两人。"这时，卡耐基发出这样的感叹："我在纽约市居住了37年之久，可从没有人上门提醒我要预防精神上的忧郁症，在过往的37年中，这种病症对人的危害，远胜天花万倍。"其实，卡耐基这里所指的精神上的忧郁症就是负能量的一种。可以说，在现实生活中每十人中就有一人会精神崩溃，而大部分源于忧虑和情感冲突。为什么人会遭受负能量的折磨？

吉姆是一位年轻的汽车销售经理，他的前途充满了无限希望。但是，吉姆的情绪却非常压抑，意志消沉，他觉得自己快要死了。甚至，他开始为自己挑选墓地，为自己的葬礼做好准备。其实，吉姆的身体只是出了一点小问题，有时候会呼吸急促，心跳很快，喉咙梗塞。医生规劝他："你只需要坦然地生活，退出自己热爱的汽车销售行业就行了。"

吉姆在家里休息了一阵子，但他还是感到焦虑和恐惧，于是，他的呼吸变得更加急促，心也跳得更快，喉咙依然梗塞。这时，医生劝他到外面去透透气，吉姆照做了，但依然无法消除内心的焦虑和恐惧。一周过去了，吉姆回到家里，他感觉死神快降临了。朋友告诉吉姆："赶快打消你的疑虑！如果你到明尼苏达州罗切斯特市的梅欧兄弟诊所，你就可以彻底地弄清病情，而不会失去什么，赶快，立即行动。"吉姆听从朋友的建议来到了罗切斯特，实际上，他担心自己会在路途中突然死亡。

在梅欧诊所，医生给吉姆做了全面检查，并告诉吉姆："你的症结是吸进了过多的氧气。"吉姆先是一愣，然后大笑了起来："那真是太愚蠢了，我怎样对付这种情况呢？"医生说："当你感觉呼吸困难、心跳加速

的时候，你可以向一个袋子呼气，或者暂时屏住气息。”医生递给吉姆一个纸袋，吉姆照办了，结果，他发现自己的心跳和呼吸都变得很正常，喉咙也不再梗塞了。当他离开诊所的时候，他已经变得容光焕发，原来这一切症结都在于他内心的焦虑和恐惧。

焦虑和恐惧就是一种负能量，长期被这种负能量侵扰会让我们相信，某个想象中的不好的事情将变成现实。然而，就是在这样的消极心理中，那些预感会发生的事情真的发生了。到最后，我们的焦虑和恐惧越来越严重，以至于身体发生疾病。在这里，卡耐基告诫大家：心理不健康，诸如焦虑或恐惧，将导致我们的身体不健康。

卡耐基认为，相较于负能量，正能量给人以向上的信心和希望，鼓舞人不断地追求幸福生活。现代社会是一辆疾驰的列车，它更需要能量的驱动，而负能量就好像是劣质的汽油，会对列车造成致命的损害，甚至引发故障而抛锚。因此，只有创造更多的正能量，“列车”才能安全地驶向远方。不过，在消灭负能量，创造正能量之前，我们还需要了解为什么那么多人会遭受负能量的折磨。

1.专注于负面情绪会上瘾

当一个人总是沉浸在负面情绪中，时间长了是会上瘾的，这就好像吸毒一样。比如，失恋的女孩子总是想办法去打探前男友的消息，而且控制不住自己，一旦打听到前男友的消息，她便或悲伤或高兴，但可怕的是这种行为会把她带到过去痛苦的感情世界里，结果越是强迫自己忘记，越是深陷其中。

2.人总是可怜地想破罐子破摔

一个人一旦被负面情绪所困扰，体内便全是负能量的冲撞，此时已经开始放弃自己了。不管怎么样，我们永远都需要认清一个事实，那就是在这个世界上除了你自己，没有谁可以打败你。假如你总是画地为牢，将自己牢牢设限在某个位置，破罐子破摔，那你永远都走不出来。

别担心背后有阴影，因为你前面有阳光

如果你背后有阴影，别担心，因为你前面有阳光。美国第16任总统林肯在患抑郁症期间说了一段感人肺腑的话："现在我成了世界上最可怜的人，如果我个人的感觉能平均分配到世界上每个家庭中，那么，这个世界将不会再有一张笑脸，我不知道自己能否好起来，现在这样真是很无奈，对我来说，或者死去，或者好起来，别无他路。"所幸的是，林肯终于战胜了抑郁症，成为美国著名的总统之一。对每个人来说，悲观、抑郁就是漂浮在天空中的乌云，那是一种令人恐惧的负能量。它遮住了生活的阳光，给我们带来了无尽的阴霾。如果我们想要拥抱正能量，就应该远离悲观、抑郁，积极乐观地活着。悲观的心境是肥沃的土壤，它可以得到很好的营养，使悲观情绪茁壮地成长；而乐观则好像是喷雾剂，在飘洒阳光的同时，将那些在体内暗暗滋长的负能量慢慢溶解，直至消失不见。

卡耐基小时候经常会因为自己又宽又大的耳朵而成为同学们嘲弄的对象。有一次，班上一个叫怀特的男孩与卡耐基发生了争吵，生气的卡耐基说了几句刻薄的话，怀特被激怒了，便恐吓他："总有一天，我要剪掉你那双讨厌的大耳朵。"这可把卡耐基吓坏了，他几个晚上都不敢睡觉，因为害怕自己进入梦乡以后被怀特剪掉耳朵。

童年的卡耐基就发现，自己具有与生俱来的忧郁性格。他曾向朋友倾诉：烦恼伴随着我的一生，我一直想弄明白自己的忧虑来自何处。有一天，卡耐基帮母亲摘取樱花的种子，突然哭泣起来，母亲问："你为什么哭？"卡耐基边哭边回答："我担心自己会像这种子一样，被活活埋在泥

土里。”童年的卡耐基，恐惧的事情有很多：下雷雨时，担心会被雷打死，年景不好时担心以后没有东西吃，还担心死后会下地狱，长大之后更加会胡思乱想，想自己会不会被女孩子取笑，担心没有女孩子会愿意嫁给自己。不过后来他才发现，那些令自己十分恐惧的事情，大部分都没发生。

试想，像卡耐基这样没有自信，几乎被各种各样莫名其妙的忧虑缠绕的小伙子，最终却成为自信、让人们乐观的心理激励大师，这需要经历怎样的一个过程呢？那是因为卡耐基一直相信：如果你背后有阴影，那是因为你前面有阳光。

当然，卡耐基的乐观还来自他母亲的鼓励。母亲天性乐观，百折不挠。一次发生大水灾，洪水冲出了河堤，把农场的所有农作物冲得不见踪影。卡耐基的父亲用绝望的声音喊道：“上帝，你为什么总是和我过不去？我什么时候才能走出困境？”而母亲却表现得相当镇定，她甚至哼唱着歌，将家园重新收拾好。在卡耐基的成长过程中，母亲一直对他寄予厚望，鼓励他好好读书，希望他将来做一名传教士或一名教员。

通常积极乐观的心态会让一个人体内的“负能量”无处藏身。而那些习惯于活在抑郁、悲观生活里的人，一点小小的烦恼对他来说就恰似一颗毒瘤，每天不停地生长着，最终毒瘤化脓将他吞噬了。所以，如果你不想继续败给负能量，那就要先学会培养积极乐观的心态，有了这样的心态，面对再多的“负能量”也不怕。

1.换个角度看问题

曾经听过这样一个故事：一个老太太有两个儿子，一个卖伞，一个刷墙。于是，老太太天天闷闷不乐，提心吊胆，因为天晴的时候，她担心儿子的伞卖不出去，下雨的时候，她又开始发愁另外一个儿子没法刷墙。后

来，一位智者告诉她："要换个角度看问题，你想想，下雨的时候伞卖得最多，天晴的时候刷墙正好，什么时候都不会错的。"老太太听了，笑逐颜开，而且再也不担心了。

其实，人生就是这样，无论你处于什么样的境地，换个角度看问题，你就会发现我们打开了心灵的另一扇窗户，就会发现人生是美好的，而我们所遭遇的那些根本算不了什么。

2.不要被固有的思维所束缚

老师在黑板上画了一幅画，白纸中画了一个黑色圆点。老师问学生："你们看见了什么？"全班同学一起回答："一个黑点。"老师说："你们只说对了一部分，画中最大的部分是空白，只见小，不见大，就会束缚我们的思维，许多人不能突破自己，原因就是在这里。"很多时候，传统的思维定式会束缚我们的想象力，而以创新的思维看待问题，我们可能会有新的发现。

负能量将危害人的身体健康

卡耐基曾说："一个失去了健康的人，就算他赢得全世界，也不能算作真正的成功人士。即使他拥有全世界，每晚也只能占据一张床，一日也只能享用三餐。哪怕是一个挖水沟的人也能做到这一点，甚至可以睡得更安稳、吃得更香。我宁愿做一个普通的农夫，闲来能够悠然弹奏五弦琴，也不愿作为企业家，45岁不到就因为忙于管理而自毁健康。"现代人越来越焦虑，是因为内心隐藏着一种恐惧，既担心自己的生存状况，又惧怕生老病死。其实，这就是典型的负能量。长此以往，原本健康的身体被心理折磨得奄奄一息。卡耐基说：心理不健康是导致身体不健康的主要因素。比如，有的人身体感到不舒服的话，就总是怀疑自己生了

病，整天陷于恐慌之中。其实在很多时候，这些只是小病或者根本就不算病，而是内心负能量的影响，比如焦虑和恐惧。当然，心病还得心药医，保持健康的心理，心病自然就会消除，那些在阴暗处滋长的负能量也会在阳光下消失。

康尼·麦克是美国棒球名将，他曾遭受焦虑的困扰，后来摆脱了焦虑症，停止了没有理由的恐惧，变得既长寿又健康。康尼这样回忆道："刚开始打棒球的时候，根本没有钱可挣，而且常常被空罐子或马具绊倒。等到球赛结束了，我们就用空帽子向观众收点小费，以供奉母亲，养育幼小的弟弟妹妹，那点钱是绝对不够的，有的球队甚至只靠草莓充饥。我有足够的理由焦虑，因为我是唯一连续7年陪末座的棒球队经理，也是8年里唯一输过800场棒球赛的经理。以前一连串的挫败令我焦虑到不吃不喝，但是后来，我决定不再焦虑了，如果不是当时就停止忧虑，我早就躺在棺材里了。"

在遭受焦虑困扰的日子里，康尼发现焦虑对自己毫无益处，不但会危害自己的事业，还会危害自己的健康。后来，他逐渐发现了克服焦虑和恐惧的方法：忙着为未来赢球作策划，没有时间去焦虑和恐惧已经输了的球局；绝不在球赛结束后24小时内批评球员。原来，康尼以前总是叫球员来训话，后来逐渐发现，如果已经输了球，责备和争论都没有意义了，只会增加焦虑和恐惧。于是，康尼决定输球之后，决不马上去看球员，而是第二天才跟大家讨论失败的原因。因为到了第二天，康尼已经很平静了，再看那些失误好像没有那么严重，便可以冷静地讨论。这样过了一段时间，他发现内心的焦虑和恐惧已经慢慢消减了。甚至康尼认为，自己长寿的秘诀就是"停止焦虑和恐惧"。

焦虑和恐惧这样的负能量给我们生活所造成的影响是不容忽视的，不但对我们毫无益处，而且会危害我们的生活和事业，更会危害我们的健康。与其花费大量的精力和心思去焦虑和恐惧，不如好好经营自己的生活，把精力和心思转移到生活上，这样自然而然就摆脱了焦虑和恐惧，从而获得一种轻松而美好的生活。

卡耐基认为，负面情绪，诸如焦虑和恐惧是现代社会人们普遍存在的心理疾病，它源于工作压力、人际关系、经济问题、孤独以及交通阻塞。每天我们都饱受着生活压力的困扰，可能或多或少都会有焦虑和恐惧的经历。然而，许多人可能还没有意识到，长期的焦虑会引起抑郁症，这是一种病态的心理，不仅会给我们的健康带来损害，而且会感染身边的人。

1.小心生闷气

何谓闷气？它是由于心中郁闷，而憋在心里的气，是一种无奈的表现。古人云："百病之生于气也。"常言道"怒伤肝，忧伤肺"，那些郁积在心中的不愉快情绪使内脏活动紊乱、内分泌系统失常，胃口不佳、消化不良；而且，长时间的烦闷还会导致血压升高，甚至引发冠心病。另外，从心理学上说，生闷气是一种不愉快的情感体验，它是一种消极的，甚至会破坏正常状况的情绪反映。一个人若是情绪恶劣，其记忆力将会减退，思维能力也大受影响；同时，经常生闷气还会影响到一个人正常的人际交往。

2.小心负能量危害身体健康

有时候，我们根本没有想过身体的疾病会跟负能量有关。事实上，郁积在心中的负能量常常会成为我们身体疾病的根源。一位经常被负面情绪所困扰的人说："我感觉很孤单，心中像有一大块沉重的石头，压得我喘不过气来，什么时候才能将这块石头搬走，它憋得我快要疯了。"现代社会竞争激烈，工作和生活压力都非常大，如果处理不好自己的情绪，不仅影响家庭关系、同事关系、朋友关系，那些不断膨胀的负能量还会危及我们的身体健康。

第2章　把心门敞开，释放负能量

负能量，就好像是潜伏在人体内的有毒气体，需要得到有效的释放；否则，便会侵蚀人的五脏六腑，令人痛苦万分，直至跌入悬崖。然而，假如我们紧闭心门，总是自怨自艾，破罐子破摔，任凭负能量牵着鼻子走，将不可能有效地释放心中的负能量。

正能量的消耗会带来巨大的压力

“人之初，性本善”。人们在最初踏入社会时，都是怀着美好愿望的，都希望自己的能力得到发挥，抱负得以施展。但是，社会的残酷与现实打击了他们最初的信心，在正能量的不断消耗下，给他们的身心带来了巨大的压力。卡耐基认为，无论是生存压力，还是工作压力，对一个人的情绪都有着重要的影响，一旦压力来袭，情绪就会恶劣，导致容易生气、烦躁，似乎看什么事情都不顺眼，总想痛快地发泄一番。因此，那些给自己压力越多的人，他们心中的负能量也会越多，致使正能量不断消失。

卡耐基的朋友毕特格是美国保险业的顶级推销员，对此，卡耐基曾在《人性弱点》这本书里讲述了毕特格的故事：

在几年以前毕特格刚开始做保险推销员时，他对这份工作充满了热情。但是，最开始的工作很不容易上手，这使得他十分悲观，信心大受打击，甚至一度想辞去这份工作。不过庆幸的是，在一个星期六的早晨，毕特格努力让自己平静下来，开始反思自己遭受负面情绪困扰的原因。

毕特格首先问自己：“究竟出了什么问题？”很多次，当他去多方拜访客户的时候，经常搞得自己身心疲惫，但收效甚微。每次都是与顾客谈得十分融洽，可一到最后的签约环节，客户就会说：“你看这样好不好，我再考虑考虑，过段时间再答复你吧。”总是不能爽快答应。每次毕特格都是白费口舌，无功而返，这使得他想起自己的推销经历就十分沮丧。

然后毕特格继续思考：“有什么可行的解决办法呢？”为了寻找答案，毕特格开始反思自己的行为，并将过去12个月的工作记录作为研究对象，仔细研究其中的数据。结果令毕特格十分惊讶：在自己所卖出的保险中有70%是在第一次见面时成交的，另外23%是在第二次见面时成交的，只有7%是在他多次回访、多费口舌的情况下签下的合约。不过，让毕特格震惊的是，恰恰是最后那7%耗费了他大部分的时间和精力，他差不多把一半的工作时间都花在那7%上面了。

这样一来，毕特格总结出了有价值的经验：超过两次的拜访是没有必要的，我应该将节省下来的时间用于寻找新的客户。于是，减轻了不少内心压力的毕特格开始采用新的方式，结果业绩突飞猛进，平均每次拜访的回报几乎翻了一番。

每天，我们都面临着诸多压力，有可能是事业不顺而造成的工作压力，也有可能是感情不顺而造成的感情压力，还有可能是家庭不和谐而造成的家庭压力，对此，心理学家把这些压力统称为“社会压力”。社会压力会直接转换成心理压力、思想负担，久而久之，就会成为心结。如果这种压力长久得不到有效释放，就会越积越多，并产生巨大的能量，最终像火山一样爆发。导致的结果是，人们的情绪大变，总感觉自己活得太累，每天都不开心，脾气越来越坏，甚至严重者会精神崩溃，做出傻事。面对巨大的社会压力和心理压力，关键在于自我调节、自我释放。

其实，最初每个人都是怀有强劲的正能量的，只是随着社会现状的残酷发展，人们在不断地消耗正能量，从而给了负能量一个可乘之机。

据一项社会调查，那些生活和工作条件良好、受过较高程度教育的城市人，对生活的满意度远远不如农村人，来自生活和工作的压力对他们的生活质量大打折扣。近些年来，城市人的脾气似乎越来越大，他们常常感觉到紧张、焦虑、容易愤怒，甚至在悲观时有以自杀得到解脱的念头。这项调查显示虽然，城市人工作的体力强度、时间都少于农村人，而且更注重健康的生活方式，但是城市人的精神状况却显著差于农村人；同时在调查中，个人工作稳定、收入有保障被列为城市人平日最关心的问题，对工作的极度关注使得许多城市人明显觉得工作压力影响到了个人健康。另外，城市的快速发展和工作的快节奏让许多城市人觉得自己似乎有点力不从心，60%左右的城市人对自己的工作状况并不满意，而且来自家庭以及婚姻的压力也让他们感到焦头烂额。

1.养成良好的作息习惯，营造良好的睡眠环境

在日常生活中，我们需要养成按时入睡和起床的良好习惯，稳定的睡眠可以避免引起大脑皮层细胞的过度疲劳；注意调节室内温度，睡眠环境的温度要适中；在卧室内可以使用一些温和的色彩搭配，这样，我们在一个良好的环境中自然能够放松心情，顺利进入睡眠，并保证良好的睡眠质量。

2.放松精神，舒缓压力

我们需要缓解自身的压力，比如在睡前可以进行适量的运动，听听音乐，或者是做头部按摩运动来缓解压力；也可以进行短距离的散步。这样可以使身心都放松下来，以舒缓白天受到的社会压力。

3.给自己的压力要适当

压力有助于我们激发更强的斗志，但是，正如任何事情都有一定的度

一样，压力过大就会影响到正常的情绪。因此在日常生活中，我们要给自己适当的压力，只要不是太糟糕的事情，都应该学会忘记，这样一来，那些琐碎的事情就影响不到我们了。

通过正确途径释放负能量

卡耐基认为，假如一个人的负能量高于正能量，长时间下去，这个人就会崩溃。在生活中，如果把任何事情都当成一种负担，因为有负担，就有可能生活在压力、痛苦、烦躁和苦闷之中，渐渐地被负能量所围绕；相反，如果把一件事情仅仅当成一种习惯，因为习惯让一个人在潜移默化、不知不觉中成为自己梦想的那个人。一个人若是背着负担走路，那么，再平坦的路也会让他感到身心疲惫，最终会因为不堪生活的压力而走向不归路。但是，如果我们能平复心绪，试着把那些沉重的负担当成一种习惯，用轻松、淡然的心态去看待问题，心境便会变得澄明，所有的负能量便会缓解，负担也许会变成一种精神上的享受。我们应该记住，当自己被负能量压得喘不过气来的时候，要学会通过正确的途径释放它。

卡耐基曾讲述了关于汉里的一个故事：

在10世纪20年代，汉里因为忧郁症引发了胃溃疡。有一天晚上，汉里发生胃出血，被送到芝加哥西北大学医院附属医院进行急救。在医院，他的体重由175磅急剧降到了90磅。汉里的病情十分严重，以至于医生连头都不许他抬。而且，医生认为汉里的病已经无药可救，他只能靠吃苏打粉、半流质食物维持，每天早晚都需要护士拿着橡皮管插进胃里给他洗胃。

这样痛苦的日子持续了好几个月，终于，汉里对自己说：“安息吧！汉里，要是除了等死没什么其他指望的话，还不如充分利用你余下的生命做点什么。你不是想在有生之年周游世界吗？那么如果你还有志在此，就

趁现在去实现吧！”

当汉里告诉几位医生自己要去周游世界，洗胃的事情他可以自己解决的时候，医生都大吃一惊。他们警告汉里：“绝不可能，这简直是闻所未闻。如果你去环游地球，那只能葬身海底了。”汉里坚持回答：“不，决不会。我答应过我的家人，我要葬在尼布雷斯卡州老家的墓地里，所以我打算让我的棺材与我同行。”

于是，汉里真的去买了一口棺材拉上船，然后和轮船公司商定，假如他死了，就把遗体放在冷冻舱里，直至回到家乡。就这样，汉里踏上了多年前就规划好的环球旅程，心里无限感慨。汉里从洛杉矶上了亚当斯总统号向东方航行的时候，心胸开阔，感觉到病情已经开始好转。慢慢地，他停止了洗胃，后来他可以吃喜欢的食物，而那些都是之前医生不让吃的东西。在几个星期之后，汉里还是好好的，还抽上了雪茄，喝几杯酒也没事。虽然在旅行的过程中，他在印度洋上碰到了季候风，在太平洋上遭遇了台风，但是他却在冒险中获得了极大的乐趣。

汉里和船员们在船上游戏、歌唱、交朋友，秉烛夜谈。甚至在中国和印度，汉里领悟到了家里的烦心事与在东方见到的贫穷与饥饿问题比起来，简直是天堂与地狱。在那里，汉里把无聊的烦恼都抛到了脑后，感觉人生从来没这样快乐过。等汉里回到美国后，他发现自己体重增加了90磅，甚至差点忘记自己曾经是胃溃疡患者了。在那一刻，汉里觉得自己一生从来没这样健康舒适过，而且从那之后他再也没生过病。

在这里，汉里通过转移注意力去旅行来释放内心的负能量。试想，一个被医生判死刑的人在轮船上，微风荡漾，看着一望无际的大海，那种生的欲望就会涌现出来；再加上汉里本身就是一个性格开朗的人，当心放宽之后，内心的负能量就慢慢消失了，取而代之的是强大的正能量。负能量的释放，可以唤醒人内心最强劲的生命力，使得他所看到的世界都是美好的，在这样美好的世界里，自然是求生的欲望更强烈一些。于是，在医学上被称为奇迹的事情就发生了，有时候并不是医生判你死刑就没法改变，只要你抱有活着的信念，那就一定能战胜心中的负能量，从而有可能战胜病魔。

每个人一生中都会面临两种选择，一是改变环境去适应自己，二是改变自己去适应环境。既然负能量是潜在的，又是无法忽视的，那我们何不积极地改变自己，正确将各种负能量转化为推动自己前进的正能量。当然，假如我们不能把负能量转化为正能量，那也需要想办法创造正能量，这样才能面对真实的自己。

1.通过正确途径释放负能量

那些因负面情绪积聚而成的负能量就好像一颗毒瘤，如果任其发展，它就会越长越大，甚至影响到我们的身心健康。对此，我们要积极寻找正确的途径释放负能量，比如转移注意力，让自己的生活变得忙碌起来，积极创造正能量以消耗负能量等。

2.负能量只有得到了合理的释放，才能转化为正能量

有些人对心中存在的负能量选择逃避的方式，以为逃避了就可以创造出正能量。其实，只要你对负能量没有进行合理的释放，那它随时都会影响正能量的创造，而只有将潜在的负能量释放了，才能间接转化为正能量。

嫉妒源于内心负能量的滋长

法国科学家拉罗会弗科曾说：“嫉妒是万恶之源，怀有嫉妒心的人不会有丝毫同情。”而心灵导师卡耐基也认为，嫉妒是心灵的地狱，喜欢嫉妒的人总是拿别人的优点来折磨自己，有可能是嫉妒他人的年轻，有可能是嫉妒他人的长相，有可能是嫉妒他人的才学……正如一句谚语所说

"好嫉妒的人会因为邻居的身体发福而越发憔悴"。嫉妒，是毒害纯洁感情的毒药，是吞噬善良心灵的猛兽，是丑化面容的黑斑，它源于内心负能量的滋长，源于心中的狭隘与不自信。其实，嫉妒是无能的表现，因为自己不能达到对方的高度，不能获得对方的荣誉，只好用嫉妒心理来维护自尊。

有一个人，他十分嫉妒自己的邻居。邻居越是生活得快乐，他就越是感觉不到快乐；邻居生活得越好，他就越是痛苦。每天，他都盼望着邻居倒霉，希望邻居家着火，或者希望邻居得了什么不治之症，或者希望雨天打雷能劈死邻居家一两个人，或者希望邻居的儿子夭折……不过，令他痛苦的是，每天看到邻居的时候，发现邻居总是活得好好的，而且面带微笑与自己打招呼。因此，这个人的心里更加痛苦，恨不得给邻居的院子里扔一包炸药，把邻居炸死，但是心中又害怕自己会偿命。就这样，他每天折磨自己，吃不下，睡不着，心中无比痛苦，身体也日渐消瘦。

有一天，他决定给邻居制造点晦气。这天晚上，他在花圈店买了一个花圈，然后偷偷地给邻居家送去。当他走到邻居家门口的时候，却意外地听到里面有人在哭，这时，邻居正好从屋里走了出来，看到他送过来一个花圈，忙说道："这么快就过来了，谢谢！谢谢！"原来，邻居的父亲刚刚过世。这人感到十分无趣，"嗯"了一声就走了出来。

由于嫉妒，他将自己置于一种心灵的地狱之中，折磨着自己，最后却一无所得，只有内心无比的痛苦。嫉妒既害人又害己，对他人来说，嫉妒者本身的流言、恶语、陷害、造谣等，往往会给他人造成巨大的伤害；对自己来说，嫉妒伤身又伤心，嫉妒者总是把时光用在阻碍和憎恨别人身上，而不是潜心于自己的心灵修炼。所以，嫉妒不仅折磨嫉妒者本人，也危害那些被嫉妒者。如果你心中常怀嫉妒之心，就需要正视它，不断地反省自己，改善自己的品行。

卡耐基认为，嫉妒之源其实是内心负能量的滋长，诸如喜欢比较、贪慕虚荣等。嫉妒的人一定是自私的，而自私的人肯定是有着嫉妒心理的，嫉妒和自私就犹如孪生兄弟，彼此不可分割。如果一个人不自私，不存在狭隘的心里，那么，他是不会对他人充满嫉妒之心的。因为嫉妒，他不希望别人比自己优越；因为自私，他总是想剥夺别人的优越。喜欢嫉妒的人从来不说好话，因为他们狭隘的心理容不下别人的长处，只能以说别人的坏话来寻求一种心理上的满足。在生活中，喜欢嫉妒的人是没有朋友的，因为他把所有比自己强的人都视为敌人，又瞧不起那些比自己弱的人。

我们可以清晰地发现，嫉妒心理是具有等级性的。也就是说，只有处于同一竞争领域的两个竞争者才会有嫉妒心理和嫉妒行为。通常情况下，人们只会嫉妒与自己处于同一竞争领域的比自己表现优越的人，而不会嫉妒与自己不在一个领域中的人。周瑜嫉妒诸葛亮，也是因为诸葛亮与自己处在同一个领域，而且能力比自己强；而他不会去嫉妒与自己并不处于同一领域的，比如曹操、孙权。

1.嫉妒是一种可怕的负能量

嫉妒是一种可怕的负能量。曹丕嫉妒曹植，最终留下了把柄："煮豆燃豆萁，豆在釜中泣。本是同根生，相煎何太急。"不自信以及内心的狭隘，常常使我们的嫉妒心理越加严重，若不及时抽身，反而会被嫉妒所吞噬。古人曰："欲无后悔须律己，各有前程莫妒人。"好嫉妒的人往往自私、自大而狭隘，总想高人一等，容不下比自己强的人，看到周围的人超过了自己，要么尽力贬低对方，要么就设法陷害对方。

2.消除嫉妒，打击负能量

那么，如何才能冲出嫉妒的黑网呢？我们应该正确认识自己，看到自己的优点，尽早从病态的自尊心和自卑感中解脱出来，正视自己与他人之

间的差距，与其嫉妒别人，不如学习别人的长处。这样，思想解脱了，心灵才会从嫉妒的黑网中解脱出来。所以，要学会正视自己，扬长避短，努力冲破嫉妒的黑网，重新走向豁达广阔的天地。

正确对待嫉妒，释放负能量

卡耐基认为，嫉妒是一种可怕的负能量。好嫉妒的人，不能容忍别人的快乐与优越，在嫉妒心理的作祟下，他们会用各种方式去破坏别人的快乐与幸福，有的人用会流言蜚语来恶意中伤他人，有的人采用打小报告来排挤对方。好嫉妒的人，心理既自卑又阴暗，几乎享受不到阳光的美好，也体会不到生活的乐趣。实际上，在我们每个人身上，或多或少都会存在嫉妒心理，要想避免，就应该学会正视它，才能挖掘出自己的“失败点”。嫉妒心理是人的一种普遍心理，但嫉妒心理的出现并不是不可避免的，我们可以将嫉妒心理所带来的危险系数降到最低，而我们所需要做的第一件事就是“正视自己的嫉妒心”，从而有效地释放负能量。

从前，有一位贫穷的农夫，他有一位非常富有的邻居。邻居有一个很大的院子，有一栋非常漂亮的房子，还有一辆漂亮的马车。为此，农夫对邻居十分嫉妒，心想：他一个人住那么大的房子，可我呢？一家五口人挤在一个小草房里，上天真是太不公平了！每次遇到这位邻居，贫穷的农夫都会冷漠地走开，似乎这样就可以满足自尊心。然而到了晚上，农夫就开始痛苦了，他翻来覆去就是睡不着，总想着自己哪天能住上邻居那样的大房子；或者向上天祈祷：让那位富有的邻居变得像自己一样贫穷吧！不然，自己会被嫉妒之心气死的。

后来，村子里来了一位智者。据说，他能给那些痛苦的人指引道路，

从而让他们过上快乐的日子。农夫觉得自己也应该去看看，到了那里，发现已经排了很长的队伍，而排在自己前面的不是别人，正是那位邻居。农夫感到很奇怪："这样一位富有的人也会感到痛苦吗？"过了半天，邻居进去了，农夫还在外面等着。可是，直到太阳下山，邻居还没有出来，农夫又开始嫉妒了："上帝真是不公平，怎么智者就跟他说了这么多！"终于邻居出来了，而且脸上显露了从未有过的笑容。

农夫心中一动，急忙走了进去。智者说："你为何而痛苦呢？"农夫回答："我总是看我那位邻居不顺眼。"智者微笑着说："这是嫉妒在作怪，你需要做的就是克制自己，想想自己所拥有的东西。"农夫十分生气："智者啊，你怎么也那么偏袒呢？给我的邻居那么多忠告，却只给我简单的两句话。"智者说："你一进来，我就猜到你是为什么而痛苦——贫穷所带来的嫉妒；可是那位富人进来，我只看到他殷实的外在，看不到他精神的匮乏，详细询问后才知道他的症结所在。"农夫不解："他也会感到不快乐吗？"智者说："当然。虽然他比你富有，房子比你大，但是他只有一个人，而你呢？还有贤惠的妻子和可爱的孩子。现在你想想，你所拥有的是不是他所缺乏的，这样一想，你还会痛苦吗？"听了智者的话，农夫心中释然了，他感到快乐的日子离自己不远了。

农夫的嫉妒只会让自己远离快乐，陷入痛苦的深渊，他所看见的都是表现现象，因此忽略了自己快乐的因素。于是，正能量开始不断被消耗，而负能量则在暗中大量滋长。在这样的心理状态下，他会认为凡事都是邻居好，自己似乎什么都差劲。而经过智者的点拨，他发现，原来自己身上还隐藏着一些宝藏，而这些都是那位富裕邻居所缺乏的，还有什么值得嫉妒的呢？

卡耐基告诫人们，每当我们对他人产生嫉妒之心的时候，其实已经踏

进了痛苦的陷阱，因为忽略了眼前的幸福。别人所拥有的并不是适合自己的，而我们所拥有的才是最好的，至少它能够长久地陪伴在我们身边。如果你总是嫉妒他人所获得的东西，最后你会发现，自己什么也没有得到，反而徒增了许多烦恼。

正视嫉妒这样的负能量

临渊羡鱼，不如退而织网

嫉妒源于不如人的状况。一个人若是被人嫉妒，会产生一种精神上的优越和快感；一个人若是嫉妒别人，只会透露自己的懊恼、羞愧，打击自信心。所谓“学到知羞处，才知艺不精”，当你嫉妒一个人的时候，是否意识到自己的短处呢？古人云：“临渊羡鱼，不如退而结网。”不要对他人产生嫉妒，而要化嫉妒为力量，自觉地将“恨”转化为“拼”，自强不息，让自己得到真正的进步！

抱怨是让人上瘾的麻醉剂

抱怨是让人上瘾的麻醉剂，感恩是精神上的一种宝藏。有两个人看着同样一枝玫瑰，一个说：“花下有刺，真讨厌！”另外一个却说：“刺上有花，真好看！”前一个人挑出毛病，盯着不放，所以，在他的生活中充满了抱怨，他注定是不快乐的；而看到花的人，因为怀着一颗感恩的心，尽管刺扎手，但是闻到了刺上花朵的芬芳，所以，他能感受到幸福和快乐。对此，卡耐基作了这样的分析：这两个人代表了生活中的两类人，同样是面对生活，一类人心中充满了抱怨，一类人对此却充满了感恩。抱怨者怀着满腹牢骚，这样不仅解决不了任何问题，而且会增加许多不必要的沮丧和烦恼，即使遇到了幸福，可能福也会变成祸；感恩者用心去体味生活，在他看来，生活中处处是阳光，即使遇到了祸，也能变成福。所以，放下心中的抱怨，长存一颗感恩的心，你就会发现自己会更好运。

麦克是快餐店里的一名普通员工，他每天的工作简单却又枯燥，需要不停地做许多相同的汉堡。虽然这份工作看起来没有什么新意，但是麦克却感到十分快乐。无论面对多么挑剔或尖酸的顾客，麦克都给予其满怀善意的微笑，而且多年来一直如此。麦克那发自内心的真挚快乐，感染了许多人。同事有时候会忍不住问他："为什么你对这种毫无变化的工作感到快乐？到底是什么让你对这份工作充满了热情呢？"麦克回答道："每当我做好了一个汉堡，就想到一定会有人因为汉堡的美味而感到快乐，这样，我也就感到了自己的作品所带来的成功，这是一件多么美好的事情啊！因此每天，我都感谢上天给了我这么好的一份工作。"

或许正是麦克那种感恩的心理，使得那家快餐店的生意越来越好，名气也越来越大，最后，麦克的名字传到了老板的耳朵里。没过多久，麦克就荣升为快餐店的店长，他更感激自己能拥有这份令人快乐的工作了。

有人常常抱怨："幸福敲响了别人家的门，好运也被别人抢走了，只有我是最可怜的。"那么当一个人在抱怨的时候，是否意识到一切抱怨都是内心的负能量在作祟呢？负面情绪潜藏在心底，才会让我们不自觉地发怒，抱怨生活的不公。若是想赢得幸福，抓住好运，就需要驱逐内心的负能量，所谓知足才能常乐；相反，越是不知足，越是苦恼，心中的负能量就会越积越多。学会知足，我们才不会因生活中的琐事而耿耿于怀；学会知足，我们才不会因生活的烦恼而忧心忡忡。只有知足常乐，方能靠近幸福。

可能每个人的生活都充满了太多的抱怨，甚至突然发现自己几乎成了一个"怨妇"或"怨夫"。有可能是生活中的一丁点不如意，就点燃了内心那些莫名的怒火和怨气。而在抱怨的过程中，脾气越来越暴躁，内心越来越不安，心情越来越糟糕，整个人陷入了抱怨的恶性循环。往往是对一件小事的怨气会衍生到其他一些事情上，而对其他事情的抱怨又会导致更多的抱怨；自己的抱怨会招致家人和朋友的抱怨，而家人和朋友的抱怨又

会招致自己更多的抱怨，如此无限循环，周而复始，生命也将在抱怨声中画上句号。

卡耐基说："抱怨就好比口臭，当它从别人的嘴里吐露时，我们就会注意到；但从自己的口中发出时，我们却能充耳不闻。"想想自己身边那些喜欢抱怨的人，他们身上似乎有着祥林嫂的影子，再回想自己的生活，是否也在抱怨呢？如果发现自己正陷入抱怨的泥潭，一定要保持警惕并拒绝抱怨，快乐地活在当下。

1.远离抱怨

许多人都喜欢抱怨，好似祥林嫂一样，见人就诉说自己的儿子，逢人便哭诉自己的不幸，久而久之便形成了一种习惯。人们常常把抱怨当作一种宣泄的方式，由于内心苦闷积压太深，没有办法得到排解，于是向家人或朋友"宣泄"，开始无休止的抱怨。对于这样的情况，心理学专家警告："抱怨是毒品，要远离抱怨，快乐地活在当下。"有人这样说："抱怨看起来像毒品，虽能获得暂时的快感，却能要了你的命。"的确，抱怨就是毒品，抱怨多了，抱怨的时间久了，自然就会上瘾。而且最关键的是，抱怨还会伤害到自己的朋友或家人。

2.用感恩代替抱怨

习惯于抱怨的人，即使福到了，也会变成祸；心怀感激的人，哪怕是祸来了，也会变成福。萧伯纳说："一个以自我为中心的人，总是在抱怨世界不能顺他的心。"如果一个人的心灵总是被抱怨占据，那么，即使面对再好的东西，他也会从中挑出骨头来。所以，抱怨永远是个负能量，要想人生处处充满阳光，就应该以感恩代替抱怨，放弃抱怨，停止抱怨，以积极的心态去面对生活，面对世界。

把心门打开，学会接纳自己

产生负能量的因素很多，其中有一个却是十分特别的，即许多人之所以会被负面情绪所困扰，那是因为不能接纳自己。这听起来似乎有点令人啼笑皆非，因为不能接纳自己而陷入负面情绪？对此，卡耐基认为，如果一个人太自卑，看自己哪里都是缺点，那么他内心的负能量是源源不断的，或许每天的生活除了悲伤还是悲伤。子曰：“不患人之不知己，而患人之不己知。”对于一个人来说，最担心的事情就是自己不够了解自己，更为关键的是不懂得欣赏和肯定自己，因为有时候那些莫名其妙的负能量其实正源于内心的自卑。他们习惯对自己挑剔，总是觉得这里不满意，那里也不如意。比如，身高不够高，身材不够性感，脸蛋不够漂亮，家庭条件不够好等，这一切都可以成为他们产生负面情绪的因素。对此，卡耐基建议我们：把心门打开，学会接纳自己，学会肯定并欣赏自己。

琳达是一位电车车长的女儿，她从小就喜欢唱歌和表演，总梦想着自己能够成为一名当红的好莱坞明星。然而，琳达长得并不漂亮，她的嘴看起来很大，还有讨厌的龅牙。每次公开演唱，她都试图用上嘴唇来盖住自己的牙齿。

有一次，她在新泽西州的一家夜总会演出，为了表演得更加完美，她在唱歌时努力用自己的上嘴唇来盖住那讨厌的龅牙，但是结果却令自己出尽洋相，这真是一次失败的演出。琳达伤心极了，她觉得自己注定会失败，已经打算要放弃自己当初的梦想。但正在这时，在夜总会听歌的一位客人却认为琳达很有天分，他告诉琳达：“我跟你说，我一直在看你的演唱，我知道你想掩盖的是什么，你觉得你的牙齿长得很难看。”琳达低下了头，觉得无地自容。可是，那个人继续说道：“难道说长了龅牙就是罪大恶极吗？不要想去掩盖，张开你的嘴巴，观众看到你自己都不在乎，他们才会喜欢你。再说，那些你想掩盖住的牙齿，说不定能给你带来好运

呢！”琳达接受了男士的建议，努力让自己不再去注意牙齿。从那时候开始，琳达只要想到台下的观众，她就张大嘴巴，热情地歌唱，终于成为好莱坞当红的明星。

赛德兹说：“你应该庆幸自己是世上独一无二的，应该将自己的禀赋发挥出来。”无论是龅牙一样的缺点，还是难以弥补的缺憾，都一样是组成生命的重要部分，在生命中占据着不可或缺的位置。如果我们总是看自己这里不顺眼，那里不顺眼，那生命就会在被自己不断苛责的过程中枯萎，以至于到最后也没来得及绽放那真切的美丽。

卡耐基认为，无论自己有着多么独特的缺点，都不要嫌弃它。我们需要以一种欣赏的眼光来看待这种独特，因为这个世界不需要大众化的美，而需要独特的美。在这一点上，每一个人都应该相信自己拥有一份与众不同的美，请把心门打开，学会接纳自己，学会肯定并欣赏自己。

1.你永远比自己想象中好

卡耐基认为，一个人永远比自己想象中要好。有一个衣衫不整、蓬头垢面的女孩，她长得很美，不过总是表现得满脸怨气。有人跟她聊天，她也显得心不在焉，让对方都沉默了。有一天，一位心理学家惊讶地告诉她：“孩子，你难道不知道你是一个非常漂亮、非常好的姑娘吗？”“您说什么？”女孩有些不相信地看着对方，美丽的大眼睛里有泪，但更多的是惊喜。

原来在生活中，她每天所面对的都是同学的嘲笑、母亲的责骂，久而久之她失去了自信，而自卑则成为她负能量的根源。事实上，每个人都不是完美的，都有一些可爱的缺陷，但无论是缺点还是优点，那都是我们自己，我们首先应该接纳并欣赏自己。

2.学会欣赏自己的美

索菲亚·罗兰刚进入演艺圈时，制片商便给予了善意的“建议”：

“如果你真的想干这一行，就得把鼻子和臀部‘动一动’。”但是，肯定并欣赏自己的索菲亚却拒绝了这样的建议，她说：“我懂得我的外形和那些已经成名的女演员不一样，她们都五官端正、相貌出众，而我脸上的毛病却很多，但这些毛病加在一起反而会让我更有魅力。说实在的，我的脸确实与众不同，但是，我为什么要和别人一样呢？”索菲亚的自我肯定与欣赏并没有令大家失望，后来，她被誉为世界上最具自然美的人。所以，我们也应该像索菲亚一样，欣赏自己的美，为自己创造无限的正能量。

第3章　唤醒觉知力，激发正能量

觉知，就是人们知道自己的身体一次一动一停的状态，知道动和知道停都不构成一次觉知。在生活中，我们需要唤醒潜伏在体内的觉知力，激发出正能量，这样才能制止负能量的滋长，从而使正能量得到最大限度的发挥。

摆正心态，不要庸人自扰

卡耐基认为，人们之所以缺乏正能量，就是因为没有摆正心态，庸人自扰而造成的。有的人杞人忧天，遇到一点点小事就开始胡思乱想，最终那些想象的事情把自己都吓坏了。这就是人们常说的庸人自扰。本来生活中并没有那么多的烦恼，就是因为心中的忧虑导致了许多的烦恼，使自己终日沉浸在焦虑之中，每天过得心惊胆战。成功大师卡耐基认为，其实有时候，需要我们看开一些，把任何人任何事情都不要想得那么糟糕，留一份快乐在心中，那样就会赢得整个人生。那些快乐的人，他们口袋里装满了祝福；而那些疲惫的人，他们口袋里装满了指责。一路上他们同行，快乐的人把那些不必在意的负担丢掉了，而疲惫的人却选择了丢掉祝福。所以，快乐的人感觉越来越轻松，而疲惫的人感觉越来越累。因此生活中，我们都要做快乐的人，千万别庸人自扰。

卡耐基在《人性弱点》这本书中讲述了里奇费尔先生的一个故事：

1942年，日本侵略军侵占上海，里奇费尔先生当时在中国做生意。日军在偷袭珍珠港之后不久，就占领了上海。当时，里奇费尔是上海亚洲人寿保险公司的经理。不久，日军派来一个所谓的“军方清算会计”，也就是一个海军军官，他命令里奇费尔帮助他清查公司的财产。在这样的情况下，里奇费尔面前只有两条路，要么和他们合作，要么就是死路一条。

实在找不到其他办法，里奇费尔只好照办。不过，他没有把一笔75万美元左右的保险费列在清单上，因为这笔钱属于香港分公司，跟上海公司无关。仅仅隐瞒了这样一件事，里奇费尔还是很恐惧，他担心万一日本人发现这件事会令自己性命不保。

果然，这件事很快就被日本人发现。当时，里奇费尔不在办公室，在场的同事后来告诉里奇费尔说，日本海军军官在办公室里大骂他“小偷、叛徒”，还声言他侮辱了日本皇军。听到这样的话，里奇费尔觉得自己被抓进宪兵队是绝对的事情了。当时的宪兵队就是日本秘密警察的刑讯处，里奇费尔深知这个地方的恐惧。因为之前他有几个朋友在那里被审讯了十天，结果是受尽酷刑而死；另外几个朋友宁愿自杀也不愿意去那里，现在似乎轮到自己了。

越想越害怕，要是没有什么有效的解决办法，里奇费尔知道自己性命将不保。不过，里奇费尔还算是一个头脑清醒的人，他开始自问自答：我忧虑的是什么？因为担心自己明天早上会被抓进宪兵队。我该怎么办呢？要么向这位海军军官解释这件事，不过那个人似乎不懂英文，若由翻译来解释这件事，可能会令他生气；如果他脾气很暴躁，那肯定来不及听自己解释，就会把自己丢进宪兵队，那样自己就只有死路一条了；想办法逃走，这几乎是不可能的，因为自己的行动处于日本人的监控之下，每天进出都需要检查，一旦逃走被抓，那肯定不容自己分辩，直接处决；躲在家里不上班，这样反而会让日本人怀疑自己真的做了什么事情，结果也是被送进宪兵队；正常上班，这样那位日本海军军官说不定会因为工作忙而忘记自己的事情，就算他还记得，估计已经冷静了下来，假如他想追究责

任，自己也还有机会向他解释这件事。思考了半天，里奇费尔决定走最后那条路。

于是，第二天他还是像往常一样走进办公室，结果看到那位海军军官坐在那里抽烟，只看了他一眼，什么也没说。六个星期之后，那位海军军官被调回了东京，这件事也就不了了之了。

在生活中，不止是里奇费尔会有这样的烦恼，每一个人都会这样想。人的天性都比较敏感，因为有思想，所以才能思考，但想得太多，又会把那些简单的事情复杂化，从而给自己带来一些不必要的心理压力。当你太过在意某一件事情时，反而会因为弄巧成拙而做不好；反之，你用平常心来对待这些事情，就会发现它们简直微不足道。在桌面上有一张白纸，上面有一个小黑点，正常情况下，黑点根本没有影响到白纸的干净，但假设你使用了放大镜，那白纸就显得很脏了。值得讽刺的是，在实际生活中，绝大多数人都会拿着放大镜。所以，凡事需要摆正心态，积聚正能量，不要庸人自扰。

天下本无事，庸人自扰之。那些自己让自己担忧的人只能被称为庸人。他们既不是强者，也不是智者，也许有人会问，难道那些所谓的强者或智者就没有麻烦吗？当然不是，强者或智者一样也有烦恼，有时候也会做庸人自扰的事情。但是，他们与庸人的区别在于：强者或智者会尽量化解那些烦恼，不让它们困扰自己；而庸人则只会沉浸在自扰的旋涡中，不断地沉沦下去。一个人应该努力去积聚正能量，让自己成为生活的强者，成为人生的智者。

1.不为琐碎事情而烦恼

画家张大千先生留着很长的胡须，平时说话的时候，总用手捋着胡须，样子十分和蔼可亲。有一次，一位朋友问他晚上睡觉胡须怎么放，结果那天晚上，他为了合适地安放自己的胡须而彻夜未眠，因为不知道该把自己的胡须放在哪里才好。那些平常都不会担心的事情，怎么一在意就出问题了。其实，你越是为琐碎事情而烦恼，你内心的负能量就会在无形中滋长得越疯狂，与其让自己越来越糟糕，还不如努力去积聚正能量。

2.摆正心态，其实就是创造正能量

庸人为什么会自扰呢？其实，理解起来很简单。在某些时候，他们把现实中的问题看得很大，而把自己看得很小，以为自己遇到了难以解决的问题，所以陷入了自扰。即便是遇到了鸡毛蒜皮的事，往往也会担心得无所适从，不知道怎么办才好。每个人生活在这个世界上，每天都会碰到一些烦恼的事情，这是很正常的，关键是看你如何去对待。假如你以平常心对待。那小事就是小事，而且很好解决；如果你放大了小事，那就真变成大事了。所以，无论你遭遇了什么，都要积极主动去面对。满怀着信心，摆正好心态，其实就是创造正能量。记住，努力就好，不要为没有发生的事情而担忧。

无法改变，就选择接受

卡耐基说：“人生充满变数，有时候我们可以通过主观能动性加以改变，有时候人力难以胜天，即使努力了，也还是无法改变、不可避免，后一种情况下我们就必须承认事实，保持积极乐观的心态。”在卡耐基小时候，有一次跟伙伴在屋子的阁楼上玩，并大着胆子往下跳，结果卡耐基左手食指上的戒指钩住了一根钉子，整根手指被拉脱了。当时，卡耐基被吓坏了，尖叫着。不过等到他伤好了，他便想：烦恼有什么用呢？那根手指总之是变不回来了，还不如接受现实。直到过去很久，卡耐基几乎从来都不会去想自己左手只有四个手指的事情。于是，他得出了这样的结论：一

个人在不得已的时候，几乎可以接受任何已经发生的事情，并调整自己的心态，对痛苦的记忆选择性地遗忘，而且速度惊人。

1832年，毕业于哈佛大学的亚伯拉罕·林肯失业了，这令他感到很难过，他下定决心要成为政治家，去当一名州议员。但糟糕的是，他在竞选中失败了，而且在短短的一年里，他遭受了两次打击，他无疑是痛苦的。接着，林肯开始自己创业，当即开办了一家企业，可是还不到一年，这家企业就倒闭了。在这之后的17年里，林肯都在为偿还企业欠下的债务而奔波劳累。

然而，人生的逆境好像永远没有结束的那一天。1835年，亚伯拉罕·林肯与漂亮的未婚妻订婚了，但离结婚的日子还差几个月的时候，未婚妻却不幸去世。林肯心力交瘁，几个月卧床不起，没过多久就患上了精神衰弱症。1838年，林肯觉得自己身体好了些，便决定竞选州议会议长。但是，在这次竞选中他又失败了。再接再厉的精神鼓舞着林肯，1843年，林肯参加竞选美国国会议员，这次他所面临的依旧是失败。但是，林肯却一直没有放弃。1846年，林肯参加竞选国会议员，这次他终于当选了，但两年任期过去，林肯面临着又一次落选。不过，林肯并没有服输。1854年，他竞选参议员失败，两年之后又竞选美国副总统提名，但是却被对手打败，再两年之后又参加竞选，但还是失败了。无数的失败并没有让林肯放弃自己的追求，1860年，亚伯拉罕·林肯终于当选为美国总统。

在遭遇那么多的挫折之后，林肯为什么一次次坚持了下来？那是因为不管得到多么糟糕的结果，他都坦然接受了下来。因为他知道只有接受事实，才能有机会去改变能改变的一些事情。就算是正能量耗尽了，也不要放弃，而要想办法去创造。

卡耐基最欣赏的一句话是：乐于接受不可改变的事实，是战胜随之而

来的任何不幸的第一步。人生漫长的旅途肯定不会是一帆风顺的，总会遭遇挫折或困难，如果它们已经不可避免地发生了，不妨坦然接受，并努力去适应，这样我们才能制止负能量的产生，从而积聚更多的正能量。

1.勇于接受磨难

卡耐基说："勇于面对生活的种种磨难和悲剧，我们就能战胜它，并最终走出悲伤的阴影。我们内心的强大力量，远远超出我们的想象，只要我们善于利用，它就能帮助我们战胜一切忧虑和悲伤。"塔金盾先生在双目失明之后，还乐观地说："视力的丧失对我影响有限，就算是我丧失所有的感觉，也还能生存在思想里。无论我们是否知晓，其实人类只有在思想里才能看、才能生活。"为了治好眼睛，他在一年内接受了12次手术，而且在手术时他会坦然地说："太好了，科学昌明到已经能给眼睛这么小而复杂的器官动手术了。"

2.时刻保持理性，积聚正能量

卡耐基曾经养过12年的牛，还从未见过哪一头牛因为风暴、干旱、寒冷，或者是求偶不成而放弃努力。对此，卡耐基认为，动物们总能坦然面对自然界的恶劣环境，恰恰是因为这样，它们才不会遭受精神疾病或胃溃疡的困扰。当然，卡耐基也表示，接受那些不能改变的事实，并不是提倡遇到挫折和不幸就坐以待毙，那样只会令自己走入宿命论的误区。在无法改变的事实面前，只要还存在一丝希望，我们都应该保持理性，积聚正能量，全力以赴去扭转现状。

忙碌会帮我们赶走忧虑

卡耐基说："消除忧虑的最好办法，就是让自己忙碌起来，尽可能去做有意义的事情。"生活中，只有那些无所事事的人才会经常忧虑；

反之，一个不断充实自我的人，他是根本没时间去忧虑的。那些长时间忧虑的人总是抱怨："我有工作，但总是提不起精神，面对着电脑，根本不知道自己要干什么，也不知道未来会怎么样，下班后更是无所事事，就好像一个游魂一样飘荡在大街上。"无所事事，这本身就是一种消极的状态，是心中负能量开始滋长的征兆。在这样的心理状态下，便不能明确自己的目标，不知道未来会怎么样；更重要的是，内心很容易滋生无名之火。人们常常在无所事事的状态下胡思乱想，结果越想越烦闷，甚至连那些毫不相关的事情也牵扯了进来，最后被自己内心的负能量所吞噬。

卡耐基讲述了朋友道格拉斯的故事：

前不久，道格拉斯失去了5岁大的女儿，那是一个乖巧伶俐的孩子，他和妻子都觉得无法忍受失去爱女的痛苦。或许是上帝的怜悯，很快，夫妻俩又有了个小女儿，但更令人难以接受的是，那才出生的小女儿只活了五天就离他们而去了。

道格拉斯找到卡耐基说："接踵而来的打击，让我无法承受，我每天坐立不安，辗转反侧，精神恍惚，这样的打击让我的人生失去了意义。"每天都沉浸在丧失至亲的痛苦之中，道格拉斯感到自己快崩溃了。最后，他决定去医院接受治疗。一个医生给他开了安眠镇静药，他试了试，感觉没什么效果；另外一个医生建议他去旅行，这样可以转移注意力，从而达到缓解痛苦的目的，只是即便这样去做，也不能让他忘记失去爱女的痛苦。

道格拉斯这样形容自己内心的痛苦："我好像被一把巨钳越夹越紧，无法挣脱。"这种痛苦令他透不过气来，整日沉浸其中无法自拔。不过幸运的是，他还有一个4岁大的儿子。在一个下午，道格拉斯呆呆地坐在那里，正在悲伤难过，4岁大的儿子走过来对他说："爸爸，给我做条船可以吗？"其实，道格拉斯哪有什么心情做船，他已经万念俱灰，丧失了做事的动力。只是4岁的儿子缠着他，不罢休，道格拉斯执拗不过，便开始了一条玩具船的建造工作。过了差不多三个小时的样子，船造好了，而道格拉斯发现自己在做船的时候，内心变得无比平静和放松。

这样的发现是令人震惊的。道格拉斯开始从悲伤中苏醒过来，他第一次意识到，假如自己每天都过得十分忙碌，那肯定没有时间去悲伤，于是决定让自己忙起来。第二天，他开始对家里的每个角落进行巡视，希望可以找出一些需要干的活儿。结果两周之内，道格拉斯列出了242件需要维修的东西，比如书架、门锁之类，他花了两年才弄完。而且，在这段时间里，他还把业余生活安排得满满的：在一周里会花上两个晚上去纽约市参加成人教育班，或者参加镇上的社会活动；他被选为学校董事会的主席，每天要开很多会，还需要协助红十字会和其他慈善机构募捐。这样一来，他根本没有时间去悲伤。

生活本身是平淡的，就好像一张普通的白纸。我们所需要做的，就是在那张白纸上画上五彩斑斓的世界，各种点缀，各种颜色，使原本平淡无奇的生活变得丰富起来、变得忙碌起来。虽然会累点，但当你躺在床上就能安然地睡着，从而没有时间去忧虑，这何尝不是一种幸福呢？当我们的生活变得丰富，变得忙碌起来，我们就没有精力去忧虑了，接下来就是享受当下充实的生活。

现代社会，流行的词语不是“快乐”“幸福”，而是“无聊”“郁闷”“无趣”。我们总是感叹自己的生活太无聊、太空虚，甚至终日沉浸在过去的痛苦之中。当我们在叫嚣的同时，为什么不尝试着去充实空虚的生活呢？当自己觉得无聊的时候，为什么不去做一些有意义的事情呢？只要我们把精力集中于做一些有用的事情，我们就不会感觉到空虚，取而代之的是忙碌和充实。

1.无所事事的状态，是负能量滋长的开始

从心理学角度说，无所事事是一种消极情绪，更是一种负能量滋长的

开始。那些无所事事的人，无一例外都是对理想和前途失去信心、对生命的意义没有正确认识的人。他们对现实消极失望，总是以冷漠的态度来对待生活，遇人遇事就摇头。有时候为了摆脱烦闷，他们会沉浸到另外一种无所事事的生活中，漫无目的地游荡、闲逛，消磨大好时光。可以说，无所事事这种消极状态所带给我们的，将是百害而无一利。

2.忙碌也需要良好的心态

当然，要想自己的生活变得丰富起来、变得忙碌起来，还需要良好的心态。生活本身是美好的，关键是看我们以怎样的态度去面对它。对生活缺乏热情的人，他们心中只有空虚以及百无聊赖的寂寞；而那些对生活充满热情的人，总是积极地去感受大自然的美丽。当那份热情填补了生活的空白，你还有精力和时间去忧虑吗?

不为琐事而烦忧

卡耐基认为，在现实生活中，许多人都会为日常琐事而烦恼。其实，人活在这个世界上只有短短几十年而已，浪费太多的时间去忧虑那些在很短时间里就能忘记的小事太不值得。确实，生命太过短暂，特别是当我们步入中年以后，那种早上睁开眼、转眼间就是黄昏的感觉令人感到无比恐惧。当你想着在生活中有那么多等待我们去欣赏和感受的美好事物时，就没有什么时间和精力去为那些琐碎的事情而烦恼了。

对此，卡耐基讲了这样一个故事：

1945年3月，罗勒·摩尔和其他87位军人在贝雅·SS318号潜艇上。当时他们的雷达发现一支日本舰队朝他们开来，于是他们就向其中的一艘驱逐舰发射了三枚鱼雷，但都没有击中。当他们准备攻击另一艘布雷舰的时候，突然掉头向潜艇开来（是一架日本飞机看见这艘位于60英尺

深的潜艇，用无线电告诉了这艘布雷舰）。他们立刻潜到150英尺深的地方，以免被日方探测到，同时也准备应付深水炸弹。他们在所有的船盖上多加了几层栓子；同时为了保持安静，他们关闭了所有的电扇、冷却系统和发动机器。

3分钟之后，突然天崩地裂。6枚深水炸弹在他们的四周爆炸，将他们直往水底压至深达276英尺的地方，把他们吓坏了。根据常识，如果深水炸弹在离它17英尺之内爆炸的话，差不多是在劫难逃。那艘布雷舰不停地往下扔深水炸弹，攻击了15个小时，其中有十几个炸弹就在离他们50英尺左右的地方爆炸。他们都躺在床上，保持镇定。但罗勒·摩尔却吓得不敢呼吸，他在想："这回完蛋了。"在电扇和空调系统关闭之后，潜艇温度升到近40度，但摩尔却全身发冷，穿上毛衣和夹克衫之后依然发抖，牙齿打颤，身冒冷汗。

15小时之后，攻击停止了，显然那艘布雷舰的炸弹用光以后就离开了。这15小时的攻击对摩尔来说，感觉上就像有15年。他过去的生活都一一浮现在眼前，他想到了以前所干的坏事以及所有他曾担心过的一些无稽的小事。

在加入海军之前，他是一个银行的职员，曾经为工作时间长、薪水太少、没有多少机会升迁而发愁；他也曾经为没有办法买自己的房子，没有钱买部新车子，没有钱给妻子买好衣服而忧虑；他非常讨厌自己的老板，因为这位老板常给他制造麻烦；他还记得每晚回家的时候总感到非常疲倦和难过，常常跟妻子为了一点儿芝麻小事而吵架；他也为自己额头上的一块小伤疤发愁过。

多年以前，那些令人发愁的事看起来都是大事，可是在深水炸弹威胁着要把他送上西天的时候，这些事情又是多么的荒唐、渺小。就在那时候，摩尔发誓，如果他还有机会见到太阳和星星的话，就永远不会再忧虑。他认为在潜艇里那可怕的15小时里所学到的，比他在大学读了四年书所学到的要多得多。

讲完这个故事之后，卡耐基给我们提出了这样的心灵法则：生命

太短暂，不要再为小事烦恼；当我们害怕被闪电击倒，怕所坐的火车翻车时，想一想发生的概率，会把我们笑死；要懂得闲暇时抓紧，繁忙时偷闲；对必然的事坦然接受，就像杨柳承受风雨，水接受一切容器一样；如果我们以生活来支付烦恼为代价，我们就是傻瓜；当你开始为那些过去的事而烦恼时，你应该想到这句谚语：不要为打翻了的牛奶而哭泣。

摩里斯说："我们常常被生活中一些莫名其妙的小事弄得心烦意乱。人生在世，不过匆匆几十年光阴，我们应该把有限的生命投入到有意义的事情上，去为伟大的思想、真挚的感情和真正的事业奋斗，而不是浪费在那些一年之内就会忘得一干二净的小事上。"生命太短暂，不该再为琐事而虚度光阴。

1.在小事上忧虑会滋生更多的负能量

卡耐基认为，在小事上忧虑会让一个人心中滋生更多的负能量。比如，在平常的夫妻生活中，假如经常发生一些琐事，同样会让人精神崩溃，为小事而忧虑，造成夫妻不合。纽约州的检察官霍根说，"一半以上的刑事案件都是由琐事引起的：在酒吧里逞强、家庭中的争吵、侮辱性的语言、粗鲁的行为等。正是这些小事，引发了更大的争斗甚至关乎人命。人性本善，其实很多人生悲剧，最初只是因为自尊心、虚荣心受到了一点点的伤害，却造成了世界上超过一半的伤心事"。

2.与其为小事而烦恼，不如享受小事带来的美好

其实在这个世界上，任何事情都有两方面，当你觉得小事很烦恼的时候，那是因为你只看到了事情不好的一面。假如你有一双善于发现美好的眼睛，那即便是一件小事也可以让你感受到快乐和满足，从而为自身提供更多的正能量。

乐观，本身就是一种正能量

卡耐基认为，乐观本身就是一种正能量。在任何时候，只要你保持乐观的心态，那心中的正能量就会源源不断地释放出来。当灾难从天而降的时候，人们总会有两种截然不同的心态：一种是会感觉到天塌下来了，什么都完了，除了抱怨还是抱怨，似乎自己的整个生活都被不幸所吞噬了；另一种则心态乐观，他们甚至会将那些灾难和不幸当作朋友，最后真的在磨难中有所获得，并赢得人生的一笔财富。前者是拥有消极心态的人，在不幸遭遇面前，只会斗气、抱怨；后者是拥有乐观积极心态的人，总是将生活的不幸当朋友一样看待。所以，当不幸来临时，乐观积极的心态是一个人战胜艰难困苦，走向成功的助推器。

大山里有一个悲惨的男孩，在他10岁时母亲就因病去世了，父亲是一个长途汽车司机，长年不在家，没有办法照顾他。于是，自从母亲去世后，小男孩就学会了自己洗衣、做饭，照顾自己。然而，上天似乎并没有过多地眷顾他，在男孩17岁的时候，父亲在工作中因车祸丧生。在这个世界上，男孩没有什么亲人了，也没有人能够依靠了。

可是对于男孩来说，人生的噩梦还没有结束。男孩走出了失去父亲的悲伤，外出打工，开始养活自己。不料，在一次工程事故中，男孩失去了左腿。惨遭人生的挫折，男孩并不抱怨，也不生气，反而养成了乐观的性格。面对生活随之而来的不便，男孩学会了使用拐杖，有时候不小心摔倒了，也从来不愿请求别人的帮忙；同时，他还从事着一份简单的工作。

几年过去了，男孩将自己所有的积蓄算了算，正好可以开个养殖场。于是，他开了一个养殖场，但老天似乎真的存心与他过不去，一场突如其来的大火，将男孩最后的希望都夺走了。

终于，男孩忍无可忍，气愤地来到了神殿前，生气地责问上帝：“你为什么对我这样不公平？”听到男孩的责骂，上帝一脸平静地问：“哪里

不公平呢？”男孩将自己人生的不幸，一五一十地说给上帝听。听了男孩的遭遇后，上帝说道：“原来是这样，你的确很悲惨，失败太多，但是，你干吗要活下去呢？”男孩觉得上帝在嘲笑自己，他气得浑身颤抖：“我不会死的，我经历了这么多不幸，已经没有什么能让我害怕，总有一天，我会凭借着自己的力量，创造出属于自己的幸福。”这时上帝笑了，温和地对男孩说：“有一个人比你幸运得多，一路顺风顺水，可是最后遭遇了一次失败，失去了所有的财富。不同的是，失败后他就绝望地选择了自杀，而你却坚强、乐观地活了下来。”

人生的不幸历练着男孩坚强的性格，生活的失败铸就着男孩积极乐观的心态。遭遇事业的失败后，男孩忍不住了，责问上帝为什么对自己这样不公平。这样的行为，似乎在大多数失败者身上都能看到，每每遇到人生不如意的时候，他们总是质问：“老天，为什么我总是不幸的，为什么对我这样不公平？”在上帝的启发下，男孩明白了。即使失去了所有，他也没有退缩，或许真的就如他自己所说的那样，总有一天，他会凭借着自己的力量，创造出属于自己的幸福。

正能量提示

那么，怎样才能为自己找到正能量呢？其实，卡耐基已经道出了答案，那就是保持乐观的心态。积极乐观的心态，可以为正能量提供源源不断的能源，就好像是一个巨大的发电机，会促使我们更加勇敢地向前走。

1.乐观的心态会助你走向成功

罗斯福在参选总统之前被诊断出患了“腿部麻痹症”，医生对他说：“你可能会丧失行走的能力。”听了医生的宣判，罗斯福没有灰心，反而乐观地说：“我还要走路，而且我还要走进白宫。”对于一个拥有乐观心态的真正强者而言，人生的一点小挫折、小失败并不算什么，罗斯福最终走进了白宫，成为美国最伟大的总统之一。乐观的心态总会让我们在磨难中迅速成长，最终采摘成功的果实。

2.不再悲观，摆脱负能量

据心理学家观察，长时间的悲观心态，会让一个人感到失望、丧失心智；若是长时间生活在阴影里，也会变得死气沉沉。有些小小的烦恼，一旦开了头，就会渐渐地变成比原来多很多的烦恼。对于悲观心态的人而言，那烦恼就好像是心中长了一颗毒瘤，生活中不如意的事情总是让他们备受煎熬。其实，悲观心态给我们生活带来的影响是巨大的，一个有着悲观心态的人，不管是工作还是生活，都没办法获得成功，因为悲观的心态会成为他走向成功路上的绊脚石。所以，我们不要再沉浸在悲观中，而要勇敢地摆脱负能量。

卸下负重，轻松前行

卡耐基认为，当我们无法得到的时候，卸下负重也是一种智慧；当你轻松前行的时候，正能量也就回来了。生活中需要我们坚持的东西太多，以至于我们承受不了这些压力，那么不妨学会适度放手，这是一种生存的智慧。因为只有卸下了某些东西，你才会重新得到一些东西，比如积极的正能量。在人生的道路上，有的人因为负荷太重而步履维艰，有的人因为欲壑难填而疲于奔命，有的人因为深陷其中而难以自拔。如果你想让所走的每一步充实而轻盈，那么，适时的放手也是一种智慧。生命如舟，载不动太多的物欲和虚荣，如果你不想这生命之舟搁浅或者沉没，那就学会卸下身上的负重，轻松前行。

曾经有个人，他总埋怨生活的压力太大、担子太重，也试图放下担子。他觉得很累，快透不过气来。他听说，哲人柏拉图可以帮助别人解决问题。于是，他便去请教柏拉图。柏拉图听完了他的故事，给了他一个空

篓子，说：“背起这个篓子，朝山顶去。可你每走一步，必须捡起一块石头放进篓子里。等你到了山顶的时候，你自然会知道解救你自己的方法。去吧！去找寻你的答案吧……”于是，这个开始了他寻找答案的旅程！

刚上道，他精力充沛，一路上蹦蹦跳跳，把自己认为最好的、最美的石头都一个一个扔进篓子里。每扔进一个，便觉得自己拥有了一件世上最美丽的东西，很充实、很快乐。于是，他在欢笑嬉戏中走完了旅程的1/3。可是，空篓子里的东西渐渐多了起来，也重了起来。他开始感到，篓子在肩上越来越沉。但他很执著，仍一如既往地前进。

而最后一个1/3的旅程确实让他吃尽了苦头。他已经无暇顾及那些世界上最美丽、最惹人怜爱的东西了。为了不让沉重的篓子变得更重，他毅然舍弃了这些，只是挑选了些非常轻的、非常需要的或是必不可少的东西放进篓子。他深知，这样的舍弃是必要的。然而，无论他挑多轻的东西放入篓子，篓子的重量也丝毫不会减轻，而只会加重，再加重，直到他无力承受。但最后，他还是背着篓子，艰难地踏上了这最后1/3的旅程。

俗话说：“远路无轻物。”在人生的道路上，如果我们需要负重前行，当越行越远的时候，就会感到举步维艰，虽然会抱怨自己怎么会选择这么多东西，但还是不舍得放弃。但直至终点打开担子才发现：那些曾经我们以为得不到的东西，现在对我们而言却是无用的东西。有时候，放下是一种智慧，是一种获得正能量的开始。

在某些时候，卸下重担比坚持更令人痛苦不堪，因为坚持下去还意味着有希望，但放手就什么都没有了。因此，绝大多数人，面对沉重的负荷，以及自己梦想得到的东西，无法放手，本能地抓住那些东西，唯恐失去。在难以割舍之下，如果真的失去了，他们就会为得不到而烦恼、郁郁寡欢，内心的负能量也会大量滋长。所以，要学会卸下自己扛不动的重

担，不再为那些得不到的而烦恼。我们需要明白，适时的放下其实是通过另外一个途径获取正能量。

1.苦苦执著，就是不断地耗尽正能量

在生活中，对于某件事情或事物，假如我们总是苦苦地执著，或许刚开始还意气风发，甚至精神百倍，但是随着执著过程中的艰辛，就会不断地消耗正能量。假如这个坚持是不值得的，那这样的执著更是一种愚蠢，只会耗尽我们的正能量。

2.卸下重担，会让我们重新拥抱正能量

在疲惫的旅程中，我们只会感到无尽的痛苦与无助，甚至负面情绪将达到一个极点。这时就应该勇敢地卸下重担，以得到轻松的心境，从而重新拥抱正能量。

第4章　心也可以缔造天堂，积聚正能量

一个人只要保持快乐的心情，就会缔造属于自己的天堂。卡耐基认为，错误的情绪往往比你陷入失败的境地更加让人可怕。因为你的失败只是暂时的，而你错误的情绪会一直跟随你，总是让你陷入失落的感情旋涡里，苦苦挣扎却无济于事。

不因挫折而一蹶不振

卡耐基认为，在许多人看来，挫折只会给我们带来负能量，因为它会令一个人变得一蹶不振。其实并不是这样，在挫折的磨砺下，我们会变得更勇敢，甚至激发出体内的正能量。人生的路途上不会永远是一帆风顺的，总是充满了荆棘和坎坷。如果你在人生的挫折面前选择逃避，那么你就永远错过了成功的机会。一个人要学会和挫折做朋友，这样才会发觉它并没有那么可怕，也就会鼓起勇气去战胜它。人生之初是一张白纸，而挫折是白纸上的点缀，当你走完了一生，再回过头来，你会发现正是那些挫折才让你登上了成功的顶峰，才让你的人生变得十分精彩。

卡耐基的课程受到了广泛的欢迎，也赢得了很高的声誉。但并不是所有的人都认为卡耐基的课程是十分有效并很实用的，在卡耐基课程不断发展的同时，也遭到了一些人的非议和责难。

戴尔·卡耐基在青年会夜校的课程非常紧张，他无心兼顾身外的任何

事情，哪怕是路边的一个行人。于是，卡耐基把自己的全部精力投入到夜校里的“卡耐基课堂”。为了使自己的课堂有所创新，让自己的课程形成一个比较清晰的内容体系。他便着手来策划，实在是很忙，以致有一个晚上就停课了。当时那些学生很不满，闹到青年会的新主任那里。那位中年妇女主任，毫不客气地教育卡耐基：“先生，你必须记着‘你的课程，学生们并不怎么满意，你不能如此懒惰，不要以为你现在能拿到30美元一个晚上就很了不起！’明天，我就可以让你永远告别青年会，如果你不能勤奋工作的话！”

面对这样的警告，卡耐基并没有生气，他只是平静地接受了因自己不上课导致学生不满的事实，他明白问题出在哪里，也明白应该怎么办。后来当他再一次踏进教室开始讲课时，有学生公然指出：“戴尔·卡耐基先生，你说的一切都与怎样演说无关，我们不需要心理医生，只需要一位充满机智的教师，而不是像你这样只会胡说八道。”下面的学生开始吹口哨，同时拍桌子地闹了起来。卡耐基手足无措地站在那里，这时那位妇女主任来了，喝令卡耐基结束了青年会的授课。于是，卡耐基狼狈地离开了青年会，他心里明白除了接受既成事实以外，没有别的办法。可是，他不甘心自己所试图创立的事业如此夭折。他开始到图书馆查阅资料，为自己的课程做些准备，后来在一位朋友的帮助下重新开始了卡耐基课程。

每当陷入困境，卡耐基就会想起曾经使奥斯勒终身受益的一句名言：“我们最重要的工作，并非在眺望遥远的、朦胧的事物，而是实行的、明确的工作。”虽然，卡耐基因为课程遭到非议，最终离开了青年会，但是，卡耐基用自己的能力克服了暂时的挫折，又通过课程确立了自己的事业，并且越干越好，最终走向成功之路。

卡耐基在生活和工作中遭遇了很多挫折，但是每一次他都凭着顽强的

精神斗志从挫折中站立起来，迈向新的生活。实际上，卡耐基成功的历程就是战胜困难和挫折的历程。他在面对生活和工作挫折的时候，并没有退缩，而是以一颗乐观的心去对待，因为他觉得正是这些挫折才使得他取得如此巨大的成功，才使他的生活充满了精彩。

1.学会接受已经发生的事实

在我们的日常生活中，或许也会遭遇像卡耐基一样的挫折。这时候，就要学会接受已经发生的事实，这是克服任何挫折的第一步；然后再寻找可以解决的办法，让自己从挫折中站立起来。有的人时常在想，假如有一天我失去工作了怎么办？假如有一天我老了怎么办？假如有一天我失去健康了怎么办？假如有一天孩子不能成才怎么办？假如有一天所有的亲朋好友都对我不友好怎么办？我们暂且不说那一天是否会到来，但需要关注的是，现在这样的担心只会让自己陷入更严重的焦虑中。

2.挫折让人生变得更精彩

人生中的挫折并不可怕，重要的是你是否有战胜它的信心。当我们面对挫折时，要用自己身上的正能量去征服它，你笑得越灿烂，它就越怕你，当你自信满满地从它身边经过时，它就会不战而退。有一天当你回首往事，你会发现正是那些挫折才让你的人生丰满起来，才让你的生活充足起来。人生不会因为挫折而一蹶不振，而是因为挫折才充满了精彩。这是卡耐基的成功之道，也是每个人的幸福之道。

若只有柠檬，就做一杯可口的柠檬汁

卡耐基说："如果只有柠檬，就做杯柠檬汁。"这差不多是创造正能量的开始。当你第一次尝到柠檬，那酸入心脾的味道一沾上舌尖，你立即就会呲牙咧嘴忙不迭地吐出来。卡耐基认为，如果命运交给你一个酸柠

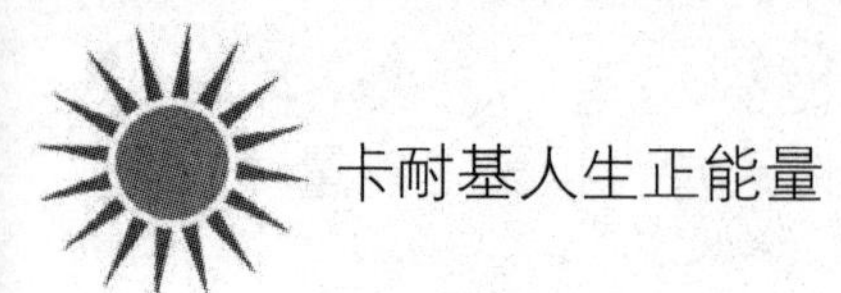

檬，你得想办法把它变甜。柠檬是又苦又酸的，难以下咽，可是如果你把它榨成汁，加上糖，倒进蜂蜜，就变成了味道很好的柠檬汁。虽然生命给了我们酸苦，但是我们可以让它变得甘甜。悲观的人不幸拿到柠檬，就会自暴自弃地说："我垮了。这就是命运，我连一点机会都没有了。"然后他就开始诅咒这个世界，整日沉溺在自怜之中。而乐观的人拿到一个柠檬的时候，就会说："从这不幸的事件中，我可以学到什么呢？我怎样才能改善我的情况，怎样才能把这个柠檬做成一杯可口的柠檬汁？"所以，寻找正能量的人，要学会把自己手中的柠檬做成一杯可口的柠檬汁，那样自己的人生就会充满甘甜和愉悦。

有一位美国的农夫，他经过多年工作的努力，终于用自己存起来的钱买了一块价格便宜的田地。可是他买完地之后，心情就十分低落。因为他买的那块土地非常贫瘠，不适合种植任何农作物，甚至连粮食作物都长不出来。除了一些矮灌木和响尾蛇，其他什么东西也无法存活在这块土地上。

他整日为这件事忧虑着，后来想到了一个主意，能把这个负担变为资产，挫折变为机会。于是，他不顾身边人们诧异的眼光，开始捕捉这块土地上的响尾蛇，又去买了些机器来生产响尾蛇罐头。这样几年之后，他的农庄变成了当地十分有名的观光景点，每一年平均就有两万名观光客前来参观。

后来，这位美国农夫的生意越做越大。他把响尾蛇的毒液送往实验室作血清，而响尾蛇的蛇皮则以高价售出，用来生产女佣的鞋与皮包，然后再把蛇肉装罐卖到世界各地。于是，他们村的邮戳都改为"佛罗里达州响尾蛇村"，以示对这位把"酸柠檬榨成甘甜柠檬汁"的农夫的致敬。

那位美国的农夫看见自己用所有积蓄购买的土地一片荒芜的时候，并没有马上放弃它，而是思考怎么把这一片贫瘠之地利用起来。于是他针对土地上盛产响尾蛇这样的特点，开始制造罐头，还把响尾蛇的毒液、蛇皮都利用起来，最终使自己取得了巨大的成功。开始上天只是给了他一个酸柠檬，但是他却没有因柠檬的酸苦就扔了它，而是思考怎么把一个酸柠檬榨成可口的柠檬汁，以此来创造正能量。最后，他不但把柠檬榨出了甘

甜的柠檬汁，还榨出了比原来更多的柠檬汁。他的成功主要就在于他的心态——乐观、积极向上，使他最终取得了成功。

卡耐基说过：“真正的快乐不见得是从享乐中得到，它多半是从征服困难的过程中获得的。”的确，生活中的快乐并不都来自享乐，还有一部分来自一种挑战挫败的成就感，一种超越挫折的胜利，一次将命运的酸柠檬榨成可口柠檬汁的过程。如果你在寻找正能量，那就要学会给自己的生活增添一些快乐，将酸柠檬变为甜柠檬汁，时刻以乐观的态度面对挫折，从而找到开启快乐王国大门的钥匙。如果你只是顾影自怜，即使你住在美丽的城堡里，恐怕也难以快乐起来。

1.变磨难为积极向上的正能量

北欧有一句谚语：“冰冷的北极风造就了强盛的维京人。”上天把冰冷的北极风给了维京人，但是聪明的维京人并没有因为北极风就丧失了生活的方向，而是更好地把北极风利用起来，增加自己的正能量，所以才变得十分强盛。当面对生活中的一些困难的时候，悲观的人只会怨天尤人、自暴自弃，甚至一蹶不振，所以失败总是紧紧地跟着他们；而乐观的人却是思考怎么把一些不利的条件化为已用，所以他们往往能够登上成功的宝座。

2.时刻保持良好的心态

在生活中，我们要时刻保持乐观的心态，这样才会使自己的每一天都充满快乐。拥有乐观、积极向上心态的人，通常能够取得工作中的成功，获得生活中的幸福。因为他们在面对工作和生活中的一些困难或者挫折时，都能够以一颗平和的心去对待，而不是选择放弃，他们会把上天给的酸柠檬榨成一杯甘甜的柠檬汁。

活在当下，只是为了今天

如果你希望自己每一天都能生活得十分快乐，那么就要学会活在当下，那样才能活得自在，也才能让你浑身上下充满正能量。你要分清楚过去和现在，你的过去只会对现在产生影响，如果你总是沉浸在过去的阴影中，就不可能快乐地生活在今天。也许，对过去和未来的某些思考是有益的，但是花费太多的时间去反省过去、计划未来，其实是在浪费时间。因为生活本身只有在此时此地，才能充分享受生活。我们不否认过去，但是也不能沉溺于过去，只有关注现在，才能活得更像自己，才能发挥自己的聪明才智，才能更加真实和精彩地活着。

卡耐基讲了这样一个故事：

威廉·奥斯勒年轻的时候，是蒙特瑞综合医院的一名医科学生。他在那里学医的一段时间里，对自己的生活充满了忧虑，不知道怎样才能通过眼下的期末考试，也不知道将来会在什么地方、创立什么样的事业，更不知道未来该怎么去生活。他整天为这些事情担忧着，无心进行自己的学业。一次，他无意间在一本书上看见了这样一句话："对我们大家来说，生活中最重要的事情不是遥望将来，而是动手理清自己手边实实在在的事。"正是从书上看到的这句话，改变了这位年轻的医科学生，使他后来成了最有名的医学家之一，创建了举世闻名的约翰斯·霍普金斯医学院，并成了牛津大学医学院的钦定讲座教授，那可是学医的英国人所能获得的最高荣誉。

后来，威廉·奥斯勒爵士给耶鲁大学的学生作了一次演讲，他说："像我这样一个曾在四所大学当过教授，撰写过畅销书的人，大家以为我会有'特殊的头脑'，但事实并非如此，我的朋友都知道，我的脑袋是再普通不过的了。"

有人问他："那您成功的秘诀是什么呢？"威廉·奥斯勒爵士答道：

“我之所以能够成功，是因为我活在完全独立的今天。”

奥斯勒爵士的话并不是让我们不要为了明天而下工夫做准备，最好的办法，就是尽自己最大的努力，把今天的工作做到完美无缺，这才是应付未来唯一可靠的方法。奥斯勒把每一天都当作是完全独立的，他不会沉溺在过去，也不会为未来忧虑，所以他能够信心满满地应付今天的事情。对于他来说，每一天都是快乐的，每一天都是自由自在的，所以最后他能够取得医学上瞩目的成就。

卡耐基有一个快乐的计划，那就是“只为今天，活在当下”。他根据快乐的原则，为自己及世人都制订了一个快乐的计划，就是只为今天而活。活在今天，就应该放下过去的烦恼、舍弃未来的忧思，把自己所有的精力投入到今天的生活中。因为过去的已经过去了，而未来的还很遥远，只有今天才是应该抓住的机会。所以我们现在要学会快乐地生活，那就是活在当下，只为今天而活。把对昨天怀念或者对明天幻想的时间都用在今天，如果今天遭遇了困难，那么就要努力地克服；如果今天遇到了喜悦的事情，那么就敞开胸怀高兴一番。

1.坚持“只为今天，活在当下”的快乐原则

卡耐基在生活和工作中遇到困难的时候，总能想到曾对奥斯勒影响巨大的那一句话，所以通过自己的经历，他提出了“只为今天，活在当下”的快乐原则。美国著名总统林肯曾经说过：“大部分人只要下定决心都能很快乐。”一个人的快乐不是来自外在的，而是来自内心的。

只要每一天都保持快乐的心态，活在当下，就会获得自由自在的快乐。人为什么会忧虑？那都是因为沉溺在痛苦的过去，焦虑不可知的未来。如果能够在心里抛下昨天和明天，只是立足于今天，那么你心里的压力和负担就不会那么沉重；你就可以以轻松的心情来面对今天的困难或愉

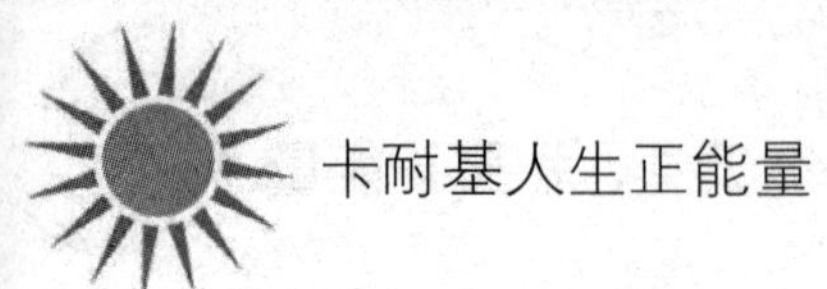

悦，那么每一天的你都是快乐的。

2.试着考虑怎么度过今天

寻找正能量的人要学会用快乐的心态来面对每一天，把“活在当下，活得自在”当作自己的座右铭。让自己去适应一切，而不是试着调整一切来适应自己；活在当下，就要保持自己的身体健康，珍惜自己；每一天加强自己的思想，学习一些有用的东西；试着只考虑怎么度过今天，而不是要一次就解决自己一生的问题，这也无法做到。

把每一天都当作新生

卡耐基把每天都当作新生，因为只有这样才有可能积聚全身的正能量。他认为：“生活中的每一个人，在任何一个瞬间，都可能站在两个永恒的交汇点上，但是这一点已经永远地成为过去并延伸到无穷的未来。”所以我们不可能生活在两个永恒的中间，连一秒的持续时间也没有。如果总是停留在过去的阴影里，就会摧垮我们的身体和精神。而我们能够做的就是把每一天都当作新生，并为活在这一刻而自豪。罗勃·史蒂文生写道：“从现在一直到我们上床，不论任务有多重，我们每个人都能支持到夜晚的降临；无论工作多么艰苦，每个人都能做好自己当天的工作，都能很开心、很纯洁、很有爱心地活到日落西山，这就是生命的真谛。”生命的真谛就在于把每一天都当作新的一天来度过，这样就能把自己所有的时间和热情都用于今天，让自己的生命焕发出无限的潜力。

卡耐基讲述了这样一个故事：

薛尔德太太住在密歇根州沙支那城，她以前是靠推销《世界百科全书》之类的书籍生活，后来因为有了家庭便辞去了工作，那时候日子虽然不富足但是也过得很安乐。然而很快，她安逸的生活就陷入了苦难。1937年她的丈夫死了，她自己几乎身无分文，这令她非常恐慌。那段时间，她

的精神极度颓废、崩溃，甚至差点儿自杀。后来，她给以前的老板奥罗区先生写信，请求他能让自己做回以前的工作。于是，她四处借钱分期付款买了一辆旧车，又重新开始以推销那些书籍为生。

薛尔德太太希望能够通过繁忙的工作来抵消自己的颓废和不安，可是她很快发现不行。毕竟她的丈夫已经不在了，只有她一个人驾车、一个人做饭、一个人生活，这所有的一切都令她无法承受。而她的工作也带给她一些困扰，有些地方根本就卖不出去书，所以业绩不太好，以至于她难以凑齐还款。她整天心情沮丧，对生活也没有什么希望，甚至绝望得差点自杀。

有一天，她读到了一篇文章，正是那篇文章中的一句话让她活了下来："对一个聪明人来说，每天都是一个新人生。"这句话令她精神振奋。于是，她把这句话打印出来，贴在汽车前面的挡风玻璃上，为的就是自己开车的时候能随时看见它。薛尔德太太发现只活好今天并不难。就这样，她摆脱了孤寂和恐慌，变得很快乐，工作业绩也上去了。

薛尔德太太正是把每一天都看作是新生的，才能够在每一天里忘记过去，不想将来，而只关注正在活着的这一天。所以她能够很快摆脱恐慌的心情，而变得十分快乐，这样工作起来也很有精神。不管昨天有多么糟糕，毕竟已经过去了，新的一天就应该忘记充满痛苦的昨天，带着好心情又开始新的一天。这样你就会发现，每次只活一天是多么容易的事情。

当你早上睁开眼睛，就看见阳光是那么的灿烂美丽，再呼吸一下新鲜空气，整个人就会很清爽，充满了活力，全身都是强劲的正能量。也许并不是每一天都能感受到大自然的美好，但是日落之后、黎明到来，新的一天就开始了。

1.把每一天当作新生

有人说"当我看到太阳从地平线上升起来时，就知道这又是崭新的一天”。聪明的人，会把每一天都当成一个新的开始。无论昨天多么困难，毕竟都已经过去了，从今天开始，开始新的生活。每天都是一个新的开始，当你这么想的时候，你已经在精神百倍地生活了。

2.告别过去的负能量，拥抱新生的正能量

人最可悲的就是，无视窗口的玫瑰在悄悄绽放，而去梦想着天边奇幻的玫瑰园。如果总是怀着悲伤的、孤寂的心情去度过每一天，那么你就什么事情都做不好；内心的恐慌会变本加厉地折磨你，令你日渐消沉，陷入人生的黑暗。无论你在生活中遇到了什么，都不要害怕，你只需要活好每一天。所以，我们要随时保持一种乐观的心态，记住每一天都是一个新的开始，不要沉浸在对昨天的回忆中。新的一天，就要用尽全身的力气去表现，把自己最美丽的一面展示出来，让自己的每一天都充满精彩和欢乐。

充分享受生活的快乐，感受生命的真谛

卡耐基说：“如果你每天有足够的新鲜水可喝，有足够的食物可吃，就不要再抱怨任何事情。”快乐就在于开阔心胸，享受生活，这样才能获取正能量。也许我们每天会面对一些让自己烦躁的事情，可是想想只要还能吃饱喝足，就是人生最大的幸运。不要用自己心里的放大镜放大每一个不幸，这样只会让你觉得自己是世界上最悲惨的人。抱有这样的心理只会让自己对生活失去信心，失去自信，也终将在悲惨中度过一生。其实不幸与幸运只有零点零一毫米之差，聪明的人总是能够把自己的不幸转化为幸运，当然并不是什么魔力，只是一种心态。所以，无论你的生活遭遇了什么变故，都要敞开心胸，学会享受生活，感受生活的乐趣。

卡耐基曾给人们讲述了这样一个故事：

波姬·戴尔是一位眼睛有残疾的女人，她只有一只满是疮疤的眼睛，

且只能靠眼睛左边的小洞来观察这个世界。而当她看书的时候，她必须把书贴近脸，然后努力使眼睛往左边斜。虽然她的眼睛是这个样子，但是她拒绝别人的怜悯，而是靠自己的心情来享受生活的快乐。

小时候，她渴望跟其他孩子一样玩跳房子，但是由于眼睛的关系，她看不见地上的线。于是，她等伙伴们都回家后，自己一个人趴在地上，将眼睛贴到线上看来看去，并且牢牢记住玩的地方。不久之后，她就成了玩跳房子的高手。读书时期，她把大字印的书紧紧贴在自己的脸上，艰难地学习着。但谁也没有想到，她凭着坚韧的毅力，获得了两个学位，分别是明尼苏达州州立大学学士学位和哥伦比亚大学硕士学位。

完成学业之后，她开始了自己的教书生涯。通过努力，她不但成为文学教授，工作之余还在一些妇女俱乐部发表演讲，并到一家电台主持读书节目。她说："我脑海深处，常常怀着完全失明的恐惧，为了打消这种恐惧，我采取了一种快活而近乎游戏的生活态度。"

戴尔并没有因为自己只有一只眼睛，就开始抱怨生活的不公平，而是愉快地融入人们的生活中。她完全不需要人们的怜悯，而是努力使自己看起来跟别人没什么两样。事实上她做到了，虽然付出了比常人多几倍的努力，但是她依然活出了最优秀的自己。她把自己身上被别人看成的不幸，变成自己的幸运，并且享受着生活的乐趣，所以她在失明50年以后，还能通过手术重见光明。生活的确给了她太多的不幸，可是她并没有抱怨；相反，她十分愿意享受生活带来的乐趣，所以生活也给了她同样的回报。

正能量提示

1.知足常乐，好心态铸就正能量

人生最大的悲剧就是，很少想到自己所拥有的，却时刻想着自己所没有的。于是，我们的心情总是重复着这样的沮丧，很多人总是对自己的生活不满意。其实很多时候，你对自己的生活不满意，是通过与其他人的生活比较出来的。

俗话说“知足常乐”，若能想想自己拥有健康的身体，每天能喝上纯净的水，每天能吃饱，那就是一种幸运。再想一想，有的人完全失明了，有的人身体有残疾，过得很艰辛，与之比较，你就会发现你的生活是多么幸运和快乐。所以，我们不要总为自己寻找一些根本不存在的烦恼，而要学会享受生活的每一分每一秒，这样才会体味到幸福的真谛。

2.开阔心胸，享受生活

如果你想得到快乐，就要记住“每天要想想令你得意的事情，而不要将注意力集中在烦恼上。”如果你只是把注意力集中在烦恼上，那么生活也会给你烦恼；如果你保持愉悦的心情，那么生活也会给你愉悦。你对生活抱有什么样的希望，生活就会回报你什么样的礼物。我们要学会开阔自己的心胸，拥抱每一天生活的快乐，这样才会懂得生活的真谛。不要总是把心思放在那些琐事上面，那只会让你的心越来越纠结。

罗根·史密斯曾经说过：“人生应该有两个目标，第一是，得到自己所想的东西；第二是，充分享受它。只有智者才能做到第二步。”所以，不管你的生活发生了什么，都要学会开阔心胸，充分享受生活的快乐，感受生命的真谛。

别为过去和未来烦恼

卡耐基认为，为过去和未来烦忧，只会给自己带来消极影响，从而给了负能量以可乘之机。所以，当他意识到自己在为过去和未来担忧的时候，他就会在一个小时之内将自己所有的忧虑抛掉，让自己重新变回一个对生活充满信心的乐观者。他会选择走进自己的书房，然后闭上眼睛，朝着放历史书籍的书架走去，随意抽出一本书。他依然闭着眼睛，并不去看

自己手中的书籍，而是随便翻开某一页，然后才把眼睛睁开，再认真地在桌前阅读一个小时。虽然人类历史就是由一支悲凉的笔所写成的：杀戮、瘟疫、饥饿、贫穷，但是卡耐基想到自己现在的生活比过去要好几十倍的时候，他就不再忧虑了，心也开始平静下来了。

其实，卡耐基之所以会这样说，那是受益于一个故事：

泰德·班哲明诺曾经在第94步兵师担任士官，他的主要工作就是建立和维持一份在作战中死伤和失踪者的人名记录，并且帮助发掘那些在战争中被打死的、被草草掩埋的士兵；同时还收集那些战士的私人物品，并且将其准确地送到他的朋友和家人手中。

他整天因为自己的工作而筋疲力尽，对自己处在战争的环境中而担忧。他担心自己不能撑到明天，担心自己不能活着回去抱一抱他唯一的儿子，他的儿子出生16个月了，但是他还从来没有见过。整天劳累的工作，紧紧绷住的神经，都让他憔悴不堪。他的身体足足瘦了34磅。虽然自己的身体如此瘦弱，但是他仍然疯狂地担心、忧虑，眼看着自己瘦得只剩皮包骨头，却毫无办法。他无法想象，自己怎么可以这样瘦弱不堪地回家面对妻儿。因此，他像一个孩子一样，哭得浑身发抖。这样的日子持续了很久，他几乎丧失了正常人的生活能力。最后幸亏战争结束了，他被送到医院去治疗，才保住了生命。

班哲明诺为自己的未来所担忧，因为处在战争的环境中，所以他认定自己没有未来可言。于是开始担忧自己是否能活着回家，担心自己是否能撑到明天，担心自己是否能见到还未曾见过的儿子。他整天在忧虑中惶惶度过，搞得自己身心疲惫，最后成了皮包骨头，也丧失了正常人的生活能力。如果不是战争的结束，他可能会因为忧虑而失去生命。

美国海军上将厄耐斯特·金恩说：“如果我们的一只船沉了，我不能把它捞上来，它要是再沉，我也没有办法。我的时间要花在解决现在的问题上，不能为昨天的问题而后悔不已。况且，要是我为这些无意义的事情烦恼的话，我也不会坚持很久的。”生活中没必要去为过去和未来忧虑，重要的是把握好现在，这才是对过去最好的总结、对未来最好的准备。

既然生活在现在，就不要为过去和未来烦忧。无论你经历过多大的挫折，受过多大的磨难，毕竟都已经过去了，已经成为你记忆中的一部分，不可能主宰你今天的生活。所以不要总沉浸在过去的痛苦中，那样只会让你把今天也卷进痛苦的旋涡中，那么你的人生从此就迈入万劫不复的深渊。而未来还不可知，未雨绸缪可以，但不要过分地为明天担忧，它只会逐渐变成你的压力和负担。你既不会为明天的发生而准备什么，也不会好好地把握今天，结果你把今天和明天都弄丢了。

1.牢牢把握现在

只有牢牢地把握现在，你才有可能获得未来的成功。因为现在既是对过去你经受的一些挫折所作的总结，也是为未来的成功做好准备的关键时期。所以，不要为过去和未来烦忧，保持一份愉快的心情，就能发挥出你所有的潜力，从而走向成功。

2.沉浸在过去只会给自己带来负能量

我们不要对过去的痛苦一直难以忘怀，要学会从过去的苦海中挣脱出来，把握好自己现在的生活，这才是对昨天痛苦的最好安慰；也不要想象未来的苦难，假如自己老去了怎么办？假如自己失去了工作怎么办？那些都是徒劳的，如果你不把握好现在，那么你就无法取得未来的成功。所以，不要为过去和未来烦忧，珍惜现在，把握属于自己的幸福人生。

让每一天都快乐

寻找正能量并不是一件很困难的事情，关键在于自己的心态。如果你

是一个悲观的人，那么令人兴奋和激动的事情，在你看来也不过如此，因为你内心深处始终都处于悲伤中，所以根本无法快乐起来，获取正能量；但是如果你是一个乐观的人，再悲惨的结局，在你看来也会觉得“没有想象中那么糟糕”，因为你总是抱着最好的心态，所以连负能量也可以转化为正能量。卡耐基认为，人们之所以不快乐，是因为总是在忧虑过去，或是不切实际地展望未来。所以他根据快乐的原则，为自己和世人制订了一个快乐的计划，计划的名字叫作“只为今天”。

（1）只为今天，我要很快乐。正如林肯所说的“大部分的人只要下定决心都能很快乐”因为快乐是来自内心，而不是存在于外在。

（2）只为今天，我要让自己适应一切，而不去试着调整一切来适应自己。我要以这种态度接受我的家庭、我的事业和我的运气。

（3）只为今天，我要爱惜我的身体。我要多参加运动，善自照顾，善自珍惜；不损伤它、不忽视它；使它成为我争取成功的好基础。

（4）只为今天，我要加强自己的思想。我要学一些有用的东西，决不做一个胡思乱想的人。我要看一些需要思考、需要集中精神才能看进去的书。

（5）只为今天，我要用三件事来锻炼我的灵魂：我要为别人做一件好事，但不让人家知道；我还要做两件我并不想做的事，而这就像威廉·詹姆斯所建议的，只是为了锻炼。

（6）只为今天，我要做个讨人喜欢的人。外表要尽量修饰，衣着要尽量得体，说话低声，行动优雅，丝毫不在乎别人的毁誉。对任何事情都不挑毛病，也不干涉或教训别人。

（7）只为今天，我要试着只考虑怎么度过今天，而不要一次解决我一生的问题。因为，连续十二个钟点做一件事或许可以，但若要一辈子都这样做下去的话，就会吓坏我。

（8）只为今天，我要订下一个计划。我要写下每一个钟点该做些什么事情；也许我不会完全照着做，但还要订下这个计划；这样至少可以免除两种缺点，过分仓促和犹豫不决。

（9）只为今天，我要为自己留下安静的半个钟点而轻松一番。在这半个钟点里，什么都不用管，我想做什么就做什么。

（10）只为今天，我要心中毫无惧怕。尤其是不要怕快乐，要去欣赏美的一切，去爱我爱的人和爱我的人。

卡耐基 “只为今天”的快乐原则，可以使人每天都处于快乐中。因为昨天已经过去了，即将到来的也是今天，这样就会让你的每一天都是快乐的。我们要学会时刻保持自己的心境开朗，那么快乐就会时刻追随着你。这是一个焦虑的时代，与其随波逐流，不如有意识地培养一些让自己快乐的习惯，随时调整心情，向快乐进发。

正能量提示

1.快乐是一种心态，也是一种正能量

快乐是一种生活态度，也是一种生活习惯，只有在生活中收获到快乐的人，才会感受到生活的真谛。如果你心里充满忧郁，那么你就会一直犹豫，连你生活的每个角落也会充满忧虑。所以，给自己一份心情，快乐的心情会让你重新审视自己的生活，你会发现原来美好的心情也是可以缔造天堂的。

2.快乐的心态可以消灭负能量

生活中我们可能会遇到各种各样的困难和挫折，但是只要你随时保持一份愉悦的心情，就会战胜困难和挫折，消灭那些暗暗滋长的负能量，并且取得成功。虽然你不能控制事情发展的方向，但是你可以改变自己的心态；虽然你不能左右天气的阴晴，但是你可以改变自己的心情。只要你能够保持乐观、积极向上的心态，就会在人生的旅途中无往不胜。许多心理疾病都是因为沉湎于过去，期望未来而导致的，此时的心情往往处于极度的抑郁状态。而良好的心态往往能够使自己的心情时刻愉悦，这对于一个人的身心健康是相当重要的。

第5章　积极地思考，制造正能量

在卡耐基看来，只有积极地思想，才能制造出正能量。就工作而言，他说道："正确的思考方法可以提高你对工作的兴趣。你可以对自己本身的问题好好想想，如果你把一半的时间花在工作上，而能不减对其的兴趣，那么你人生的幸福也许会增加两倍。但是，当你在工作上找不到幸福时，很可能在其他地方也找不到幸福。"积极而正确的思想，往往会制造出源源不断的正能量。

将目光放长远，让未来充满希望

一个小女孩趴在窗台上，看见窗外的人正在埋葬她心爱的小狗，不禁泪流满面，悲痛不已。外公见状，连忙引她到另外一个窗口，让她欣赏他的玫瑰园。果然，小女孩的心情顿时明朗。外公托起她的下巴，慈祥地说："孩子，你开错了窗。"卡耐基认为，生活就像是硬币的两面，一面是快乐，一面是悲伤。当你将目光放得长远的时候，你会发现未来是充满希望的，你所感受到的也是源源不断的正能量。但是在生活中，因为眼界太狭窄或目光太浅显，我们常常会像小女孩一样开错了窗，看到悲伤的一幕便情绪低落，萎靡不振。然而，如果我们能开阔眼界，以积极的思想试着打开另一扇窗，换一个角度看问题，或许会看见如画的美景。很多时候，我们感到痛苦消极，那是因为我们目光太短浅了。我

们只专注于眼前的事情，而忽略了长远的打算，于是总为失去的东西而痛苦不堪。

每年的七八月份，北极地区的冰雪就开始大面积融化，气温也逐渐回升，出现了短暂的春景，十分美丽。但是，随着气温的升高，也开始出现大量的蚊虫，由于当地物种稀少，那些饥饿的蚊虫就会飞到人们聚居的地方，吸食人们的血液来维持自己的生命。可让人奇怪的是，当地的居民却为此感到很快乐，他们对这些嗡嗡乱叫的蚊虫十分仁慈，从来不轻易伤害它们。当有的游客拿出杀虫剂喷洒时，还会被当地居民所制止。

这是为什么呢?

原来，一种被称为驯鹿的动物是当地居民过冬主要的肉质动物来源。可是，在天气比较暖和的时候，大批的驯鹿会自发地成群结队向低纬地区迁移，因为那里有大量的水草，如果没被驱赶，它们是不愿意在严寒到来的时候准时回来的。但是在北极地区，如果你想靠人力来驱赶，这根本是不可能的事情。这时候，那些讨人厌的蚊虫就显示出它们的威力，气温一下降，蚊虫就会飞到低纬地区逃命，自然会与驯鹿不期而遇。那些吸食血液的蚊虫是驯鹿无法抵御的天敌，而那边的气候还不适宜生存，所以那些驯鹿走投无路之下只能往回跑。这一跑正好钻进了人们事先设计好的陷阱里。

聪明的因纽特人掌握了自然界物物相克的规律，所以甘愿忍受被蚊虫吸食的痛苦，来求得长远的生存。在他们看来，眼前的得失并不需要挂在心上，也不需要为此感到痛苦，而那些长远的考虑才是智者的生存之道。所以，在那些被蚊虫吸食的痛苦日子里，因纽特人并没有过多的埋怨，而是保持着一份乐观豁达的胸怀。甚至，他们会快乐地欢迎蚊虫的到来，因为他们知道有了蚊虫的存在，这个冬天食物就不用愁了。

将眼光放长远一些，我们才不会被负能量所困扰。或许在上帝看来，生命殆尽之时正是一切永远的开始。狂风之后，一棵老树轰然倒下，多少

人在叹息老树生命结束的同时，不由自主地感叹自己的命运。但是，如果你换个角度，将眼光放长远些，你会发现一棵幼苗在老树倒下的地方生根发芽，开始新的生命。今年的逝去是为了明年能够花红满树，桃李芬芳。这样想来，是否会觉得快乐些呢？

卡耐基认为，在人生的路上，有太多的得，也有太多的失，许多人一直都在计较着得与失，所以每一天都在抱怨、懊悔中度过，在他们漫漫人生之中，没有哪一天是真正快乐的。终其一生，会因为目光太短浅，而让自己陷入负面情绪的无端困扰中，长期下去，内心就会被负能量所占据，而无法积极乐观地生活。

1.先看看自己得到了什么，再看看自己失去了什么

有个人在一次车祸中不幸失去了双腿，当所有人都对他的厄运表示同情、对他的未来充满担忧的时候，他却积极地为自己寻找新的出路。在他的脸上没有看到痛苦，更没有看到绝望。周围的人很是好奇，对于一个失去双腿的人来说，生活无疑已经没有了色彩。但他却笑着说道："这事确实很糟糕。但幸运的是我保存了性命，并且通过这件事认识到，原来活着是一件多么美好的事情——我失去的只是双腿，得到的却是比以前更加珍贵的生命。"

当我们遭遇一些重大挫折的时候，应该先看看自己得到了什么，再看看自己失去了什么，这样才能从中感受正能量，而不是负能量。

2.将目光放长远，看到眼前的希望

当我们在无声的年华岁月中看着繁华落尽，才感叹道：原来自己从来没有快乐过。对于那些失去的、得不到的，为什么不能以一种长远的眼光去看待呢？保持良好的心态，你会发现，令自己陷入负面情绪的是短浅的目光，而不是生活。

努力思考，将不幸转化为正能量

卡耐基说："不幸就像一块石头，对于弱者来说，它是一块绊脚石，让你却步不前；对于强者来说，它是一块垫脚石，让你看得更远。"面对不幸或挫折，当我们努力去思考的时候，就会发现自己是有办法将不幸转化为正能量的。一个人如果经不起挫折，受不了历练，他就只会沉浸在挫折带来的痛苦中，感觉不到快乐，永远没有希望，也没有前进的方向。其实，那些生活中的不幸对于我们来说，并不完全是坏事，在遭受不幸的过程中，不仅锻炼了我们的受挫忍耐力，而且从挫折中所吸取的教训将成为我们迈向成功的垫脚石。许多人遭遇不幸的时候，总表现得怨愤难平，于是抱怨他人、抱怨上天，可是，他们却从来不思考自己能去做点什么。我们应该记住：即使遭遇了再不幸的事故，至少也还有着生命的力量。

有一个穷人为农场主做事。有一次，穷人在擦桌子时不小心碰碎了农场主一只十分珍贵的花瓶。农场主向穷人索赔，可穷人哪能赔得起。最后被逼无奈，只好去教堂向神父讨主意。神父说："听说有一种能将破碎的花瓶粘起来的技术，你不如去学这种技术，只要将农场主的花瓶粘得完好如初，就可以了。"

穷人听了直摇头，说："哪里会有这样神奇的技术？将一只破花瓶粘得完好如初，这是不可能的。"神父说："这样吧，教堂后面有个石壁，上帝就待在那里，只要你对着石壁大声说话，上帝就会答应你的。"

于是，穷人来到石壁前，对着石壁说："上帝请您帮助我，只要您帮助我，我相信我能将花瓶粘好。"话音刚落，上帝就回答他："能将花瓶粘好，能将花瓶粘好……"

穷人听后信心百倍、希望倍增，于是辞别神父，去学粘花瓶的技术了。一年以后，这个穷人终于掌握了粘破花瓶的本领，他真的将那只破花瓶粘得完好如初，还给了农场主。

难道真的是上帝回答了他吗？其实，他要感谢的正是他自己，那块石壁只不过是一块回音壁，他所听到的上帝的回答，其实就是他自己的声音，那是强有力的来自内心深处的正能量。只要心中的信念在，希望就在。许多人陷入逆境，总是悲观绝望，给自己增加很大的压力。事实上，逆境是另一种希望的开始，它往往预示着美好的明天。你只要告诉自己正能量是无处不在的，那么再大的困难也会变得渺小，再糟糕的处境也会有所好转。

许多伟人，都是抱着不屈不挠的精神，从逆境中挣扎奋斗过来的。在人生的道路上，常常会遇到各种各样的挫折与不幸，而对于生活中的不幸，我们该如何看待呢？所谓“百糖尝尽方谈甜，百盐尝尽才懂咸”。不经受历练的人生就是单调、幼稚的人生。那么，不遭遇不幸的人生也将是苍白无力的。在不幸的生活面前，我们应藏着内心那一丝快乐：我还有着生命的正能量。

魏尔仑说：“希望犹如日光，两者皆以光明取胜。前者是荒芜之心的神圣美梦，后者使泥水浮现耀眼的金光。”要知道，每一个明天都是希望，无论自己身陷怎样的逆境，都不应该感到绝望，因为我们还有许多个明天。心灵导师卡耐基认为，只要有希望，人的意志就不容易被摧垮，前途比现实重要，希望比现在重要，人生不能没有希望。只要你满怀希望，你就永远不会感到绝望。

将不幸转化为正能量

凡是能够成大事者，都必须经得起不幸的历练，经得起失败的打击，因为成功需要风雨的洗礼。一个有追求、有抱负的人，他们总是视不幸为动力，甚至视不幸为自己成功的一块跳板，他们从来不会去抱怨那些挫折，也从来不会去埋怨别人。因为他们明白，不幸是人生的一门必修课，而能否顺利毕业，实则源于对人生不懈追求的正能量。

心中有梦，随时为自己补充正能量

大屏幕上的一次次颁奖，令人心动不已，谁都想走一次红地毯，谁都想触碰奖杯的荣誉，人生若是得此殊荣，自然是一种幸运、一种辉煌。但是，如此巨大的荣誉和成功却不是每个人都能得到的。而我们应该做的，就是为自己补充正能量。美国的一位心理学家曾说："不会赞美自己的成功，人就激发不起向上的愿望。"随时为自己补充正能量往往能带给自己欢乐和信心。卡耐基认为，当你的信心增强了，就会鼓励你获得更大的成就；与此同时，你的自信心又会进一步增强。但在现实生活中，有的人对自己缺乏信心，认为得到别人的掌声是一种奢望。对于这种情况，一位成功者说："别在乎别人对你的评价，有时它反而会成为你的包袱，我从不害怕得不到别人的喝彩，因为我会随时为自己鼓掌。"在人生的路途中，我们要保持思路清晰，随时为自己补充正能量。

有一天，贝勒夫人给学生们上了一节特别的课。开始上课了，贝勒夫人首先让学生们在纸上写出自己不能做到的事情。一个10岁的女孩子这样写道："我无法完整地背出太长的课文""我不会骑脚踏车""我不知道怎样才能让别人喜欢我"……虽然她已经写了半张纸，却丝毫没有停下来的意思，仍认真地写着。贝勒夫人也忙着写自己不能做到的事情："我不知道如何让孩子的家长都来""我不知道怎样帮助玛丽提高她对数学的兴趣"等。过了十多分钟，许多学生都写满了一张纸，有的学生已经开始写第二张。不过，贝勒夫人及时制止了这一行为："同学们，写完一张就行了，不要再写了。"学生们按着贝勒夫人的指示，把那些写满"不可能做到的事情"的纸对折，然后按顺序来到讲台，把纸放进一个空的鞋盒里。

等所有的纸条都被放进去以后，贝勒夫人把自己的纸也放了进去。然后，她将盒子盖上，夹在腋下领着学生走出了教室，路过杂物室的时候，

贝勒夫人找了一把铁锹，领着学生来到运动场，她挑选了一个最边远的角落，开始挖坑。10分钟后，坑挖好了，贝勒夫人吩咐学生将那个鞋盒埋在“墓穴”里，并神情严肃地说：“孩子们，现在请你们手拉着手、低下头，我们准备默哀，朋友们，今天我很荣幸能够邀请到你们前来参加‘我不能’先生的‘葬礼’。您在世的时候，曾经与我们朝夕相处……您的名字几乎每天都要出现在各种场合，当然，这对于我们来说是非常不幸的……我们更希望您的兄弟姐妹‘我可以’、‘我愿意’、‘我立即就去做’等能够继承您的事业……愿‘我不能’先生安息，也祝愿我们每一个人都能够精神振奋，勇往直前！阿门！”

接着，贝勒夫人带着学生回到教室，还举办了一个庆祝活动。贝勒夫人用纸剪成了一个墓碑，上面写着“我不能”，中间则写上“安息吧”，下面还标明了日期。贝勒夫人将这个墓碑挂在了教室中，每当有学生无意中说“我不能”的时候，贝勒夫人就会指着这个墓碑，激励学生想出解决问题的办法。

永远都不要让“不可能”禁锢自己的手脚，要对自己充满信心，随时为自己加油，勇敢地向前迈步，坚持到底，那么，“不可能”就变成了“一切皆有可能”。不可否认，为自己补充正能量是找回自信的最佳途径。不断地为自己补充正能量，告诉自己“我一定能行”，通过肯定自己来不断地增强奋力向前的信心，就会离成功更近。

卡耐基认为，生活中有许多困难与挫折，面对它们，许多人总是不由自主地说“我不能……”在这样一种心理的影响下，他们不敢正视现实中的挑战，对自己缺乏信心，最后导致自己的潜力没有得到充分的发挥。其实，许多人之所以不能成功就在于：缺乏自信，总是被“我不能”先生所左右。所以，不妨试着把“我不能”埋在地下，相信自己，为自己补充正能量，用积极乐观的心态来面对一切，那么困难与挫折就会迎刃而解。

1.否定自己是负能量滋长的开始

无论是在生活中还是工作中，都难免会遭遇坎坷、曲折、磨难，这时我们会感到痛苦、迷茫，但这些都不是最可怕的，可怕的是自己否定自己，自己摧毁自己。所以，在这关键时刻更需要相信自己，为自己补充正能量，要坚信命运的钥匙永远掌握在自己的手中。

2.随时为自己补充正能量

卡耐基告诉我们，摔了跟头，应该立即爬起来，为自己鼓劲，为自己喊声“加油”，补充正能量；当我们取得一次小成就的时候，应该对自己说“我真棒”；当困难来临的时候，记得给自己打气，对自己说“我一定能行”。那些懂得为自己补充正能量的人，一定会是生活中的强者。

信念，是永远的正能量

有人曾问卡耐基：“是什么力量驱使你坚持了这么多年？”他只回答了两个字：“信念。”信念，当然是信念，心中怀着一份坚定的信念，执著地走下去，这样就能产生巨大的正能量。许多人失败了，并不是因为他们没有目标，而是因为没有能够坚定自己的信念，从而则失去了坚持下去的力量。信念，是一个人成功的根本，它的力量是巨大的，它支持着我们生活，催促着我们奋斗，推动着我们不断地进步。正是信念，创造了世界上一个又一个的奇迹。

高尔基说：“只有满怀信念的人，才能在任何地方都把信念沉浸在生活中并实现自己的梦想。”一个信念不够坚定的人，就像一根潮湿的火柴，永远不可能点燃成功的火焰。许多人之所以失败，正是因为他们缺少

了那份信念，缺少了那份永远的正能量。信念是成功的基石，是人们内心正能量的基础。人们只有对他所做的事情充满了必胜的信念，才会采取积极的行动，从而将底片变成美丽的图片。

有一队人马在沙漠中艰难地跋涉，他们已经在沙漠里走了很久很久。太阳不客气地释放着光和热，他们随身带的水已经不多了，随时都会有生命的危险。走了长长的一段路，最后大家都走不动了。这时，领队的老人从自己背上解下一只水桶，对大家说："现在只剩下一桶水了，我们要等到最后一刻再喝，不然大家都会没命的。"

于是，他们继续着无比艰难的旅程，而那桶水成了他们心中唯一的希望。望着沉甸甸的那桶水，每个身体疲惫的人心中都有了对生命的一种信念：一定要坚持到旅程的最后一刻。但是，天气太炎热了，一个小伙子实在撑不下去了，他向老人乞求："老伯，让我喝口水吧。"老人生气地回答："不行，这水要等到最艰难的时候才能喝，你现在还可以坚持一会。"就这样，老人坚决地回绝了每一个想喝水的人。

眼看到了黄昏，大家发现领队的老人不见了，只有那个水桶孤零零地躺在前面的沙漠中，而且旁边写着一行字："我不行了，你们带上这桶水走吧，要记住，在走出沙漠之前，谁也不能喝这桶水，这是我最后的命令。"每个人抑制住内心那份悲痛，继续向前出发，而那只沉甸甸的水桶在每个人手里依次传递着，谁也舍不得喝上一口，因为他们清楚这是老人用自己的生命换来的。终于，他们走出了沙漠，喜极而泣之余，想到了老人留下的那桶水，然而打开桶盖，却从里面流出了沙子。

居里夫人说："生活对于任何人都非易事，我们必须有坚忍不拔的精神，最要紧的，还是我们自己要有信念，我们必须相信，我们对每一件事情都有天赋的才能，而且不管付出任何代价，都要把这件事情完成，当事情结束的时候，你就能问心无愧地说：'我已经尽我所能了。'"信念就如同航标灯射出的光芒，在朦胧浩渺的人生海洋中，给予我们力量，指引着我们走向辉煌。

卡耐基认为，信念和希望是生命的正能量，在许多时候，打败自己的并不是环境，而是自己。只要我们心中还残留着一丝希望，就要坚定自己的信念，努力追求、努力奋斗。在生活中，无论自己的处境e 多么糟糕，也要在心底保持一份信念，因为信念能使我们释放出强大的力量。只要信念还在，那么希望就会永存，命运也就会对我们作出让步。

1.信念本身就是一种巨大的正能量

在2008年年末，英国《人物》周刊居然让一只狗登上了封面，并对这只狗作了这样的语言描述："它是降临在浮躁的英国的一种力量，它是笃定而欢快地照耀在任何一位迷失者前方的一盏路灯，它是早就藏好了眼泪和悲伤、只表露笑容与歌声的一种幸福，它的名字叫信念，它是一只狗，它是一只有两条腿、像人类一样直立行走的狗。"信念，本身就蕴含着巨大的正能量，它能帮助我们走上成功之旅。

2.要有方向感的信念

成功大师拿破仑·希尔说："有方向感的信念，令我们的每一个意念都充满力量。"信念，是我们正能量的源泉，同时也推动着我们走向成功。这个充满诱惑的世界，有着影响我们走向成功许多不确定因素。但是，心中有信念的人，就能坚守自己的目标不动摇，坚定自己的心不动摇，坚持以自己的方式走向成功。

思考失败，让它成为我们前进的正能量

爱默生曾说："每一种挫折或不利的突变，都带着同样或较大的有利

的种子。”失败的背后，往往隐藏着宝贵的经验与信念。事实上，失败是一笔不可缺少的财富，更是我们前进的正能量。虽然在遭遇挫折、面临失败的时候，我们都会产生一种负面的情绪，但是如果长期深陷其中而不能自拔，失败将会成为我们的代名词。卡耐基认为，当一个人在工作中的失败感大于他所取得的成就感时，就很有可能对自己的工作失去热情，而当这种失败感以一定的频率固定出现的时候，他就很容易对自己的工作产生倦怠。面对失败，我们需要做的并不是自甘堕落、自暴自弃，而是不断思考失败的经验，让失败成为一笔财富，成为我们前进的正能量。

和田一夫21岁那年，自己经营的位于静冈县热海家的蔬菜水果店毁于一场大火。和田一夫几乎失去了所有，但是，他并没有放弃希望，而是将烧成平地的100坪土地拿去做抵押，借钱买了块300坪的土地建了一个超级市场，开创了日本八百伴。超级市场在和田一夫的经营下，发展得越来越好，这时，和田一夫想带着自己的超级市场进军亚洲，而新加坡成了进入亚洲的起点。

1972年，和田一夫和日本野村证券公司第一次考察新加坡市场，然而就在新加坡，他碰到了两件令自己苦恼的事情：新加坡租金太贵，完全超出了自己的预算；在新加坡期间，和田一夫无意中听到一位的士司机告诉他一段日本人杀害新加坡人的国仇家史。对此，和田一夫说：“对日本百货公司来说，70年代是一个必须面对历史的时代。”回到日本后，和田一夫将这两件事告诉了董事们，结果董事们纷纷表示反对投资新加坡。但是，和田一夫明白“零售业成功的因素就是要消费者口袋里装着钞票”，于是20年代70年代初期，和田一夫在新加坡开辟了第一个亚洲市场。1976年，受世界石油危机的冲击，巴西八百伴被迫关门。通过这次教训，和田一夫领悟到：“不该死守一个地方，要大胆调动资金，分散资产。”紧接着，八百伴从东南亚“流通”到了中国台湾、香港以及大陆。80年代末期至90年代初期，整个亚洲经济处于全盛时期，和田一夫的八百伴集团在16个国家拥有了400多家百货公司，八百伴集团坐上了世界零售业第一把交椅。

1997年，在日本负责掌管日本八百伴公司的和田一夫的弟弟，因被指控欺骗日本财政部而被法庭判定有罪，当时和田一夫也被判定结束所有海外企业，回日本受审。日本媒体称和田一夫将资金调动到中国，拖累了日本八百伴。一夜之间，和田一夫变成了一个连累八百伴股东和员工的罪人。这时，和田一夫做出了决定，宣布“自我破产”，交出所有财物，向企业界告别，搬到了一个租来的房子里。

如今，和田一夫成立了“和田一夫企业咨询公司”，他的日常工作就是用电脑回答许多企业家的提问的问题，为企业团体作演讲；同时，他以探讨自己的失败撰写了《从零开始的经营学》，这本书成为日本经典著作之一。对此，和田一夫这样说：“失败是我的财富，我想将这个企业咨询网络像当年八百伴一样伸展到亚洲，甚至全世界。”

莎士比亚曾说：“逆境使人奋进，苦尽才能甘来。”在人生道路上，成功没有巅峰，追求没有止境，短暂的荣誉往往会束缚人们前进的脚步，一时的辉煌往往会消减人们昂扬的斗志。而失败，让人痛心更催人奋进，让人难堪更让人坚定，让人们在放弃时能鼓足勇气，想逃避时拾起自尊。失败是前进路上的正能量，是一笔财富；失败能够使人不断地反省自己，在逆境中奋进，在低谷中抓住机遇，不断冒险与尝试，最后采摘成功的果实。

正能量提示

卡耐基说，失败并不可怕，只要你愿意思考失败，在失败中不断地积累经验，终究能将失败转化为我们前进路上的正能量并变成财富。其实，遭受失败并不可怕，关键是用积极的心态来面对。只要我们能改变心态，把每一次失败都当作考验自己的机会，当作超越自己的机遇，那么，我们就不会沉浸在痛苦里，反而会感谢失败让我们看清了真相，获得了经验。

失败会让人变得成熟，它是人生一笔宝贵的财富。

1.在失败中崛起

著名的音乐家贝多芬在听不到声音之后，坚持音乐创作并获得了巨大的成功；只受过三年正规教育，被老师认定智力迟钝的爱迪生，在经过不懈的努力之后，成为最伟大的发明家之一。

2.发现失败背后潜藏的正能量

日本著名实业家原安三朗曾说："年轻时赚一百万元的经验，并不能成为将来赚十亿元的经验，但损失一百万元的经验，倒可以积累赚十亿元的经验，逆境是锻炼人才的最好机会。"一个不能认识和接受失败的人，也无法看清楚成功的本质。从失败的教训中学到的东西，往往比从成功中学到的还要深刻。虽然从表面上看，失败是负能量，但其背后却潜藏着源源不断的正能量，而积极思考失败，才能让我们重新拥抱这些正能量。成功，总是在经历多次失败之后才姗姗来迟，所以正确面对失败，才是走向成功的重要素质和能力。

努力挣脱陈旧思想的束缚

卡耐基认为，陈旧的思想就好像负能量一样会阻碍我们前进的步伐。事实上，无论我们做什么事情，如果总是在别人用过的套路中打转转，那只会束缚自己的思维，做不好事情我们应该。跳出框框，大胆创新。当经验在大脑里越积越多，甚至形成一种思维定式的时候，人们总习惯用自己的价值标准和思维模式来评判事物，其实这就是所谓的"思想僵化"。通常情况下，在机遇面前，一个人的心理越是趋于保守，他就越容易陷入这样的困境，更不用说抓住机遇。生活在这个变幻莫测的世界，时代是不断向前的，逆水行舟，不进则退，如果你不愿意创新自己的思维，总有一天会被这个社会所淘汰，也将永远难以获得积极向前的正能量。

匈牙利人在20世纪40年代发明了圆珠笔，由于它易于书写和便于携带，所以一经问世便风行全球。可好景不长，这种圆珠笔在使用一段时间后就会出现漏油的现象，以致弄脏了纸张及衣袋。

对此，圆珠笔发明者及很多研究圆珠笔的人都反复进行了深入的研究，他们都发现毛病出在笔珠书写时受到磨损，墨油就跟随磨损部位漏出来。于是一直将注意力停留在笔珠的研究上，拼命提高笔珠的耐磨性。当他们改善了笔珠的耐磨性后，笔珠与笔杆接触的耐磨问题冒又出来了。

而日本人中田藤三郎却发现了问题的奥秘，在他看来，圆珠笔是很有发展前途的商品，假如能改进它的漏油问题，将会获得更多的财富。他仔细分析了圆珠笔的结构及出问题的原因，也总结了许多人在改进漏油问题上的失败经验，最后采取逆向思维，获得了防止圆珠笔漏油的方法。

他的方法很简单：通过反复试验，统计当圆珠笔写到多少字后就漏油，在掌握这个数量的基础上，他着手把笔芯的装油量减少到圆珠笔磨损在开始漏油之后，芯子中的笔油已经用完无油可漏了，换支笔芯可继续使用。

在解决圆珠笔漏油的问题上，中田藤三郎并没有被固有思想的框框套住，而是逆向思想，开拓思维，从而巧妙地解决了难题。人和动物最根本的区别在于有思想、有思维活动，但是，思想也是需要推陈出新、不断更新的，有了好的思维，我们才能创造出源源不断的正能量；否则，总是被固有的陈旧思想所束缚，只会一事无成。

卡耐基说：“财富是想出来的。”其实，一个人要想成功，不仅需要养成思考的好习惯，还需要不断地创新自己的思想。开阔思路，扩展思维，这样才能更大限度地获取有益的信息，从而促成自己获得辉煌的成

就。对于那些敢于冲破固有思维的人来说，他们永远不会跟随众人的思维模式，而会独辟蹊径找到解决办法的道路，那是他们身上的一种特质。

1.学会改变思想

上帝在对你关上一扇门的同时，会为你打开另一扇门。当我们过着熟悉的生活时，总是害怕会被改变，但是许多灾难、横祸是无法阻挡的，这时我们应该改变我们的思想，以及我们内心的胆怯。不要在乎自己失去了什么，也不要在乎我们的生活发生了怎样的巨变，而要努力从头开始自己的人生，力争登上新的高度。

2.拥抱新思想

新思想是击破思维定式的有效武器，无论是在思考的开始，还是在其他某个环节上，当我们的思考活动遭遇障碍，陷入某种困境，难以继续下去的时候，就需要思考一下：自己是否受到了固有思想的束缚，是否被某种思维定式捆住了手脚？

第6章　和谐地交际，传递正能量

卡耐基认为，在日常交际中，我们要善于和谐交际，融洽人与人之间的关系，传递积极向上的正能量。当我们以友善的态度去对待他人的时候，我们就在向对方传递正能量，这时对方也会反馈给我们相应的正能量，于是就形成了融洽和谐的人际关系。

给对方一个美誉

卡耐基说：“包括富人、穷人、乞丐、盗贼，几乎每一个人都愿意竭尽其所能，保持别人赠与他的‘诚实’的美誉。”对此，他引用了“星星监狱”狱长洛丝的一句话：“如果你必须去对付一个盗贼、骗子，只有一个办法可以制伏他，那就是待他如同一个诚实、体面的绅士一样，假设他是位规规矩矩的正人君子，他会感到受宠若惊，会很骄傲地认为有人信任他。”这样的话确实太对了。有时候，我们对他人的称赞或许只是客套之词，但在别人听来，却是很高的美誉。为了这个美誉。他会克制自己的缺点和欲望，尽量去保全它。

伍特将军是一位很受人欢迎的将军，有人问他手下的一个参谋：“伍特将军为何会如此受士兵们拥戴呢？”

参谋回答：“我可以告诉你，那是因为，就算你站在最后一排，他也会认为你在部队里是不可缺少的。”

有一次，当伍特将军的汽车驶来之时，他的一位士兵正与他的女友并肩漫步，他没有向长官敬礼，并假装没有看见而蹲下去系鞋带，显然他对自己的长官失礼了。

伍特看见这位士兵，便停了下来，把他叫到面前说："你看见我了吗？"

那士兵尴尬地小声说："看见了，长官。"

将军接着说："为了不向我敬礼，你故意装作系鞋带的样子，是不是？"

士兵只好承认。

伍特将军说："现在，我要告诉你，如果我是你的话，一定会对我的女友说：'等下，看我怎么让这个老头儿给我敬个礼！'知道吗？"

那士兵敬了一个礼，尴尬地说："是的，长官。"

伍特将军极其严肃地回礼之后，就驱车前行了。

伍特将军没有严厉地责备这个懒散而愚蠢的士兵，他有着自己独特的带兵方法。为了让这个尚不成气的野小子懂得当兵的荣耀，伍特将军用了一个许多人都不太注重的方法。伍特让士兵把自己当成笑柄，清楚地告诉士兵，为了让自己这"老头儿"给他回礼，他可以先敬个礼。与任何大人物一样，伍特成功地让他的士兵欢迎他，因为他能让士兵感觉自己是很重要的。伍特将军懂得，如果你想让一个人对你有敬仰之情，那么你首先就应该给予对方一个美誉，这样他才愿意被你指挥，尽心地为你效力。

卡耐基特别欣赏这样一句古语："如果不给一只狗取个好听的名字，不如把它勒死算了。"同时他还列举到，利士纳当时需要在法国的士兵听从自己的指挥时也用到了相同的方法。当时，一位最受人们欢迎的美国将军——哈巴德将军，曾告诉利士纳："在我看来，美国的两百万美国兵，是我所接触最合乎理想、最整洁的队伍。"对此，利士纳是这样理解的："我从未忘记把哈巴德将军所说的话告诉士兵们，我并没有怀疑这话的真实性，即使并不真实，那些士兵们知道哈巴德将军的意见后，也会努力去达到那个水准的。"

在日常交际中，任何一个人都希望听到好话，当然，假如你的话听起来是那么的合乎情理而又直击心灵，他就愿意成为你用美言所描述的那个人。也就是说，当我们赠与对方以美名或美誉的时候，对方就会因内心得到满足而去保全这个美名或美誉。自然，在这个过程中我们所传递的就是积极向上的正能量。

1.给对方一个迷惑的头衔

人们都知道当面赞美一个人，能让他心情愉快，那如果是公开地赞美呢？很多事实表明，公开赞美他人的功效更大。头衔是最能迷惑人的一种公开的赞美方式。头衔的公开性让公众一眼就能分出谁是比较特殊的，谁的能力是超群的。授予人头衔，会让他觉得自己能在众多的同类中脱颖而出，是十分值得骄傲和自豪的事，会显得与众不同。人都是有虚荣心的，而头衔正是迎合了人们的这一心理，唤起了人们无上光荣的荣耀感，满足了人们出人头地的虚荣心。古今中外，许多领导都通过授予人们这样或那样的头衔，笼络人心、激励人心，赢得了人们的忠诚，最终赢得了胜利。

2.向对方表示敬佩

克兰说："只要你能让一个人敬仰你，而你也表示十分钦佩他的某些才能，你就可以轻而易举地指挥他。"当你向对方表示你对他很钦佩时，你已经肯定了他的能力，并且发自内心地赞美了他。在某种程度上，恰是你对他的钦佩增强了他的自信心和自尊心。一个人的价值得到肯定，那是何等荣耀的事情，他会如同春风拂面，阳光普照。而他的满腔欢喜也会化为对你无限的感激，并且甘心为你效力。

含蓄地指出对方的错误

卡耐基一直主张，当我们不得已需要指出对方错误的时候，需要采用含蓄间接的方法。因为理发师替人修面时，需要先敷上一层肥皂水，才不至于伤到皮肤，而批评也需要采用这样的方法。虽然我们经常说“忠言逆耳，良药苦口”，但实际上又有谁愿意听逆耳的话、喝苦口的药呢？每个人都有自尊心，他们骄傲的内心不允许别人当面批评、直接指出错误。如果你偏偏要走“直路”，直接指出对方的错误，那么就会伤害到对方的自尊心，使对方处于一个难堪的境地，而他在愤恨之余也不会接受你的建议。所以，当直路不能畅行的时候，进不妨舍弃直接的方式，选择委婉的方式，当你用委婉代替了直接，巧言暗示对方所犯下的错误，他一定会聪明地领悟到你的良苦用心。直接只会让忠言被排斥在门外，良药被倒进垃圾桶，而用委婉代替直接，让良药不再苦口，让忠言也能顺耳，以巧言语惊四座，指出对方的错误，达到劝告对方的目的。

卡耐基讲了这样一个故事：

在柯立芝总统执政的时候，我的一个朋友在周末时应邀到白宫做客。当他走进总统私人办公室的时候，正好听到柯立芝对他的一个女秘书说：“你今天穿的衣服很漂亮，正适合你这样漂亮的女孩子。”

没想到，平日里沉默寡言很少赞美别人的柯立芝总统，这次却对他的女秘书说出这样的话来。听到这样的话，女秘书脸上顿时涌现出一层红晕。总统接着说：“别难为情，我刚才的话，是为使你感到高兴；从现在起，我希望你在公文的标点上稍微注意一点。”

有时候，我们会对身边的人所说的话或者所做的事情感到不满，抑或是因友谊而需要指出对方的错误。这时候，很多人会选择以直接的方式说出来，更有甚者会选择一个公开的场合指手画脚“你这里做错了，我认为该怎么样”，完全不顾及别人的感受。这样直接的做法只会伤害到对方，而且也不容易让对方接受。

威尔森太太为了整修房屋而请来几位建筑工人。起初几天，她发现这些建筑工人每次收工后都把院子弄得又脏又乱。可他们的手艺却无可挑剔，威尔森太太不想训斥他们，便想了一个好办法。一天，建筑工人收工回家后，她便和孩子们一起偷偷地把院子收拾整齐，并将碎木屑扫好，堆到院子的角落里。等第二天工人们来干活时，她把工头叫到一边大声说："我真的为你们在收工前将我的院子扫得这么干净而高兴，我很满意你们的举动。"之后，每到收工时，工人们都自觉地把木屑扫到角落里，并且让工头做最后的检查。

如果威尔森太太直接指出工人的错误，肯定会使工人们大为恼火，而这种情绪会影响其工作效果，也会破坏他们与威尔森太太之间的友好关系。所以，聪明的威尔森太太没有直接地指出错误，而是委婉地表达了自己的想法，聪明的工人们一下子就明白了威尔森太太的意思，也认识到了自己的错误。因而每次完工之后，工人们都会自觉地把木屑扫到角落里，并且让工头们做最后的检查。

正能量提示

卡耐基说："当我们要劝阻一件事时，永远躲开正面的批评是必须记住的。如果有这个必要的话，我们不妨旁敲侧击地去暗示对方，因为正面的批评会毁损他的自重，剥夺他的自尊。如果你旁敲侧击，对方知道你用心良苦，他不但会接受，而且会感谢你。"

1.曲径通幽

比起直接的说话方式，委婉更容易被人们接受。所以，当我们指出他人错误的时候，要拒绝直接的方式，选择能通幽的小径，委婉地劝说他人的错误。这样的"曲径"不但能把我们的意思准确地表达出去，还能使对方成功地接受你。因为要想对方能虚心地接受你的建议，就要注重说话的

技巧，即要委婉地指出他人的错误，切勿直接批评。

2.含蓄委婉

直言快语的勇气值得称赞，但并不容易被人接受，也达不到预期的效果；委婉的表达方式虽然有点麻烦，但更容易达到成功的目的。我们需要指出对方的错误，实际上就是一种批评，而成功的批评方式就是让对方能够愉快地接受批评，及时地认识到自己的错误，并加以改正。所以，我们需要委婉地指出对方的错误，这样会显得温和，而且不易引起对方的强烈排斥。

让对方认为是他自己的想法

卡耐基曾经说过："如果你仅仅是提出建议，而让别人自己去得出结论，让他觉得这个想法是他自己的，这样不更聪明吗？"有关社会学家的研究成果已经表明，人们对于自己得出的看法，往往比别人给出的看法更加坚信不移。因此，我们要想使自己的想法被别人接受，在许多时候应该仅仅提出建议、仅仅提供意见，其中所蕴含着的结论，最好留给别人自己去得出，而不宜越俎代庖，硬把自己的意见往别人头脑里塞。让他人觉得正确结论是他自己得出的，可以说是向他人提出意见的最高艺术。

赫斯特年轻的时候，在旧金山开了一家规模比较小的报社。一次，适逢著名漫画家纳斯特来到旧金山，赫斯特就想请他帮助自己完成一个非常重要的计划：为了保险起见，他想发动人们敦促电车公司在电车前面装上保险杠。而这需要纳斯特按他的构思给他画一幅漫画，可纳斯特给他画的第一幅画却令他不满意。纳斯特是著名的漫画家，自己又很难说动他，如何才能让纳斯特心甘情愿地为他重画一幅漫画呢？

一天晚上，在他们共用晚餐时，赫斯特大大夸赞了那幅漫画。接下来，赫斯特又说：“这里的电车已经造成许多孩子或死或残。有时候，我觉得那些开车的司机就像吃人的妖精一样，根本不是人。他们好像从来都不会思考，总是直接冲向那些在街上玩耍的孩子们。”纳斯特立即跳了起来，惊讶地嚷道：“天啊！先生，我保证可以画出一幅出色的漫画，请把原来的那幅撕掉吧，我重新画一幅。”

于是，纳斯特兴高采烈地在宾馆挥舞着画笔，按赫斯特提供的思路，一直忙到深夜。第二天，他果然送来了可以使电车公司屈服的杰作。

纳斯特在赫斯特的巧妙诱导下主动请求重画，还按照赫斯特的想法辛苦了大半夜，交出一幅满意的漫画。在纳斯特想来，他甚至以为是自己无意中有了一个绝妙的构思。聪明的赫斯特就是这样不动声色地把自己的思路放入纳斯特的头脑中去的。因此，如果想让一个人愉快地接受你的意见和计划，最好是让他觉得这一切都是他的想法，相信一切都源自他自己的创作，而不是按照你的思路。不露痕迹地把自己的思想植入他人的脑中，使得他完全心甘情愿地为你效力，可谓事半功倍。

孙子曰：“不战而屈人之兵。”孙子认为，能够百战百胜，还不算是最高明的将帅；只有不战而使敌人屈服，那才称得上是高明中之最高明者。同样的道理，在交际中以智取胜：巧妙提出自己的建议，让他人发现问题，并通过思考来解决出现的问题，同时觉得那个想法是他自己的。这样既容易达到建议的目的，又会最大限度地保护他人的自尊心。

1.让对方认为想法是他自己想出来的

如果别人有存在问题的地方，你仅仅提出建议，让他发现自己问题的所在，从而通过思考来解决出现的问题。这样既帮助别人解决了问题，还让别人拥有了一种成就感。何乐而不为呢？泰勒是著名的工程师，他曾

经对自己的雇员就使用这种方法，他说：“让他们以为是他们自己构思出了那些别人逐渐灌输给他们的思想。”这样既达到了成功给别人建议的目的，又很好地维护了他人的自尊心，从而增强了他的成就感和自豪感。

2.巧妙地将自己的建议变成对方的想法

在与人交往的过程当中，当发现他人的决策、意见有错误和失误的时候，不妨向他人提出一些建议、忠告。最高明的技巧就是既让自己提出的见解能够被他采纳，又让他觉得这个见解其实是他自己的想法。

要让他人觉得正确结论是他自己得出来的，就不要直接去点破错误、失误之所在，而要用征询意见的方式，向他人讲明其决策、意见本身与实际情况不吻合，使他人在参考你所提出的许多意见时，自己得出正确结论。这样一来，我们仅仅提出意见，就能使他人得出正确想法，不但我们会因为他人正确的决策而受益，他人也会因为这个想法是他自己的而自豪不已。

妙用激将法，调动对方的积极性

在生活中，无论做什么事情都会有潜在的竞争，而只有竞争才能激发内心自我超越的欲望，才能更好地把这件事情完成，甚至爆发出前所未有的潜力。卡耐基认为，在日常交际中，我们要善于使用激将法，巧妙地将潜藏在人们身上的潜力激发出来，从而调动他们的积极性。其实，很多领导就善于发现员工的这一心理特点，他们会通过一些灵活的方法，激发下属自我超越的欲望，从而使工作效率得到大幅度提高。

有一家空调制造厂，因为员工一直完不成定额，主管非常着急，用尽了办法，又是说好话，又是鼓励，又是许愿，甚至采用了“完不成定额，就走人”的威胁手段，可还是没有一丝的效果。他只好向总经理作了如实的汇报。

总经理在主管的陪同下走进了工厂，当时日班马上就要结束了，总经理问一位工人："请问，你们这一班在今天制造了几部空调？""5部。"那位工人回答。总经理没有再说话，只是拿了一支粉笔在地板上写下一个大大的数字"5"，然后转身离开了车间。夜班工人接班的时候，看到了那个"5"字，便问是什么意思，那位准备交班的日班工人详细地作了解释。夜班工人看着那个"5"字，越看越觉得刺眼。

第二天早上，总经理再次来到工厂，他看到夜班工人已经把那个"5"字擦掉，重新写上了一个大大的"6"字。而日班工人接班的时候当然看到了很大的"6"字，他们毫不示弱，抓紧时间干活。当天晚上下班的时候，他们在地板上留下了具有示威性的特大数字"9"。于是，情况逐渐有所好转，而工厂的产量也大幅度增高。

如果领导希望员工能够圆满地完成工作，那么就要使员工之间形成良性的竞争，有了竞争，才会激发他们超越自我的欲望，才有可能超额完成任务。对于每个人来说，最大的竞争对手不是他人，而是自己。他人的存在不过是为了激发自己内在的潜能。所以，领导在工作中要善于激发员工争强好胜的心理，使他们能够有勇气战胜自己。

听过讲了这样一个故事：

有位厂长给了一位因纪律松懈而被罚得无钱过年的工人一百元钱，这位工人不愿接受领导的"施舍"。厂长立即大声责骂："你以为这是给你的吗？你还不配！堂堂五尺男儿，竟然无钱让老婆孩子过个好年，你算得上男子汉吗？把钱拿回去，告诉弟媳，就说我给孩子扯件新衣，给弟媳买点年货。"这位工人在厂长的怒骂下，觉得无地自容，开始号啕大哭。于是在新的一年里，这位工人严守厂纪，埋头苦干，终于成为生产标兵。

厂长无疑是"责之深、爱之切"，但是他心里明白，面对这样不思进取的员工，只有直接贬低他的价值，才能激发他的斗志，从而积极投入到工作中去。

卡耐基认为，每个人都有自尊心，有时候会因为某种原因而自尊心受到压抑，出现自卑、气馁等现象。这个时候，你直截了当地给他以贬低、羞辱，刺痛之，激怒之，“冷水”浇头，就能使他精神一振，从压抑的状态中解脱出来，精神面貌焕然一新。

1.激发对方的好胜心

好胜心与挑战是每个人的天性。在日常交际中，只要我们善于激励，对方就一定会以最大的热情去做，并做好他们本来以为没能力去做的事情，这就是激发出了他们的正能量。实际上，一位成功的领导者应该善于激发下属自我超越的欲望，因为这确实是使员工振奋精神、接受挑战最为可行的办法。

2.激将法可以激发出更大的正能量

三国时期的诸葛亮就十分善于运用激将法：在马超率兵来犯时，张飞请令出战，诸葛亮却故意说：“马超家世代簪缨，马超勇猛无比，在渭水把曹操杀得大败，看来只有调回关羽才行。”这一下激怒了张飞，他立下军令状，出战马超，最终使马超投降。张飞本来是一员猛将，但自傲的情绪有可能会影响他能力的发挥，而诸葛亮的激将法起了重要的作用，使张飞在愤怒之下迸发出更大的正能量，最终打败马超，使之投降。

巧妙地灌输思想

卡耐基说：我们经常会遇到这样的情况，当我们想给别人一些建议或者忠告的时候，总是为用什么样的方法而冥思苦想。如果我们直言相告，

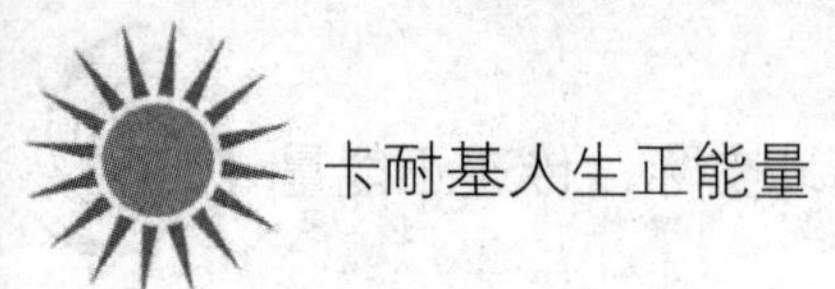

会担心伤了他的自尊心，而且我们的意见也不容易被接受。这时候，就应该用间接的方式告诉他，既让他察觉不出来这个思想是你的，又让他能接受。“润物细无声”，在他不知情的情况下，用自己的思想影响着他的思想。其实，当对方轻松地接受我们的建议时，无形中也就增加了我们自身的正能量。

莱芬维尔是著名的管理工程师。有一次，他想说服一个部门的负责人更换一种新式指数表，而这个负责人刚愎自用，他拒绝在自己的部门做任何改变。

于是，莱芬维尔夹着一个新式的指数表，手里拿着一些文件去征求他的意见。当他们在讨论文件的内容时，莱芬维尔不断地把指数表从左腋换到右腋，如此反复。终于，负责人问莱芬维尔：“你夹着什么东西？”

莱芬维尔随意地说：“哦，是这个么？这只是个指数表而已。”

“我看看行吗？”那位负责人问道。

莱芬维尔假装要走，对他说：“你不会看这玩意儿的，这是专用于其他部门的，你们用不着。”

“但我确实想看看。”

于是，莱芬维尔故意装作很勉强的样子，给他看那个指数表。在那位负责人仔细端详那个指数表时，莱芬维尔随便但十分详尽地向他介绍了它的功用。

终于，负责人大喊一句：“谁说我们用不着？见鬼！我找这东西可找了好长时间了！”

莱芬维尔故意掩盖了自己的真实意图，巧妙地使那位刚愎自用的负责人接受了自己的意见。如果他一开始就把新式指数表介绍给负责人，（以负责人的自尊心）那么一定会遭遇拒绝。所以他在谈话中，巧妙地说到这上面来，从而激起对方的好奇心，最后让对方接受他。聪明的人经常愿意牺牲自己可以得到的名声，而使自己的主意能够执行下去。

卡耐基认为，人与人之间的关系应该是和谐而融洽的，也就是说，在交际中我们所传递的应该是正能量。比如，他曾从朋友那里听说，杨欧文先生从来不向任何一个人说出一句直接命令的话，他的措辞始终是建议，如“你不妨考虑一下？”“你认为那个有效吗？”因为在给对方提建议的时候，总是以征询的口吻，所以未伤及对方的自尊，这样的方法也容易博得对方的好感，使对方不会有任何拒绝或反抗。

1.不会伤害对方的自尊心

在向别人提出正确的建议时，如果你怕遭遇拒绝，又怕伤了对方的自尊心，那么不妨试试巧妙地向他灌输你的思想。可能是一次无意的闲聊，就会让他不经意间受到你思想的影响，从而轻易地接纳了你的建议，并对你充满感激。

2.巧妙地把自己的想法灌输给对方

巧妙地向他人灌输思想，就是一个绝佳的办法。把自己的意见藏入平常的谈话中，让对方不知不觉地受到启发，并渐渐地接受它。这样不但很好地维护了对方的自尊心，又能使自己的建议、忠告得到采纳。古往今来，很多大臣或者下属都是采用这样的方法，向自己的上级提出建议，以达到“谏而不谏”的目的。

意外的赞美可以适时改变对方

卡耐基说：“人们会时常想到那个真实的理由，而我们都是自己内心的理想家，较喜欢想好听的动机。所以要改变一个人的意志，需要激发他高尚的动机。”对此，卡耐基认为，意外的赞美可以适时改变对方。在物欲横流、人际关系隔膜极深的浮躁的今天，精神的慰藉成了人们心里无限的渴望。许多人不经意对他人流露赞许的情感，让美好的言辞硬生生地压抑在内心深处，人类情感的交流也就渐渐地走向荒漠化。人与人之间的肯定和赞许，在很大程度上能架起心与心相通的桥梁。人们之间的相互赞美可成为人际关系趋向友好和改善的润滑剂。学会赞美别人，必定能够融化人心之间寒冷的坚冰，必定能洞穿心灵间的隔膜。意外的赞美常常会使人喜悦倍增，拉近彼此之间的距离，从而能够更为有效地传递正能量。

某大商场的服装店员每个月业绩都会跃到第一，她的同事百思不得其解，于是等这位店员开始上班时，就不时细细观察她的一言一行。不一会儿就有一个很胖的妇女来了，她在店里挑中了合适的款式，店员便从衣橱里取出小一号尺寸的衣服。那位妇女当然知道自己穿几号衣服，她对店员说：“不行，我是穿大一号的。”此时，这位店员惊讶地说：“啊！真的吗？可是我一点都看不出来呀！”店员的同事们知道她业绩为什么这么高了，因为不时对顾客送上赞美之词，这样不但使顾客心花怒放，也使自己的销售业绩蒸蒸日上。

服装店员懂得在什么时候适时地赞美顾客会让其心情愉快，而顾客心情愉快了，在购物的过程中就不会有太多的计较，这样店员就能轻松地拿下这单生意。依此类推，店里的服装也就容易在这么轻松的气氛中售出去，那位店员的业绩很高也成了理所当然。就连在生活中不经意的一句赞美都能收到这么大的成效，更何况是人与人之间的交往呢！人总是喜欢被赞美的，即使明知对方讲的是奉承话，但心里还是免不了会沾沾自喜，这是人性的弱点。学会在交际中，恰当地赞美他人，做事就会顺风顺水。

卡耐基认为，在潜意识里，我们都渴望别人的眼睛，渴望别人的赞

美，这是每个人都会有的渴望。由此及彼，别人也渴望我们的赞美。所以，学会赞美别人往往会成为你处世的法宝。或许他不会因为我们的一句赞美而彻夜难眠，但是他会为之喜悦，也会对我们充满感激。一句在他意料之外的赞美之词，会让他兴高采烈，这个时候你再拜托他帮一个小忙，我想他是十分乐意为你效劳的。

1.赞美对方得意的事情

每个人对于自己得意、骄傲的事情总是很热衷，他们更希望自己得意的事情得到别人的肯定与赞美。因此，在聊到一些话题时，如果你发现对方总是骄傲地谈到某些事情，不妨顺势赞美。比如一位母亲总是拿着女儿的照片给你看，那证明她对有这样的女儿感到骄傲，这时你可以说“这是你孩子啊，我以前只见过你这样的大美女，没见过小美女，瞧你这孩子，长得多好，眼睛多大，还是双眼皮耶！”想想，这位母亲听了该有多高兴啊！

2.赞美对方感兴趣的事情

每个人都有自己感兴趣的事情，有的人喜欢画画，有的人喜欢练字，或许水平并不怎么样，但就是喜欢。所以在言谈中，不妨将对方感兴趣的事情引入话题中，多多谈论，顺势赞美几句，对方心里一定会乐开了花。

第7章 不钻牛角尖，提高正能量

在生活中，有许多人总是爱钻牛角尖，过分执著地坚持一些本不该坚持的事情。其实，执著本身是一股正能量，但是过于执著就成了钻牛角尖，从而削弱正能量，使自己陷入痛苦的泥沼，最终跌入负能量的旋涡。

不要做无谓的坚持

卡耐基曾告诫我们：有时候没必要做一些无谓的坚持，这样只会不断地削弱自己的正能量。而柏拉图也曾说："有些人的遗憾莫过于坚持了不该坚持的，而放弃了不该放弃的。"坚持，是一个鼓动人心的词儿，每每在我们不能继续的时候，头脑中就会冒出"坚持"这个词儿。但是我们何曾想过，所有的坚持都有用吗？实际上，我们并不明白，有些坚持是无谓的，甚至理智的放弃比无谓的坚持更明智。卡耐基认为，有的人在坚持着，并且很执著，但他能坚持到什么时候，为了什么坚持，却不得而知。当我们的坚持已经达到一定限度的时候，事情的结果却不随人愿，这时候我们就应该反思了：这样的坚持有用吗？是无谓的吗？如果坚持下去没有结果，那不妨选择放弃，另寻捷径以达到目的。

卡耐基曾讲了马嘉鱼的故事：

马嘉鱼很漂亮，银色的皮肤，燕尾，大眼睛，平时生活在深海中，春夏之交溯流产卵，随着海潮游到浅海。渔人捕捉马嘉鱼的方法挺简单：用一个

孔目粗疏的竹帘，下端系上铁浮，放入水中，由两只小艇拖着，拦截鱼群。

马嘉鱼的“个性”很强，不爱转弯，即使闯入罗网之中也不会停止，所以一条条“前赴后继”陷入竹帘孔中。孔收缩得越紧，马嘉鱼就越怒，瞪起眼睛，更加拼命往前冲，结果被牢牢卡死，为渔人所获。

在生活这张大网中，我们何尝不是那一条条马嘉鱼呢？我们总是一边抱怨人生越走越窄，看不到希望，一边又坚持一些无谓的东西，习惯在老路上继续走下去，结果，我们有了跟马嘉鱼一样的命运。

2004年雅典奥运会，刘翔以12秒91的成绩夺冠，成为亚洲第一位田径直道项目奥运冠军。2007年国际田联大奖赛洛桑站，刘翔以12秒88的成绩打破世界纪录。大家都把目光关注在这个“飞人”身上，把所有的希冀都投向了2008年的北京奥运会。

然而，在2008年8月18日，北京奥运会男子110米栏预赛，“飞人”刘翔在出场之后突然宣布退出比赛。作为卫冕冠军、中国田径最大夺金点，刘翔退赛令人唏嘘。人们看着那个一瘸一拐走出田径场的背影，那一天，是2008年8月18日。在很多人看来，这个“黑色8·18”突如其来，因为人们一直看好刘翔卫冕成功。就在比赛的前几天，还有关于他训练中跑出12秒80的传闻。

事实上，刘翔退赛并不突然，至少有一些先兆。从年初冬训，刘翔腿部肌肉就出现不适。经过一系列调整后，他参加了两站室外比赛，都拿到冠军，但是成绩并不理想，最后一次仅跑出13秒18。然而这两站比赛进一步加剧了刘翔腿部的不适，之后“飞人”放弃了美国的两站比赛。对于跨栏运动员来讲，臀大肌和起跨腿的脚踝是最容易受伤的地方，刘翔则因为踝伤上演了退赛一幕。应该说，这是刘翔近几年来成绩最糟糕的一年。不过，刘翔本人对于退赛看得很开，他说：“每个人都会碰到挫折，只是我之前的道路一直都比较顺利，没有碰到过，所以大家觉得比较严重。我觉得我很快就走了出来，人生总有起伏，不可能一帆风顺。”

虽然在万众瞩目的情况下宣布退赛难免会让人扫兴，甚至有的人还发出了唏嘘之声。但是，如果当时的刘翔选择了继续坚持，那只会给自己的身体造成更大的伤害，或许我们就再也见不到“飞人”的光彩了。可见，他及时地做出退却是为了积蓄力量，修养身体，为下一次的比赛做好准备。这样一来，我们就很理解他当时的举动了。正如刘翔所说“人生总有起伏，不可能一帆风顺”，正是这个坚强的小伙子，懂得不做无谓的坚持，因此他将成为下一届奥运会的绝对男主角。

正能量提示

卡耐基认为，凡事都坚持的人其实是钻牛角尖的人，他们对生活太过较真、太固执，总是一条路走到黑，结果却是毫无所获。对此，我们要明白，有些坚持是无谓的，应该适可而止，不需要太过执著。

1.理智的放弃比无谓的坚持更明智

为什么说有些坚持是无谓的，那是因为继续坚持下去也不会有任何希望，只是在浪费更多的时间和精力而已。这样的坚持就是无谓的，面对这样的情况，当然是理智的放弃才是最明智的选择。

2.生活需要我们适时改变方向

不知道你有没有注意到我们脚下的马路，你是否观察到没有一条路的方向是既定不变的，在遇到高耸的山脉的时候，它也总是绕道而行，这样既节省了人力，也方便了人们。在不同的马路之间，总会有交叉的时候，那意味着你可以换一个方向。其实，这跟生活一样，也需要我们适时改变方向，这样才能找到生命最灿烂的美丽，才能展现出自我的价值。

跳出框框，创造正能量

卡耐基曾讲了这样一个故事：一个人抓了一对跳蚤，放在一个木头箱里。最开始的时候，跳蚤不断地往上跳，但多次撞到盖子之后，跳蚤再也

不敢往上跳了，只好在箱子中间跳。因为它们认为，往上跳就会碰到头。后来，这个人把箱子的盖子拿开之后，跳蚤虽然可以轻而易举地跳出来，但它们依然在箱子中间跳，始终也没跳出来。因为无法跳出框框，所以没办法创造正能量。

很多人也跟这些跳蚤一样，总是生活在这样的框框之中。有的人活在年龄的框框中："我太年轻了，没有经验，不能成功"、"我太老了，已经没有力量去拼搏了"。其实，这些人之所以得到了一个毫无生气的人生，就因为他们没能跳出固定的框框。还有的人活在能力的框框中，他们总是对自己说："我没有这个能力，没有那个能力，所以我不能做到。"有的人活在性别的框框中，总是对自己说："我是女人，不像男人可以干事业，所以我做不到。"有的人活在过去的经验中，总对自己说："我没经验，我以前失败过。"如果我们对自己人生的某些地方不满意，那一定是受到了某些框框的限制，你只有跳出框框，不再钻牛角尖，才会创造出属于自己的正能量。

章鱼的体重可达几十公斤，身躯巨大，但整个身体却非常柔软，柔软到几乎可以将自己挤进任何一个想去的地方。令人神奇的是，它竟然可以穿过一个银币大小的洞。因而，一些渔民掌握住了章鱼的这一特点，便将小瓶子用绳子串在一起沉入海底。章鱼一看见小瓶子，都争先恐后地往里钻，不管这个瓶子有多么小、多么窄。

结果，这些在海洋里横行霸道的章鱼，就成了瓶子里的囚徒，成了渔民的猎物，最后成了人们餐桌上的一道美味。

整个海洋异常宽阔，章鱼却偏偏要向一个瓶子里钻，最终丢掉性命。也许，你会嘲笑章鱼的愚笨，但实际上，生活中的我们在很多时候都会像这只章鱼，不懂得跳出思维的框框，最后导致失败。

麦克在20岁左右的时候，梦想着能成为一个培训师，但想到自己才20岁，怎么可能成功呢？因为至少要40岁以上才有人听自己演讲。由于一直这样给自己设定框框，他也就一直没能成为一个培训师。等自己到了40岁的时候，才发现时间是不等人的。这时麦克先生决定跳出"年龄"这个框

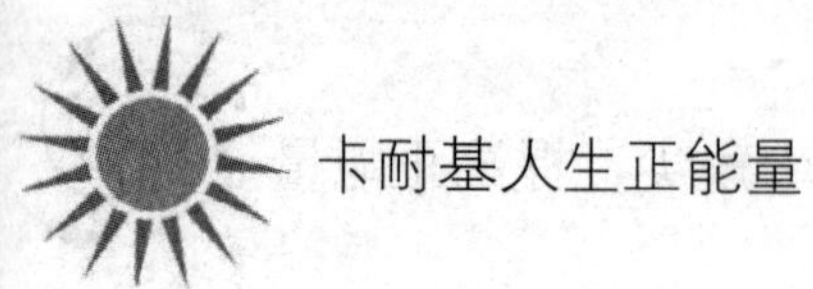

框，大胆突破，以个人的经历进行职业生涯规划的培训并巡回演讲，开发出自己的潜能，结果改变了人生。

有一次，麦克先生在一个单位进行一个商务礼仪方面的培训，一位叫杰克的学员听他讲课，他问麦克先生："老师，我的梦想也是当培训师，但是我做不到。"麦克先生问道："为什么？"杰克回答："因为我刚20岁，你们这些培训师都40岁了，经验、经历丰富，我是不是年纪太小了。"当时麦克先生听了很惊讶，但他还是教导他："其实是你把自己设定在框框当中，而跳不出框框，也就达不到自己想要的结果。你年轻充满活力与朝气，这就是优势，世界第一名演说家安东尼罗宾23岁就成功了。"后来，经过麦克先生的指导，那位学员不但跳出了年龄的框框，而且很快开始行动，现在已经是一位管理顾问公司的负责人了。当然，听到这样的消息，麦克先生感到很欣慰。

每一个平凡人的成功，都是源于他能够勇于突破框框，向原本认为自己不能做的事情挑战，这样才有了登峰造极的机会。其实，每一个人在生命的旅程当中都有一些框框，那些框框就好像一条条绳子，紧紧地禁锢着我们自由的心灵。因为固执、较真，我们总认为自己难以跳出框框，所以才造就了失败的命运。

王国维在《人间词话》里说："诗人对于宇宙，须入乎其内，又须出乎其外。入乎其内，故能写之。出乎其外，故能观之。入乎其内，故有生气。出乎其外，故有高致。"这几句简单的话给予了我们最好的启示：不管是做人还是做事，都需要懂得创新，不能太死板，也不能拘泥于某个地方，而要跳出思维的框框，创造正能量。

卡耐基认为，当我们在处理一些问题的时候，绝大多数人都因循守旧，习惯性地按照常规思维去思考，由于不懂得变通又太死板所以最终不

得不走向失败。而如果我们能大胆跳出这个框框，那么就会发现在“山重水复疑无路”之后，你就会迎来“柳暗花明又一村”的境况。

1.跳出框框

框框会扼杀创造性思维、解决方案和创造力，它是外部环境强加给我们的。一位禅宗大师说：“跳出框框的指南就写在框框之外。”有时候，束缚我们的框框是我们自己创造的，所以也只有我们自己才有力量挣脱束缚，给心灵一个自由的空间。

2.相信自己

那些不敢跳出框框、在框框里徘徊的人，其实大多是比较自卑的人，他们不愿意相信自己有能力去做成一些事情。因此，他们只能在框框里忍受被禁锢的痛苦，却没勇气跳出来。当然，跳出框框的勇气来源于自信，只有充分地相信自己，才有力量和决心来跳出框框，否则只会终生徘徊在框框里。

不要去追求不属于自己的生活

卡耐基认为，生活是自己过，而不是给人看，别人生活的标准并不可能就真的适合自己。追求属于自己的生活，我们才能获得源源不断的正能量。因为生活的幸福和快乐是内心的一种感觉，如果只是迎合别人的取向，难免会苦了自己。那些苦苦追求不属于自己生活的人，他们与自己的心灵对峙着。换言之，他们总是钻牛角尖，将别人的生活当成是自己生活的标准，越是不属于自己的，越是硬要去尝试，于是在羡慕嫉妒的过程中，浑然忘记了自己原本美好的生活。卞之琳说：“你在桥上看风景，看风景的人在楼上看你。”其深层含义在于，我们每个人都把别人当作风景，而在别人眼中，自己何尝不是一道美丽的风景呢？所以，不要去追求

不属于自己的生活，而要学会对自己的生活释怀，因为适合自己的生活才是幸福快乐的生活。

在《伊索寓言》里记载了这样一个小故事：

一只来自城里的老鼠和一只来自乡下的老鼠是好朋友，有一天，乡下老鼠写信给城里的老鼠说："希望您能在丰收的季节到我的家里做客。"城里的老鼠接到信之后，高兴极了，便在约定的日子动身前往乡下。到了那里之后，乡下老鼠很热情，拿出了很多大麦和小麦，请城里的好朋友享用。看到这些平常的东西，城里的老鼠不以为然："你这样的生活太乏味了！还是到我家里去玩吧，我会拿很多美味佳肴好好招待你的。"听到这样的邀请，乡下老鼠动心了，于是跟着城里老鼠进城了。

到了城里，乡下老鼠大开眼界，城里有好多豪华、干净、冬暖夏凉的房子，它非常羡慕，想到自己在乡下从早到晚都在农田上奔跑，看到的除了泥土还是泥土，冬天还会在那么寒冷的雪地上搜集粮食，夏天更是热得难受，这样的生活跟城里老鼠比起来，自己真是太不幸了。

一到家里，它们就爬到餐桌上享用各种美味可口的食物。突然，"咣"的一声门开了。两只老鼠吓了一跳，飞也似的躲进墙角的洞里，连气也不敢出。乡下老鼠看到这样的势头，想了一会儿，对城里老鼠说："老兄，你每天活得这样辛苦简直太可怜了，我想还是乡下平静的生活比较好。"说罢，乡下老鼠就离开城市回乡下去了。

显而易见，这个故事的寓意在于：适合自己的生活方式并不一定适合别人；同样，适合别人的生活方式也不一定适合自己。因此，如果自己当下生活得还不错，那就过好属于自己的生活，不要去追求别人所定义的生活。我们应该明白，别人的快乐和幸福不见得适合自己。

有人说："追求幸福的人分两种，一种是追求属于自己的幸福，一种

是追求属于别人的幸福。”前者懂得定义属于自己的幸福，而后者只是追逐他人定义的幸福。在生活中，我们何尝不是这样呢？当一个人过着属于自己生活的时候，正能量才会被体现出来；而那些只是追逐别人定义的幸福的人，只会在痛苦中喘息，不断被负能量所困扰。

有时候，我们生活得并不如意，若是问为什么，我们的回答却是：“我没有达到某种生活的标准。”我们总是听别人说，有了房子才有安全感，于是就为了别人所定义的“安全感”背上了十年二十年的债务，节衣缩食心不甘、情不愿地当起了房奴；我们总是听别人说，在高级餐厅里约会才是最浪漫的，于是我们就将这当成一种美好生活的向往，宁愿吃方便面也要勒紧裤带去潇洒一次；我们总是听别人说，没去过健身房就不够时尚前卫，于是我们就赶紧去健身房报名，学那些自己并不感兴趣的课程，只是为了达到别人所定义的“幸福生活”。但那些生活真的属于自己吗？为什么即便我们达到了那样的生活标准还是不快乐呢？究其原因，就在于我们习惯钻牛角尖，总是一味地追求那些不属于自己的生活，就好像我们穿着不合尺寸的衣服，不是太大，就是太难看。

1.“完美”的生活不一定快乐

我们总是向往着这样的生活：条件优秀的老公、可爱的孩子、宽大的房子、豪华的轿车、稳定的工作。在我们看来，似乎“完美”的生活才是最幸福快乐的，其实不然。适合自己的才是最好的。所以，放下对别人生活羡慕嫉妒的眼光，放下内心的固执与较真，学会营造自己的生活，享受自己的快乐与宁静。

2.定义属于自己的生活

看似稚拙的文字，仔细品味却是大道理。生活也是因人而异的，我的生活在你眼里并不一定是好的，你的生活我也不一定认同。很多时候我们之所以不快乐，就是因为我们总是与自己较真，没有按照自己喜欢的方式去生活，而是在不经意间迎合别人的要求，刻意改变，违背内心真实的想法。所以，放下那些所谓的“标准意义的生活”，按照自己真实的想法去追求生活吧！我们应该记住，真正能让自己快乐的是自己的内心而非别人的眼光。

钻死胡同的人，只会被负能量围困

卡耐基认为，只有不断地前进才能获得成功。但是，他更认为生活本来就是起伏不定的，如果你一直向前走，不愿意留给自己一个回旋的空间，那很有可能会钻进一条死胡同，从而被负能量围困，而这样的情况自然是难以成功的。不过，大多数人并不懂得这个道理，他们只会一个劲儿地向前冲，有一股头撞南墙也不回头的势头。虽然，我们欣赏这样的决心，但并不赞赏这样的行为，如果在前进的路途中，我们没能给自己留下一个回旋的空间，就犯了孤注一掷的错误，结局往往是悲惨的。人们总是觉得在前进时若是选择退却，那就意味着放弃、意味着软弱、意味着失败，实际上这样的理解是错误的，那些懂得适时回旋的人才能创造积极的正能量，才能铸就人生的波澜起伏，才能绽放人生本来无尽的绚丽多彩。坚持是我们所需要的正能量，但适时退却，为自己寻找一个回旋的空间也是人生中不可或缺的大智慧。

卡耐基曾讲了这样一个故事：

克里斯朵夫·李维以主演《超》而蜚声国际影坛，但1995年5月在一场激烈的马术比赛中，他意外坠马，成了一个高位截瘫者。当他从昏迷中苏醒过来时对大家说的第一句话就是：让我早日解脱吧。出院后，为了让他散心，舒缓肉体和精神的伤痛，家人推着轮椅上的他外出旅行。

有一次，汽车正穿行在蜿蜒曲折的盘山公路上，克里斯朵夫·李维静静地望着窗外，他发现，每当车子即将行驶到无路的关头时，路边都会出现一块交通指示牌：“前方转弯！”而转弯之后，前方照例又是柳暗花明，豁然开朗。山路弯弯，峰回路转，“前方转弯”几个大字一次次冲击着他的眼球，他恍然大悟：原来，不是路已到尽头，而是该转弯了。他冲着妻子大喊：“我要回去，我还有路要走。”

从此，他以轮椅代步，当起了导演。他首次执导的影片就荣获了金球

奖。他还用牙咬着笔，开始了艰难的写作。他的第一部书《依然是我》一问世，就进入了畅销书排行榜；同时，他创立了一所瘫痪病人教育资源中心，还四处奔走为残疾人的福利事业筹募善款。

美国《时代》周刊曾以《十年来，他依然是超人》为题报道了克里斯朵夫·李维的事迹。在文章中，李维回顾他的心路历程时说：原来，不幸降临时，并不是路已到尽头，而是在提醒你该转弯了。

如果克里斯朵夫·李维总是怀着“让我早日解脱”的信念生活，那估计他的余生会在抑郁中了结，而世界上也缺少了一个好演员。当然，这只是如果，就好像克里斯朵夫·李维自己所说：“原来，当不幸降临时，并不是路已到尽头，而是在提醒你该转弯了。”当前面已经是死胡同了，为什么不选择退一步，给自己找一个休憩的地方呢？只要重新燃起信念之火，我们就可以开辟出一条新的道路来。

康多莉扎·赖斯出生于1954年11月14日。素有“神童”之誉的她，从小就跟着当小学音乐教师的母亲弹钢琴，4岁时就开了第一场独奏音乐会。不但学习成绩极其出色，跳了两次级，而且还把网球和花样滑冰玩得特别出色。16岁时，进入丹佛大学音乐学院学习钢琴，她的梦想是成为职业钢琴家。她在音乐方面独具的天赋和他人难以企及的家学，似乎没有人能够轻易地否认，过不了几年她就会成为乐坛翘楚。

可是，出人意料的是她打起了“退堂鼓”，开始了崭新梦想的破冰之旅。原来在著名的阿斯本音乐节上，她受到了打击。“我碰到了一些11岁的孩子们，他们只看一眼就能演奏那些我要练一年才能弹好的曲子，”她说，“我想我不可能有在演奏的那一天了。”于是，她开始重新设计自己的未来并发现了新的目标——国际政治。“这一课程拨动了我的心弦，”她说，“这就像恋爱一样……我无法解释，但它的确吸引着我。”她从此转而学习政治学和俄语，并找到了她一生追求的事业。

赖斯并没有坚持追随儿时的梦想成为一名钢琴家，而是在大家都看好的情况下选择了“退却”，并开始了崭新梦想的破冰之旅。因为她发现自己再坚持下去，也难以取得超越别人的成就，所以果断地选择了放弃，不再固执。在一阵休憩之后，她重新设计了自己的未来，果然，她更适合混迹于政坛。如果不是当初决然地舍弃，那么她就不会是现在这样出色的政治家了。

卡耐基认为，正能量的创造在于我们能坚持自己认为正确的方向，保持强劲的信念。假如前方已经没有路，坚持就是毫无意义的，只会给自己带来负能量。因此，他告诫我们，在前进的路途上要学会转弯。

1.学会转弯

当发现前方已经是一条死胡同时，我们就要学会转弯。转弯并不是逃避，也并不是说没有毅力，而是另寻生机。正所谓“天生我材必有用”“东方不亮西方亮”。闯入死胡同并不可怕，可怕的是你一直跟自己较真，这样就会因循守旧地继续失败。转弯是为了寻找更好的道路以便前行，使自己尽快到达目的地。

2.不要等头撞南墙才回头

有的人太固执、太较真，他们是不见棺材不掉泪，不撞南墙不回头。在人生旅途中，这样的人总会多走一些弯路，最后也不见得会成功。为什么一定要看到悲惨的结局才放弃呢？在生活中，不要太较真，理智地放弃才是最聪明的做法。当我们发现前方已经无路可走，就要学会退却，选择另外一条路，而不要等自己撞得头破血流才放弃，这是相当愚蠢的。

过分地执著会束缚自己

卡耐基说，执著确实是一种好品质，但过分的执著会束缚自己，会阻碍正能量的爆发。很多时候，过分执著就像是一个魔咒，一点点地禁锢着

我们的身心，让我们不达目的誓不罢休，直至撞得头破血流。执著本身是一种可贵的品质，但凡事都要有一定的限度，执著也是一样，适当的执著会体现出我们个人的魅力，同时也可以让问题变得更简单一点。但若是不顾一切地执著，过分的执著则会不自觉地将自己的身心束缚，导致我们总是放不下，总是不愿意放弃，只是固执地朝着一个方向前进，不管前面是康庄大道，还是死胡同。要知道，这样的坚持是无谓的，如果我们最终闯入的不过是死胡同，这样执著的后果真是可悲。卡耐基认为，虽然对生活执著，是一种坚定的信念；对工作执著，是一种精神寄托；对爱情执著，是一种人生的美丽。但若是应该放手时不放手，就会使自己不堪负重而身心疲惫，甚至有可能走向另外一种悲惨的结局。

王大爷年轻时是村里的干部，后来因为计划生育的时候被迫离职了，离职的时候他已经快五十了，在那一瞬间，他觉得生活好像没有了希望，一直不肯承认自己竟然变成了跟隔壁大婶一样的平民百姓，而且觉得自己还是支部书记。当然，他很执著，经常会去政府与上级领导说自己的苦闷，说自己的无所事事，说自己的孩子上学没学费，希望领导帮助自己解决问题。领导无奈："你现在已经离职了，不是干部了，这些事情你自己能解决的就自己解决，自己不能解决的就找你们村里的干部。"王大爷固执地说："我不相信他们，我只相信我自己当干部的能力。"王大爷每次都去政府闹，刚开始大家还看在他是老干部的份上跟他聊聊，但时间长了都清楚了他的脾性，晓得他很执著，于是能躲就躲，能避开就避开。

在平时生活中，王大爷总是对自己被迫离职的事情耿耿于怀，十分较真，在家里动不动就会说："如果我现在还是村里的干部，那村里肯定不是这样子。"家里人都开始厌烦他的唠叨了，老伴没好气地说："你在执著什么？你现在已经是平民百姓了，就应该是百姓的样子，有什么放不下的，有什么解不开的心结？简直是自己折磨自己。"其实，王大爷确实陷入了一个怪圈，他越是执著于自己被迫离职的事情，就越是痛苦，想想之前的辉煌，想想现在的平凡，越想越不是滋味，整日无所事事，搞得自己身心疲惫。

王大爷总放不下内心的执著，因此他过得很痛苦。如果他真的放下了内心过分的执著，以正常的心态回归到一个平民老头的身份，就会觉得生活依然充满阳光。有些事情既然已经发生了，毫无回旋的余地了，那我们就要学会接受，而不是过分执著，这样只会让自己更加疲惫，不如放松身心，给自己一个舒适的心灵环境。

卡耐基认为，有的人活得像小河里的溪水，虽然平静无波，却有顽强的生命力和战斗力，它能够经受暴风骤雨的侵害，也可以坦然面对夏日骄阳的炙烤，从来都不在乎世界会有那么多的变化。一个人活着也是一样，要有信念，但不能过分执著，不能与生命较真，对生命中的意外和阻挠不必过于强求，而要学会顺其自然。也许这样方能阻止自己生命的脚步过快地到达终点。人的一生就好像花开花落，周而复始，没有什么花是永远不凋谢的。对待上天的安排，我们应该顺其自然，千万不能太过于执著，太较真是一种疼痛、一种心魔，它不断侵蚀我们内心简单的快乐，使我们最后满身疲惫地倒下。

1.适时修葺自己的信念

人生需要有信念，这样生命才有前进的方向。但是，信念只有与自己合拍的时候，才能更好地发挥出引航员的作用。对此，在人生的路途中，我们要适时修葺自己的信念，让它与自己合拍；对于某些不切实际的想法，我们不应太较真、太执著，而应学会放弃，适时找到适合自己的人生信念，这样我们的生命才会更加绚丽灿烂。

2.与其走向死胡同，还不如适时拐弯

如果我们希望与别人合作，而且已经明确地表达清楚自己的意图，但对方却毫无回应，在这样的情况下，与其继续留下来攻坚，把时间花在啃掉这块硬骨头上，不如转身离去，把精力用来寻找新的目标。每个人做事

都有自己的理由，放弃攻坚是对别人的尊重，也是对自己的尊重，更是一种明智的选择。大量事实表明，第一次不能成功的事情，以后成功的概率也是很小的，纠缠下去只会惹人厌烦，与其把80％的精力耗在20％的希望上，不如以20％的精力去寻找新的目标，说不定还有80％的希望。

学会适时改变

卡耐基认为，学会在前方无路可走的情况下改变，是一种获得正能量的途径。懂得适时改变，这是智者的选择。莎士比亚曾说：“别让你的思想变成你的囚徒。”当一个人的思想被禁锢的时候，他已经无法为自己寻找一条生路了。要想获得成功，就必须懂得适时改变，故步自封或一成不变只会将我们推进无法回头的境地。一艘在大海里航行的船只，要想行驶到自己的目的地，那么就应该懂得见风使舵。纵观世间万物，它们因为变通而赖以生存：为了适应沙漠的风沙，仙人掌将叶子退化为刺；为了适应西北的狂风，胡杨扎根百米；为了适应海水的动荡，海带褪去了根须。

美国威克教授曾经做过一个有趣的实验：他把一些蜜蜂和苍蝇同时放进了一只平放的玻璃瓶里，瓶底对着有光的地方，瓶口则对着暗处。结果，那些蜜蜂拼命地朝着有光的地方挣扎，最终因力气衰竭而死，而那些到处乱窜的苍蝇竟然溜出了瓶口。对此，威克教授告诉我们：“在充满不确定的环境中，有时我们需要的不是朝着既定方向的执著努力，而是在随机应变中寻找求生的路，不是对规则的遵循，而是对规则的突破。我们不能否认执著对人生的推动作用，但我们应该看到，在一个变幻莫测的世界里，变通的行为比有序的衰亡要好得多。”

只知道不切实际坚持的蜜蜂最终走向了死亡，而懂得变通的苍蝇却生存了下来。执著与适时改变是两种人生态度，我们不能简单地说谁比谁更适合自己，但是，单纯的执著与改变都是不完美的，只有将两者结合起来才能成功。执著的精神令人敬佩，它可以使我们永远坚持下去，如果这条路是正确的，那自然是最完美的结局；但是，如果这条路根本就是一条死路，无谓的坚持只会断送自己美好的前程，这时候不妨适时变通，丢掉不切实际的坚持，才能看到希望。

Levi's品牌的创立，就来源于适时改变的智慧。威廉、约克和李维相约去美国淘金，当他们到达目的地以后，却发现比金子更多的是淘金者。面对这样的情况，威廉决定还是去淘金，过着劳苦而贫困的生活；约克发现了废弃在沙土中的银，开始了自己冶银的事业，很快就成了当地的富翁；李维决定卖耐磨的帆布裤，并借以改造，创造了牛仔裤，创立了世界名牌Levi's。灵活的变通，让约克和李维都获得了成功，而坚持不切实际的想法，让威廉成为一事无成的人。

“按图索骥”这个词语后来用于讽刺那些拘泥不懂得改变的人。池田作家曾说：“权宜变通是成功的秘诀，一成不变是失败的伙伴。”在战胜逆境的过程中，最重要的事情就是必须转弯。成功路上，需要我们坚持到底，但若是遇到了挫折与困难，懂得转弯和改变也同样重要，千万不能食古不化，固执己见，否则只会让自己离成功的目标越来越远。

萧伯纳说：“明智的人使自己适应世界，而不明智的人只会坚持要世界适应自己。”懂得适时改变，实际上就是以改变自己为途径，当我们改变不了处境时，我们可以改变自己；即使改变不了过去，我们也可以改变现在。在通往成功的路上，我们没有必要那么较真，既然前面的路行不通，那就走路边的小径吧！适时改变并不是背叛“执著”，而是审时度势之后做出的正确选择。在对前途感到茫然的时候，适时改变是一种理智；在误入歧途时，适时改变是一种智慧；在逆境中，适时改变是一种远离苦难的策略。

1.思想不能太顽固

爱默生说："宇宙万物中，没有一样东西像思想那样顽固。"假如我们总是以既定的思维做事，即使闯入了死胡同也要撞得头破血流，那么，最后我们将作茧自缚。思想太顽固，太过于较真，最终只会走向一条没有出路的死胡同。

2.在逆境中，尤其需要懂得适时改变

一个人能否成功，关键在于自己的心态，认识自我，超越自我，但是不能脱离实际，必须合情合理地确定自己的人生目标。而一个人在面对困难时所坚持的信念，要远比任何事情都重要，因为信念将决定命运。身处逆境，我们要懂得适时改变，既需要坚持，也需要适时放弃，因为做事灵活、懂得变通的人，总是能够赢得最后的成功。在逆境中，不切实际的坚持是愚蠢的，这样只会使自己在逆境中僵持得更久。所以面对逆境，我们要懂得适时改变，放弃不切实际的坚持。

中篇

完善自我，正确认识正能量

第8章　性格正能量，活出全新的自己

俗话说："江山易改，本性难移。"虽然一个人的性格是难以改变的，但是性格对于我们人生的影响却是不容忽视的。如一些自闭、忧郁的性格给我们带来的只能是负面的影响，而无法给予我们正能量。对此，我们要善于利用性格中的正能量，活出全新的自己。

不要让过去成为现在的负担

生活中，有的人容易被忧虑主宰，于是很容易陷入痛苦的经历之中，以至于让过去成为现在的负担。卡耐基认为，如果一件非常糟糕的事情对我们已经造成伤害，那么我们苦苦回忆它、不能忘记它，这无异于在旧伤上又添了新疤。那些让过去成为自己现在负担的人，性格里其实有着偏执的部分，而这就是负能量的来源。一个人要想活得自信、洒脱，最好的办法就是做一个健忘的人，过去的事情就让它过去吧，让我们做好现在，为未来做准备。总是想忘记，其实就是在不断地提醒自己，记起这个人、这些事。结果反而加深了记忆，当然忘不了。其实最好的办法是不要去刻意地遗忘。刻意去忘记，只会记得更深，既然你想忘了他，说明他曾经在你心里留下的痕迹是比较深的，有些事既然曾经存在过，又为之付出过那么多的情感，却为何要忘记呢？对此，卡耐基告诫我们，千万不要让过去成为现在的负担。

三毛小时候是一个非常勇敢而又聪明活泼的小女孩，她喜欢体育，常常会弄得身上青一块、红一块。她喜欢上语文课，往往是语文课本一发下来，她只要大声朗读一遍，就能够熟练地掌握其中的内容。有一次她甚至跑到老师那里，很轻蔑地批评道："语文课本编得太浅，怎么能把学生当傻瓜一样对待呢？"

三毛12岁那年，以优异的成绩考取了台北最好的女子中学——台北省立第一女子中学。初一时，三毛的学习成绩还行，可到了初二，数学成绩一直滑坡，几次小考最高才得50分，三毛感到很自卑。

然而一向好强的三毛发现了一个考高分的窍门。她发现每次老师出小考题，都是从课本后面的习题中选出来的。于是每次临考，三毛都会背后面的习题。因为三毛记忆力好，所以她能将那些习题背得滚瓜烂熟。这样，一连六次小考，三毛都得了100分。老师对此很怀疑，决定要单独测试一下三毛。

一天，老师将三毛叫进办公室，将一张准备好的数学卷子交给三毛，限她十分钟内完成。由于题目难度很大，三毛得了零分，老师对她很是不满。

接着，老师在全班同学面前羞辱了三毛。他拿起蘸着饱饱墨汁的毛笔，叫三毛立正，非常恶毒地说："你爱吃鸭蛋，老师给你两个大鸭蛋。"他用毛笔在三毛眼眶四周涂了两个大圆圈，因为墨汁太多，以致流下来，顺着三毛紧紧抿住的嘴唇，渗到她的嘴巴里。老师又让三毛转过身去面对全班同学，全班同学哄笑不止。然而老师并没有就此罢手，他又命令三毛到教室外面，在大楼的走廊里走一圈再回来，三毛不敢违背，只有一步一步艰难地将漫长的走廊走完。

这件事情使三毛很丢人，她再也没有及时调整过来，于是开始逃学。当父母鼓励她要正视现实，鼓起勇气再去学校时，她坚决地说"不"，并且自此开始休学在家。

休学在家的日子里，三毛仍然没能从这件事的阴影中走出来。当家里人一起吃饭时，姐姐弟弟不免要说些学校的事，这令她极其痛苦，她时常感到那件事情对她的压力，仿佛能看到老师与同学们嘲笑的脸孔。

卡耐基认为，很多东西，想要忘记，就是逃避。而对于有些东西若真的要释怀，也只有面对才能起到作用。我们逃到另外的世界，抓住另外的人，沉浸于另外的事情，但过去仍旧存在。不如静下心来，回忆一遍开始和过往，细数与那个人的一步一步，然后告诉自己，得与失毫无意义，一个结果不会令我们否定之前的所有，只要得到过快乐，就算结局是更多的痛苦，那也是一种价值。

卡耐基认为，还记得曾经，因为那是人生的一部分，人生因为不完美而完美，因为疼痛我们才能成长，这些听来浮夸，但只有自己走过来才会了解。 不要刻意忘却，勇敢面对并珍惜人生的这段经历，积聚正能量，这才是最好的选择。

1.忘记过去

许多事情，总是在经历过以后才知道得失由不得自己。例如感情，痛过了，才会懂得如何保护自己；傻过了，才会懂得适时地坚持与放弃。让我们学会放弃，在落泪以前转身离去，用泪水换来的东西是不牢靠的；让我们学会放弃，将昨天埋在心底，留下最美好的回忆；让我们学会放弃，使彼此都能有个更轻松的开始。紧抓不放，只会让你一味沉溺于回忆和痛苦中从而委靡不振。

2.放弃痛苦的经历

放弃，不是躲避，也不是懦弱；放弃，是一种豁达的处事态度。试想想，一个人一生要经历多少人与事，不懂得放弃那些已经失去、不可挽回的东西，又如何能把握住真正属于你自己的东西呢？当你发现你的世界里唯一的那扇大门不再为你敞开，就不必再在门前徘徊，更不必撞得头破血流终不醒悟。 要学会放弃，然后转身寻找一个为你开放的天窗，在那儿你同样能望见满天的星斗。

鼓起勇气，做自己想做的人

卡耐基说，一个人要有勇气去做自己想做的人，这样才能激发出自己性格中的正能量。爱默生曾说："你，正如你所思。"研究那些所谓成功者的成长经历，发现他们对自我都有一种积极的认识和评价，从而产生一种相当的自信。这种自信是一种魔力，即使他们在认清了自己的现状之后，依然能够保持奋勇前进的斗志，而这也是他们必须依赖的精神动力。每个人都梦想过自己能成为什么样的人，也许是科学家，也许是医生或者律师，但大多数人却宁愿梦想着，而不去实践，甚至希望能得到别人的救赎。做自己想做的人，其实很简单，只要相信自己，朝着自己的梦想勇敢地奋进，那么就真的能够成为自己所希望的那个人。

卡耐基曾讲了这样一个故事：

有一天，著名的成功学家安东尼·罗宾接待了一位走投无路、风尘仆仆的流浪汉。那人一进门就对安东尼说："我来这儿，是想见见这本书的作者。"说着，他从口袋里掏出了一本《自信心》，这本书是安东尼多年以前写的。安东尼微笑着请流浪汉坐下，那人激动地说："是命运之神在昨天下午把这本书放入了我的口袋，当时我已经决定要跳进密西根湖，了此残生，因为我已经看破了一切，对这个世界已经绝望，所有的人都已经抛弃了我，包括万能的上帝。不过，当我看到这本书时，我的内心就有了新的变化，我似乎看到了生活的希望，这本书陪伴我度过了昨天晚上。我下定了决心：只要我能见到这本书的作者，他一定能帮助我重新振作起来。现在，我来了，我想知道你能帮助我什么呢？"安东尼打量着流浪汉，发现他眼神茫然、满脸皱纹、神态紧张，他已经无可救药了，但是，安东尼不忍心对他这样说。

安东尼思索了一会，说："虽然我没有办法帮助你，但如果你愿意的话，我可以介绍你去见本大楼的一个人，他可以帮助你重新赢回原本属

于你的一切。”听了安东尼的话，流浪汉跳了起来，他抓住安东尼的手，说道：“看在老天爷的份上，请你带我去见这个人！”安东尼带着他来到从事个性分析的心理实验室，面对着一块看来像是挂在门口的窗帘布，安东尼将窗帘布拉开，露出一面高大的镜子，流浪汉看到了自己。安东尼指着镜子说：“就是这个人，在这个世界上，只有他能够使你重新来过，除非你坐下来，彻底认识这个人，当作你从前并不认识他；否则，你只能跳进密西根湖了。只要你有勇气来重新认识自己，你就能成为你想做的那个人。”流浪汉仔细打量着自己，低下头，开始哭泣。几天后，安东尼在街上碰到了那个人，他已经不再是一个流浪汉了，而是一个西装革履的绅士，后来，那个人真的成为芝加哥的富翁。

一个人对自己感到失望，从而失去了生活的希望，那么，能够挽救他的只有他自己。很多时候，我们希望上帝能救赎自己，甚至把自己的处境归结为被所有人抛弃了，但其实，没有人能够抛弃自己，除非自己抛弃自己。当在生活中遭遇挫折与困难的时候，我们唯一能做的就是勇敢向前，一步一步向自己的梦想靠近，最后，真的会成为自己想做的那个人。

卡耐基认为，梦想需要勇敢地去拼搏，才能做那个我们想做的人。在追逐梦想的过程中，我们会遇到许多实现梦想的机会，却常常由于怯弱和畏惧而放弃了努力，导致机遇一次次擦肩而过。其实，只要我们努力克服胆怯心理，勇敢地奋进，就能够做自己想做的人。

1.克服畏惧心理

小时候，幼儿园老师总是有意无意地引导我们：“将来长大了想做什么样的人？”有时候，我们会认为自己天生就知道自己能做个什么样的人。但是长大后，我们会发现自己早已忘记了儿时的梦想，在成长的过程中，由于缺乏勇气，将梦想搁浅。不过，一个人究竟想成为什么样的人，

或者内心深处想做什么样的人，这种感觉是不会变的。在追逐梦想的过程中，我们应该勇敢向前，克服畏惧心理，努力成为自己想做的那个人。

2.勇气会让我们的正能量倍增

畏惧只会把我们身体内的负能量唤醒，然后吞噬自己。因此，在人生的道路上，只有克服自己内心的胆怯，鼓起勇气，才能让正能量倍增，才能让自己成为梦想中的那个人。

推开那扇“虚掩的门”

卡耐基说，我们距离成功有多远呢？或许只需要我们推开那扇门就到达了成功，甚至因为内心的不确定，我们没能发现那扇门竟然是虚掩的。心理学家通过研究发现，人们在没有经历一些事情的时候，总是会首先形成一种心理暗示，比如将一块宽30厘米、长10米的木板放在地上，人们通常都能够轻易地从上面走过去，但如果把这块木板放在高空中，许多人就会因此恐惧而不敢迈步。这时人们往往会形成一种心理暗示：我会掉下去。在这种暗示的作用下，他们会感到恐惧，害怕自己真的会掉下去，虽然事实并没有发生，但是他们内心还是会隐隐不安。歌德曾说：“你失去了财产，你只是失去了一点；你失去了荣誉，你失去了许多；你失去了勇气，你就把一切都失掉了！”卡耐基认为，有勇气的人会成为最大的赢家。勇气，在很多时候能够帮助我们踏上成功之旅，并帮助我们找回自信。

卡耐基曾讲过这样一个故事：

有两个人在沙漠中艰难地跋涉，他们的食物和水都用完了，现在是又饿又渴。这时，一个人从口袋里掏出一把手枪和五颗子弹给另外一个人，并对他说：“我现在去找水，不然我们会饿死在沙漠里，请你在这里

待着，每隔一小时就打一枪，让我知道你在什么地方，以免我一会儿迷了路。”另一个人点了点头，那个人就走了。留下来的那个人每隔一小时就打一枪，可是，快到最后一枪了，那个出去找食物的人还是没有回来。他内心开始恐惧，担心那个人已经死了，最后终于忍不住了，用枪里最后一颗子弹打死了自己。但是，就在枪声响后不久，找食物的人回来了，可是，留下来的那个人已经死了。

如果留下来的人再忍耐一会儿就可以活下来，可是，他放弃了生的机会，因为他已没有勇气。孙振耀曾这样写道：“我宣布从惠普（中国）公司总裁位上退休后，接到了许多人的祝贺，大部分人都认为我能够在这样的年龄以及这样的职位上选择退休，是一种勇气，也是一种福气。”生活需要勇气，它不仅仅能够战胜对手，更重要的是能够战胜自己，从而推开成功的大门。

卡耐基告诉我们：勇敢向前，推开那扇虚掩的门。

在1968年的墨西哥奥运会上，美国选手吉·海因斯以9.95秒的成绩打破了男子百米赛跑的世界纪录。当时，全程都有摄像镜头记录，海因斯在撞线后回头看了一眼记分牌，然后摊开双手说了一句话。这个镜头被电视机前的观众所看到，但是，由于当时海因斯身边没有话筒，所以他到底说了句什么话，没有人知道。

1984年，洛杉矶奥运会前夕，一位名叫戴维·帕尔的记者在办公室回放奥运会的资料片，当他再次看到海因斯的镜头时，心想：这是历史上第一次在百米赛道上突破10秒大关，海因斯在看到记录的那一瞬间，一定说了一句不同凡响的话。不过，这一个关键的新闻点，居然让在场的431名记者给漏掉了，这真是个遗憾！于是，戴维·帕尔决定去采访海因斯，问他当时到底说了一句什么样的话。

戴维·帕尔很快就找到了海因斯，但是，回忆起16年前的往事，海因斯却一头雾水，他甚至否认当时自己说了话。戴维·帕尔说：“您确实说话了，有录像带为证。”海因斯打开了帕尔带去的录像带，看完之后，他笑了，说道：“难道你没有听见吗？我说，上帝啊，原来那扇门是虚掩着的。”戴维·帕尔好奇地问：“您能解释这句话吗？”海因斯说：“自从欧文斯创造了10.3秒的成绩之后，医学界就断言，人类的肌肉纤维所承载的运动极限不会超过每秒10米，看到自己9.95秒的记录后，我惊呆了，原来10秒这个门不是紧闭着的，它虚掩着，就像终点那根横着的绳子。”

成功学大师拿破仑·希尔曾说：“一个人一生中唯一的限制就是他内心的那个限制。”那么，如何突破内心的那个限制呢？勇气，当然是勇气，只有勇气才能战胜自我。当你鼓起勇气向前，你就会发现许多门都是虚掩着的。试想，在当时与海因斯条件差不多的运动员应该不少，但是，他们在最后都没有获得成功，而海因斯却赢得了胜利，正是因为海因斯战胜了自我，鼓起勇气推开了那扇虚掩着的门。

卡耐基认为，人生是一叶小舟，勇气是引航的灯塔和推进的风帆，没有勇气的人生就像是失去了方向和动力的小舟，只能在生活的波浪中随处漂泊，有可能还会沉没在激流之中。在人生的旅途中，即使有能力、有才华，但若是缺少了勇气，那些潜在的能力就会成为镜花水月，而只有勇者才能够摘取成功的鲜花。

1.勇者往往是最大的赢家

许多时候，生活中的困难和阻力是被我们放大了，它们就像绊脚石横在了我们通往成功的路上。这时，假如有与我们势均力敌的对手出现，那么，谁有勇气谁就能获得最后的成功。其实，许多门都是虚掩着的，只要伸手就能推开。当我们鼓起勇气战胜自我、突破内心的限制之后，就能够到达人生的最高点。

2.有勇气才会有正能量

英国作家莎士比亚说：“真正勇敢的人，应该能够理性地忍受最难堪的屈辱，不以身外的荣辱介怀，用息事宁人的态度避免无谓的横祸。”面

对充满压力和困难的生活，没有勇气是不行的。当暴风雨来临时，勇敢的水手总是满怀着生存的希望，不断激励自己，不管风浪多么可怕，他们总是能够坚持下去，最终平安回来；而那些胆小的水手，早在暴风雨来临之前就失去了生存的勇气，从而以失败告终。我们需要勇气，生活也需要勇气。勇气是光明的使者，它能将我们从黑暗的泥沼中拉出，帮助我们战胜困难，帮助我们创造正能量，帮助我们赢得最后的胜利。

抓住擦肩而过的机会

卡耐基是这样解释机遇对商人的重要性的：“商机抓住了，就能带来滚滚财富；抓不住，财富就会从你身边悄悄溜走。”卡耐基十分注重把握机会，在他看来，机会稍纵即逝，抓住就可以成功。如果抓不住的话，以后可能再也不会有那样的机会，那么，自己就与成功擦肩而过。在他一生的经历中，由于抓住的机会比较多，成功的可能性自然比常人大，如此成为杰出的导师。实际上，机会与成功本来就是密切联系的。但是，发现机会与抓住机会并不一样，只有抓住机会才有可能成功。在现实生活中，有的人发现了机会，却犹豫不决，于是机会也就消失了。所谓“机不可失，失不再来”，机会并不是你想它来就会来的，而是来的时候要抓住它；否则，一旦错过，就没有重新再来的机会了，而卡耐基正是善于抓住机会的高手。

卡耐基曾讲过这样一个故事：

有一天，一头驴不小心掉进一口枯井里，农夫绞尽脑汁想办法去救它，但是，几个小时过去了，那头驴还在枯井里痛苦地哀嚎着。最后，农夫决定放弃，心想：这头驴反正年纪也大了，不值得大费周折的去把它救出来，但是无论如何要将这口枯井填平，以免其他动物掉进去。

于是，农夫请来了左邻右舍，大家一起帮忙将枯井填平，也好免去驴的痛苦。农夫和邻居们手拿铲子，开始将泥土铲进枯井中，当那头驴了解到自己的处境时，眼里满是绝望，忍不住流下眼泪，并不断地在枯井里发出痛苦的嘶叫声。但是，出乎意料的是，没过多久，这头驴就安静了下来。农夫好奇地探头往井底一看，眼前的景象却令他大吃一惊：当铲进枯井里的泥土落在驴身上的时候，它将泥土抖落在一旁，然后站到泥土堆上面。那头驴将大家铲进倒在身上的泥土全部抖落在井底，然后再站上去，很快便出现在人们的眼前，大家都惊讶地捂住了嘴巴。

当意识到自己将葬身于此，那头驴着急了，挣扎、痛苦地嘶叫，可是，这些似乎没有一点帮助。于是，它安静了下来，等待重生的机会，果然，伴随着灾难来临的还有机会，它终于抓住机会，走出了枯井。在事情尚未成功的时候，智者往往认为这将是一个潜在的机遇，而愚者却对此无动于衷。所以，成功者从来不急于求成，他们就像猎豹一般默默地在潜伏时刻准备着，伺机等待机遇重拾成功。

鸿门宴上，虽不乏美酒佳肴，却暗藏杀机。项羽的亚父范增，一直主张杀掉刘邦，于是在酒宴上，眼看着如此大好的机会，一再示意项羽发令，但项羽却犹豫不决，默然不应。

于是，范增召项庄舞剑为酒宴助兴，趁机杀掉刘邦；项伯为保护刘邦，也拔剑起舞，掩护了刘邦。在危急关头，刘邦部下樊哙带剑拥盾闯入军门，怒目直视项羽，项羽见此人气度不凡，只好问来者为何人，当得知为刘邦的参乘时，即命赐酒，樊哙立而饮之，项羽命赐猪腿后，又问能再饮酒吗？樊哙说：“臣死且不避，一杯酒还有什么值得推辞的。”樊哙还趁机说了一通刘邦的好话，项羽无言以对，刘邦便趁机一走了之。

刘邦部下张良入门为刘邦推脱，说：“刘邦不胜饮酒，无法前来道别，现向大王献上白璧一双，并向大将军范增献上玉斗一双，请收下。”不知已错过机会的项羽收下了白璧，气得范增拔剑将玉斗撞碎。

鸿门宴中其实就隐藏着一个最好的机会，此时如果项羽下令杀掉刘邦，就不会有后来自刎乌江的故事了，而历史也将被改写。但是，项羽本性优柔寡断，迟迟不肯下令，失去了眼前如此绝佳的机会，为后来埋下了隐患。

卡耐基认为，那些善于抓住机会的人，往往会成就一番事业。在日常生活中，我们都有这样的经历：当车子快到十字路口的时候，准备拐弯，但亮的是绿灯，只有等红灯亮了再拐。如果快到路口的时候，亮的是红灯，那就要抓紧机会趁灯还未变绿之前拐弯，否则就要再等一阵子。红灯、绿灯的交替是频繁的，等不了多久就可以再有一次机会。但是，人生却从来不会给你同样的机会。因此，在每一次机会来临的时候，紧紧抓住，不要放手，如此才能促成事情的成功。

1.等待时机

在现实生活中，我们总想做一些事情，却往往做不成。有时候，是因为条件不具备，或者遇到障碍。在这种情况下，该怎么办呢？坚持去做，有可能会一败涂地，那么，就选择等待吧！暂时先忍耐一下，等待最佳的时机，如此才能重新奋起。困难往往隐藏在我们没有注意的地方，假如我们能发现它、抓住它、利用它，那么，我们将有机会摆脱困境，获得成功。

2.及时抓住机会

面对一个绝佳的机会，如果你总是优柔寡断，下不了决定，最终会使自己失去最佳的机会，让别人捷足先登，从而与成功失之交臂。因此，面对每一次机会都要果敢，要及时抓住机会，不要拖拖拉拉、犹豫不决。

今天的我远胜于昨天

卡耐基常常告诫那些年轻人，过去不代表未来，需要记住，今天的我远胜于昨天。回首过去的每一天，有喜悦也有痛苦，有成功也有失败，尽

管我们经历了风雨挫折，但是我们收获的却是奋斗的快乐和思考。人生的每一次经历，无论是成功的经验还是失败的教训，都是一笔宝贵的财富。生命并不是完整无缺的，我们每个人都会或多或少地缺少一些东西，也许昨天我们没能实现心中的愿望，但是昨天已经过去了。昨天不能代表未来，也许昨天成功了，并不代表未来还会成功；也许昨天失败了，也不代表未来就要失败。因为昨天无论是成功还是失败，都只是代表昨天，未来是靠今天决定的。昨天的经历可以成为未来的借鉴，但我们不能因此就背上沉重的包袱，因为未来还有很长的路要走，丢掉那些失败、哭泣、成功、骄傲，轻轻松松面对现在，继续努力前行，这样才会越走越快，把路越走越宽！

福特一世16岁就独闯天下，凭借着杰出的管理专家和机械专家，福特公司成为世界上最大的汽车公司。但是，成功后的荣誉让福特一世得意忘形，认为这一切都是自己的功劳，面对他人提出的意见总是置之不理，整天沉浸在成功的喜悦之中，只知享受，不思进取。看到福特一世如此的情况，当年追随他创业的老功臣纷纷离去，公司每况愈下，几乎濒临破产。

1945年，福特二世上任，接过几乎成为烂摊子的福特公司。福特二世深知父亲失败的原因，于是开始礼贤下士，励精图治，高薪聘请一大批管理精英，使福特公司很快起死回生，重新达到了巅峰，再现昨日的辉煌。但是，在成功的喜悦面前，福特二世又重蹈覆辙，在公司里独断专行，将自己看作是公司至高无上的统治者，使整个公司人心惶惶，终于在80年代初期，福特二世被逼交出大权，同时被公司除名。

正所谓“福兮祸所伏，祸兮福所倚”，当你因为昨天的成功而喜悦的时候，悲惨的危机有可能已经在你身边。所以，要想成功，就必须学会忘记，忘记昨天的辉煌，忘记昨天的一切，从零开始，继续向前，这样才有可能创造美好的未来。卡耐基告诉我们，人生不会一帆风顺，总是要经历风风雨雨，那些成功的人面对昨天的失败总能够内心坦然，不会屈服于失败，勇于做一个奋斗不息的人，以百折不饶的精神继续向前。

卡耐基曾讲述了这样一个故事：

1954年，巴西人都认为巴西足球队能获得世界冠军，然而成功并不总是常在，巴西足球队在半决赛中意外地败给了法国队，结果，那个金灿灿的奖杯与巴西无缘。足球队的球员们十分悲痛，心想：去迎接球迷的辱骂、嘲笑和汽水瓶吧，因为足球是巴西的国魂。当回国的飞机进入了巴西领空，球员们坐立不安，他们心里很清楚，这次回国肯定会遭遇难堪的情景。然而，当飞机降落在首都机场的时候，映入他们眼帘的却是另一种景象：巴西总统带着两万多球迷默默地站在机场，共举一条大横幅：失败了也要昂首挺胸！顿时，球员们泪流满面，暗暗下定决心：告别昨天的失败，为下一次比赛努力！

4年后，巴西足球队又一次站在比赛场上，这一次他们不负众望，捧回了世界冠军，这是巴西足球队为国家捧回的第一次世界冠军奖杯。在巴西机场，16架喷气式战斗机为球员们护航，当飞机降落的时候，聚集在机场上的欢迎者达到了三万多。从机场到首都广场不到20公里的道路上，自动聚集起来的人群超过了100万，里奥市长由于晚出发了一会，竟无法驱车去机场。在路途中，球员们被请进豪华汽车，几个主力球员则被人用手臂向前传递，4个多小时的路程，主力球员几乎脚不沾地，一直被送到总统府。

昨天的失败并不可怕，可怕的是因此而沉浸在痛苦中，面对昨天的失败要昂首挺胸，这样才能迎接明天的胜利。人生的成功需要环环相扣，每一个阶段的终点都意味着新的起点。忘记昨天，从零做起，这样你才有可能获得成功。昨天无论是成功还是失败，都不代表今天，更不代表明天，而只有把握好宝贵的今天，才能开创美好的未来。

卡耐基说，昨天已经是一张过期的支票，它已经过去了，我们就不要沉浸在其中。昨天的荣誉抑或是伤痛，都已经成为历史，我们应该以平和的心态去面对，这样才能更好地生活。

1.告别失败的昨天，继续向前

一个人的记忆是有限的，将过去的东西记得太多，时间长了就会成为负担，而另外一些东西也就装不进去了。面对未来，我们必须学会忘记，随时删除记忆中那些无用的东西。昨天，我们也许有过成功与快乐，也许遭遇挫折与失败，然而对于那些日子，今天才是新的开始。所以，继续向前，告别昨天，踏上新的旅程吧！

2.生命中最重要的是今天

曾经有位茫然无助的年轻人向一位大师请教人生的问题："请问大师，人的一生中哪一天最重要，是洞房花烛夜那一天，还是金榜题名、事业有成那一天？"大师毫不犹豫地回答："都不是，生命中最重要的是今天。"年轻人茅塞顿开，领悟到其中的奥妙，最后成就了一番大事业。

第9章　气场正能量，做能量强大的人

气场，是全世界高端人物都在运用的成功秘诀，从世界首富比尔盖茨到美国总统奥巴马，有气场就能产生巨大的能量，就能吸引身边的人。在日常交际中，我们要善于施展出气场正能量，争取做能量强大的人。

微笑，拉近彼此的距离

世界上最伟大的推销员乔·吉拉德说："当你笑时，整个世界都在笑，一脸苦相没人理睬你。"成功大师卡耐基认为，在这个世界上，最能够征服人心的世界语言就是微笑，说起来很简单，但是做起来却不是那么容易。而且在很多时候，微笑是最简单最有效的示好手段。不知道你发现没有，微笑是最富感染力的表情，你所面对的有可能是一张哭泣的脸，也有可能是一张愤怒的脸，但只要你坚持微笑、保持最友好的微笑，就一定会清除对方心里的不快，而且对方也会在微笑中得到感染，情绪会变得愉快起来。可以说，一个善意的微笑能够拉近彼此之间的距离。原一平曾说："为了能够使我的微笑看起来是自然的、发自内心的，我曾经专门为此训练过，我假设各种场合和心理，自己面对着镜子，练习各种微笑的面部表情。"这位坚持微笑的保险推销员，以自己灿烂的微笑征服了全世界。

有一次，原一平去拜访一位客户，在拜访之前他了解到这位客户性格内向，脾气古怪。见面后，为了营造轻松的气氛，原一平微笑着打招呼："你好，我是原一平，明治保险公司的业务员。"客户情绪似乎很烦躁："哦，对不起，我不需要投保，我向来讨厌保险。"原一平继续微笑着说："能告诉我为什么吗？"客户忽然提高了声音，显得很不耐烦："讨厌是不需要任何理由的！"

原一平知道客户脾气发飙了，但是，他依旧笑容满面地望着他："听朋友说你在这个行业做得很成功，真羡慕你，如果我在我的行业也能做到像你这样，那真是一件很棒的事情。"听到原一平这样说，客户的态度稍有好转："我一向讨厌保险推销员，可是你的笑容让我不忍拒绝与你交谈，好吧，说说你的保险吧。"

在接下来的交谈过程中，原一平始终带着微笑，客户在不知不觉中也受到了感染，谈到彼此感兴趣的话题时，两人都大笑了起来。最后，客户微笑着在单上签上了名字，与原一平握手道别。

原一平，这位身高只有1.53米，整体毫无气质和优势可言的保险推销员，却以自己的微笑征服了所有的人。见过他的人都知道，在整个交谈过程中，他的微笑一直都在。对此，他的微笑曾被评为"价值百万的微笑"，因为那友善的微笑，他赢得了客户的信赖与好感。其实，不仅仅是原一平，任何一个发自内心的微笑，都具有神奇的力量。

卡耐基曾讲述了这样一个故事：

安东尼圣艾修伯里是一位飞行员，在"二战"前，他参加了西班牙内战，为反法西斯贡献自己微薄的力量。但不幸的是，飞行的一次失误使得他落入了法西斯的魔掌，在监狱里，看守的警卫一脸凶相，态度相当恶劣。

安东尼圣艾修伯里清楚自己将很快被拉出去枪毙，于是陷入了极度的惶恐与不安中。为了稳定情绪，他决定抽根烟，可是翻遍了口袋只找到一根香烟，没有找到火柴。安东尼圣艾修伯里看了看旁边的警卫，鼓起勇气开口借火，警卫冷漠地将火递给了他。当警卫帮安东尼圣艾修伯里点火的时候，警卫的眼光无意中与他的目光相接触，这时，不知是出于礼貌还是

畏惧，安东尼圣艾修伯里竟然冲着那位冷漠的警卫微笑。不过，正是这抹微笑清除了他们心灵之间的隔阂。

受到了微笑的感染，警卫的嘴角也不自觉地现出了笑意。虽然安东尼圣艾修伯里知道他并没有此意，但是点完火的警卫并没有立即离开，两眼依旧盯着他，同时脸上还挂着微笑。安东尼圣艾修伯里也以微笑回应，仿佛彼此就是朋友。警卫的眼神少了当初的凶悍之气，两人就这样聊了起来，对家人的思念和对自己生命的担忧使得安东尼圣艾修伯里的声音哽咽起来。警卫沉默着，后来他一言不发地打开了狱门，悄悄带着安东尼圣艾修伯里从小路逃离了监狱。

微笑，就是这样创造了奇迹。无论微笑是有意还是无意，都能够达到向他人示好的目的，安东尼圣艾修伯里的微笑深深地打动了一颗冷漠的心。微笑就这样征服了人心，赢得了他人的好感，在不知不觉中感染着对方，拉近了彼此的距离。

卡耐基认为，在人类的所有表情中，微笑是最有气场的能量，也是最具亲和力的能量。可以说，它是缩小人与人之间距离的有力武器。微笑是人际交往与信息交流的重要手段之一，人在情绪反应中，通过面部表情、声调变化和身体姿态，来实现信息传递并达到互相了解。于是，当一个人愁眉苦脸，他所散发出来的是不舒服、痛苦的气场，传递的当然是负能量；而当一个人笑容满面，他所散发出来的是愉快、幸福的气场，传递的自然是正能量。

1.微笑是种力量

卡耐基说，人与人之间的最短距离是一个可以分享的微笑，即便是你一个人微笑，也可以使你和自己的心灵进行交流和抚慰。微笑，虽然是一个无声的行动，传递的信息却是“我很满意你，你使我快乐，我很高兴与

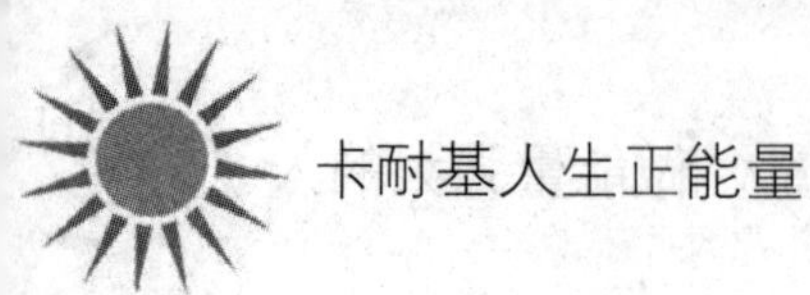

你共事”，无疑，这就是一种激励人心的力量。

2.学会微笑

在日常交际中，每个人都希望别人喜欢自己、重视自己，而微笑无疑是最能缩短人与人之间距离、融化人与人之间矛盾的法宝。当双方之间发生摩擦和冲突并逐步升级的时候，微笑就能浇灭怒火，化干戈为玉帛。所以与人交往的时候，请记得面带微笑，这如此简单的事情，却能传递出无穷的正能量。

多关注对方，让对方感觉是“主角”

卡耐基曾说，人与人在讲话时，表面上是你一句、我一句，好像是一个在说、一个在听，但真相是，你在讲时我却没有在听，只是在想下一句我要怎么说。假如我们只把心用到自己该如何去表达这一方面，那么就说明我们不懂得关注对方的想法，会导致对方有一种被忽视的感觉，自然我们所传递出去的就是负能量。在日常交际中，要想让对方欣然接受你的良好气场，就需要做到关注对方，特别是学会关注对方。那是因为当我们去关注对方的时候，传递的是积极正面、鼓励的能量，表达出的是“我很在乎你，也在乎你说的话，请继续下去”。所以，即使是不会被任何赞美所迷惑的人，也会被我们这样专注的神态所吸引，从而对我们产生好感。

周末，莉莉和琳达坐在咖啡厅聊天。莉莉兴奋地说：“那天，我回了老家，你猜我看见谁了？”可是，琳达却盯着手机看信息，莉莉只好自问自答：“我看见了初恋情人啊，我真没有想到能够遇到他，他好像长高了，也长帅了……”琳达的视线刚离开手机，却又跑到邻桌那帅哥身上去了，莉莉没好气地说：“你到底有没有听我说话啊？”“有啊，你继续说吧。”可等琳达回过头来，莉莉已经没有说下去的欲望了。

在上面这个案例中，就是因为琳达没能保持专注的神态，导致对方不愿意说下去。在言语交流中，最能给我们满足感的，往往是专心专意地倾听他人的说话，而不是滔滔不绝地向对方灌输自己的高见。所以，我们的倾听可以使对方感到满足，对方的反应往往是愉悦、积极的，这时我们身上所表现出来的气场，就是容易让人接受的。

酒会上，王姐依靠着栏杆，在酒精的刺激下想起了伤心的往事，不禁小声啜泣起来。李秘书正好路过这里，亲切地问道："王姐，怎么了？"王姐靠着李秘书的肩膀，哭着说："我又想起了那次车祸。"李秘书拍拍王姐的肩膀，说道："我明白，那真是件不幸的事情，但你已经熬过来了，我希望你能坚强地走下去。"王姐点点头，情绪也好多了。

在倾听过程中准确的反馈会激励诉说者继续说下去，对他是一种极大的鼓舞。当然，不准确的反馈将不利于谈话的进行，因此要把握好。反馈效应是指向诉说者反馈自己的尊重与关注，这会使诉说者感到自己和自己的谈话在他人心里很重要，在一定程度上可起到正性强化作用。心理学家通过大量研究发现，每个人都喜欢和尊重自己谈话的人沟通。在整个倾听过程中保持一种专注的姿态，会让说话者感觉是"主角"，使他感受到一种被尊重的感觉，最终所达成的沟通自然是顺畅而和谐的。

正能量提示

弗洛伊德是近代伟大的心理学大师之一。一位曾经遇到过弗洛伊德的人这样描述他专注时的姿态："那简直太令我震惊了，我永远都不会忘记他。他的那种特质，我从没有在别人身上看到过，我也从没有见过这么专注的人，有这么敏锐的洞察灵魂和凝视事情的能力。他的目光是那么谦逊而温和，他的声音低柔，手势很少。但是他对我的那份专注，他表现出的喜欢我说话的态度，即使我说得不好，还是一样，这些真的是非比寻常。你真的无法想象，别人像这样听你说话所代表的意义是什么。"而成功大

师卡耐基也非常主张使用这一方法，因为这会给对方传递一种积极的正能量。

1.适时探问

如果只是敷衍而木讷地听对方讲述也是不行的，还需要鼓励对方继续说下去。所以，在倾听的过程中要适时地提问，以引起对方的注意和说话的欲望。另外，唱独角戏的滋味真的不好受，这会让对方觉得自己没有受到足够的尊重；而且，适时地提问其实也是一种有效的反馈。

2.注意眼神交流

当你听对方讲话的时候，如果直直地盯着对方，会使对方不想再说下去，这样的眼神显得有些可怕。另外，不能目光呆滞，这表明心猿意马；飞眼左右或者低头不语，这表示不尊重；眼睛望着别人或者在看某个角落，这表示你并没有认真听对方说话。

真诚沟通，产生意想不到的效果

卡耐基认为，在人与人的交际中，真诚沟通往往会传递强大的正能量，产生意想不到的效果。曾经打败拿破仑的库图佐夫，在给叶卡捷琳娜公主的信中说："您问我靠什么魅力凝聚着社交界如云的朋友，我的回答是'真实、真情和真诚'。"真诚，是说话成功的第一乐章，把话说得真诚，话才足以动听，也才能打动人心。白居易曾说："动人心者莫先乎于情。"隐藏在话语里的至真至诚往往能使"快者掀髯，愤者扼腕，悲者掩泣，羡者色飞"。把话说得漂亮，并不在于华丽词藻的堆砌，而是话里蕴含的真意、诚意。说话如果只求外表漂亮，而缺乏其中的真诚，那么，它所开出的只能是无果之花。或许，这能欺骗别人的耳朵，却无法欺骗别人的心。

卡耐基曾讲述了这样一个故事：

当公司还是一个小工厂的时候，露西作为公司的领导，总是亲自出门推销产品。而每次碰到砍价比较厉害的对手，她总会真诚地说："我的工厂只是一家小作坊，这大热天的，工人们在炽热的铁板上加工制作产品，汗流浃背，他们该是多辛苦啊！但是，一想到客户，他们会更加努力工作，好不容易才制造出了这些产品。为了对得起这些辛苦的工人，我们还是按照正常的利润计算方法，你看如何？"

听了这样真诚的话，客户开怀大笑，说："许多来找我推销产品的人在讨价还价的时候，总是说出种种不同的理由，但是你说得很不一样，句句都在情理之中。我也能理解，你和你手下的工人都不容易，好吧，我就按你开出的价格买下来好了。"

露西的成功，在于真诚的说话态度，她的话语充满了情感，描述了工人工作的辛苦、创业的艰辛。从表面上看，语言本身并无矫饰，且异常淳朴，但正是语言的真诚、自然，才唤起了他人内心深切的同情。恰恰是露西通过语言表达出来的真诚，换来了对方真诚的合作。在生活中，人与人之间应该以诚相待，当你袒露了自己的真诚，相应地，也将收获对方给予的真诚。

北宋词人晏殊以说话真诚著称。在晏殊14岁的时候，有一次参加殿试，宋真宗出了一道题。晏殊看到试题之后，说："陛下，十天以前我已经做过这个题目了，就请陛下另外再出一个题目吧！"宋真宗见晏殊如此真诚，对他十分信任，并赐予了"同进士出身"。

在晏殊任职期间，他都在家里与朋友们闭门读书，而其他大小官员都出去吃喝玩乐。有一次，宋真宗点名要晏殊担任辅佐太子，对此，许多大臣都很疑惑，怎么会点一个"同进士出身"的人呢？宋真宗说："近来大小官员经常出门吃喝玩乐，唯有晏殊与朋友们每天在家读书、写文章，如此自我谨慎，难道不是最合适的人选吗？"晏殊听后笑了，他向宋真宗谢恩，然后解释道："其实我也是一个喜欢游玩的人，但因家里贫穷无法出去，如果我有钱，也早就溜出去玩了。"宋真宗听了，十分赞叹晏殊说话的真诚，对他也就更加信任了。

美国第16任总统林肯曾说："一滴蜂蜜要比一加仑胆汁更吸引更多的苍蝇。人也是如此，如果你想赢得人心，首先就要让他相信你是他最真诚的朋友。那样，就会像一滴蜂蜜吸引住他的心，也就是一条坦然大道，通往他的理性彼岸。"用真诚的话语打动人心，这本来就是最佳的沟通方式。

卡耐基说，与人交往，付出的十分真诚如果得到了八九分的回馈，那就是情有所值、利大于弊了。尽管有时候你没有收获同样的真诚，但你用自己的真诚形成的气场，将会吸引更多真诚的人来到你身边。

1.真诚的话才会打动人心

在日常生活中，说话流利、滔滔不绝、一泻千里的语言表达听起来虽然十分流畅优美，但若是缺少了其中的真意诚意，那就失去了所有的吸引力。如此说话就如同一束没有生命力的绢花，很美丽但不鲜活动人，更缺少魅力。在说话的过程中，我们首先应该想到的是如何把自己的真诚融入语言中，如何把自己的心意传达给他人，因为只有当对方感受到你的真诚的时候，他才会打开心门，接受你表达的看法，而彼此之间才会有继续交流的机会。毕竟，只有把话说得真诚，话才会打动人心。

2.遵循杰亨利法则

杰亨利法则是以发明人杰瑟夫·卢夫特和亨利·英格拉姆的名字命名的。它的核心是，坚信相互理解能够提高知觉的精确性并促进沟通的效果。杰亨利法则主张运用坦率真诚的沟通方式，在人际交往中，沟通是无可避免的，而其中的沟通问题同样也是无可避免的。坦率、真诚是人际关系中的重要元素，同时也是促进沟通渠道畅通的有效保证。在任何时候，真诚都将是最受用的沟通方式。真诚是沟通的基础，无论对于说话者还是听话者来说，都至关重要。说话的魅力，并不在于说得多么流

畅、多么滔滔不绝，而在于表达是否真诚。语言的美丽源于真诚，与人交往也贵在真诚。

用你的热忱传递正能量

卡耐基认为，一个人的热忱可以融化所有的壁垒和防备，那是因为它传递的是一种积极的正能量。爱默生曾说："有史以来，没有任何一项伟大的事业不是因为热忱而成功的。"热忱到底是什么呢？卡耐基曾在自己办公桌上挂了一块牌子，在镜子上也挂了同样的一块牌子；而麦克阿瑟将军在南太平洋指挥盟军时，其办公室墙上也挂了这样一块牌子，这三块牌子上写着相同的座右铭："你有信仰就年轻，疑惑就年老；有自信就年轻，畏惧就年老；有希望就年轻，绝望就年老；岁月使你皮肤起皱，但是失去了热忱，就损伤了灵魂。"这几乎是对"热忱"最好的赞美词。当然，这并不是一段单纯而美丽的话语，而是迈向成功的必要途径。热忱，为我们所做的每一件事情都增添了趣味，能够软化他人的冷面孔。哪怕遇到一个再冷漠的人，只要我们怀着热忱的态度，就一定能融化对方、打动对方。

卡耐基曾讲了关于拿破仑的一个故事：

有一次，一位推销员来拜访拿破仑·希尔，希望他订阅一份《周六晚邮》。推销员满脸沮丧，拿着那份杂志向拿破仑提问："你不会为了帮助我而订阅《周六晚邮》吧，是不是？"拿破仑一口就拒绝了推销员的要求，那位推销员阴沉着走了出去。

几个星期之后，另一位推销员来拜访拿破仑，她推销六种杂志，其中有一种就是《周六晚邮》。推销员看了看拿破仑的书桌，发现书桌上已经摆了几本杂志，突然忍不住热心地惊呼起来："哦！我看得出来，你十分

喜爱阅读书籍和各种杂志。”拿破仑放下了手中的稿子，点点头。推销员走到书架前，从书架上取出了一本爱默生的论文集，便开口谈论起爱默生那篇“论稿酬”的文章，不一会儿，拿破仑也加入其中讨论。然后，推销员开始将话题回到了订阅杂志的问题上，她问拿破仑·希尔：“你定期收到的杂志有哪几种？”拿破仑·希尔回答了自己订阅的杂志名称，推销员脸上露出了笑容，随即摊开了自己的杂志，她开始分析：“我觉得这里的每一种杂志你都需要订阅一份，《周六晚邮》可以让你欣赏到最干净的小说，《美国》杂志可以给你介绍工商界领袖的最新生活动态……像你这种地位的人物，一定要消息灵通、知识渊博，如果不是这样子的话，一定会在工作中表现出来。”拿破仑笑了，问道：“订阅这六种杂志一共需要多少钱？”推销员笑着回答：“多少钱？呀，整个数目还比不上你手中所拿的那一张稿纸的稿费呢！”最后她离开的时候，带走了拿破仑·希尔订阅六种杂志的订单。

两个推销员同样是向拿破仑推销杂志，但为什么那位女推销员最后获得了成功？事实上，拿破仑自己在回忆这件事情的时候，曾这样说：“第一位推销员话中没有以热忱作为后盾，在他脸上充满阴沉而沮丧的神情，他并没有说出任何足以打动我的理由；那位女推销员开始说话，我就从她身上感受到了那股热忱，她通过热忱感染了我、打动了我，促使我不得不订阅那六种杂志。”女推销员通过语言以及行为所传递出来的“热忱”软化了拿破仑的冷面孔，即使拿破仑在之前早已经打定主意不理睬她，但是最终在热忱的感染与鼓舞下，心甘情愿地掏钱订阅了杂志。

拿破仑·希尔说：“热忱是一种意识状态，能够鼓舞及激励一个人对手中的工作采取行动。”其实不仅如此，热忱还具有极强的感染力，不仅仅对怀着热忱的本人产生重大影响，而且还能有效地感染他人、打动他

人。对于这一点，卡耐基也是非常赞同的。卡耐基本人是一位崇尚热忱的人，他希望自己能被他人的热忱打动，并且在评估一个人的时候，他不仅仅考虑其能力，还考虑他是否有热忱。

1.热忱是一股涌动的力量

大量事实证明，热忱是交际中必不可少的要素，它能融化冰雪、能软化对方的冷面孔。也许，对方对你的热情一开始并不“感冒”，但是请不要着急，只要你能坚持热情似火，总会打动对方的。

2.缺少热忱，难以打动人

试想，一个人若是缺少了热忱，还能打动谁呢？在与人的沟通过程中，不论对方对自己的话题是否感兴趣，我们都应该满腔热情地和对方“套近乎”，保持友好的微笑，用自己的热情去打动对方，如此以诚相待，才能使交流顺利地进行下去。

精练的语言很有力

在言语沟通的过程中，什么样的语言才能传递正能量呢？当然是精练的语言。卡耐基说：“能管住自己的舌头是最好的美德，而善于约束自己嘴巴的人，会在行动上得到最大的自由。”它给我们这样的启示：话不在多，精练才行。在现实生活中，许多人说话有一个明显的弊病，那就是非常啰唆。他们把一些极为简单的问题复杂化，本来可以三言两语就能说清楚的问题，非要重复无数遍，结果越说越离谱，最后连自己也搞不懂在说什么。人们通常会从一个人的说话看这个人的做事风格，说话干脆、不拖泥带水的人，大多都是自信心很强、办事果敢的人；而那些长篇大论、废话连篇的人，则通常都是思维比较迟钝，做事也显得犹豫不决、优柔寡断。

1863年7月1日，美国南北战争中的一场决定性战役在华盛顿附近的葛

底斯堡打响了。经过三天的激战，北方部队大获全胜。战后，宾夕法尼亚等几个州决定合资在葛底斯堡建立国家烈士公墓，把牺牲的全体战士公葬在此。

公墓在1863年11月19日举行落成典礼，美国总统林肯也被应邀到会作演讲。这对于林肯来说有很大的难度，因为这次仪式上的主要演讲者是美国前国务卿埃弗雷特，而林肯只是因为总统的身份才被邀请在埃弗雷特之后讲几句形式上的话。林肯非常明白埃弗雷特的演讲水平，他被公认为是美国最有演说能力的人，尤其是擅长在纪念仪式上的演讲。而林肯在他之后作讲话，无疑有点“班门弄虎”之嫌，如果讲得不好，更会使自己的总统颜面丧失。

在典礼上，埃弗雷特那长达两个小时的演讲，确实非常精彩。结果轮到林肯总统讲话了，出人意料的是，他的演讲只有十句话，而从他上台到下台不过两分钟的时间，但是掌声却持续了整整十分钟。林肯的演讲不仅仅赢得了当时在场的一万多名听众的热烈欢迎，而且还在全国引起了轰动。当时有报纸评论：“这篇短小精悍的演说简直就是无价之宝，感情深厚，思想集中，措辞精练，字字句句都很朴实、优雅，行文毫无瑕疵，完全出乎人们的意料。”就连埃弗雷特本人第二天也写信给林肯：“我用了两个小时总算接触到了你所阐明的那个中心思想，而你只用了十分钟就说得明明白白。”林肯这次出色的演讲稿被收藏到了图书馆，演讲词被铸成金文存入了牛津大学，作为英语演讲的最高典范。

林肯在这次演讲中是靠什么取胜的？那就是简洁，他那简短有力的演讲比长达两个小时的精彩演讲更深入人心。很多时候，简洁的讲话比那些长篇大论更容易被人们所接受，“浓缩就是精华”。因为简洁，它所阐明的思想会更有深度；因为简洁，它所表达的意思会更加清晰；因为简洁，它所彰显的内容会更有力度。

在剑桥大学的一次毕业典礼上，整个大礼堂里坐着上万名学生，他们在等候伟人丘吉尔的到来。在随从的陪同下，丘吉尔准时到达，并慢慢地走入会场，走向讲台。

站在讲台上，丘吉尔脱下他的大衣递给随从，接着摘下帽子，默默地注视着台下的观众。一分钟后，丘吉尔才缓缓地说出了一句话："Never Give Up！"（"永不放弃！"）

说完这句话，丘吉尔穿上大衣，戴上帽子，离开了会场。整个会场霎时间掌声雷动。

这是丘吉尔一生中最后一次演讲，也是最精彩的一次演讲。他仅仅用了几个字，就将自己要演讲的内容说了出来，语言贵精不贵多，丘吉尔就是用简洁的语言达到了这个目的。

正能量提示

卡耐基认为，那些思维和认识能力都极为突出的人，说话就会简洁精致，不会把一句话翻来覆去地说。而在当今社会，由于生活节奏快，人们的时间观念强，说话更需要精练，而拒绝拖泥带水。

1.话不在多，达意则灵

最会说话的人，往往是是语言简洁明了的人。语言的精髓，在精而不在多。那些喋喋不休的人就是口才最差的人，说了一大堆也没有说出主旨，反而还认为自己很棒。事实上，要真正地将自己的话说得高效，就必须让自己的语言简练，让对方能在最短的时间内明白你所说的意思。

2.简洁更有力度

在实际生活中，要想你的语言表达获得较好的效果，就必须讲究语言的简洁、精练，能让他人在较短的时间里获取较多有用的信息；相反，如果你只是空话连篇、言之无物，那么就是浪费他人的时间。毕竟，简洁的话语才显得更有力度，也更容易被听众所接受。

第10章　心态正能量，平凡中寻找乐趣

卡耐基说："幸福就是一种心态。"人究竟因何幸福？当然是心态。心态不仅仅决定着我们内心最真切的感觉，而且决定着我们的命运。在生活中，我们要善于激发心态正能量，用积极乐观、正面向上的心态去拥抱生活，并在平凡的生活中寻找乐趣。

相信自己是最好的

自信，从来都是一股强大的正能量，而生活中的每一个人都需要这样一种正能量。卡耐基认为，世界上没有两个完全相同的人，每个人都是一个独立的个体。在我们身上有许多与众不同的甚至优于别人的地方，这就是每一个人值得骄傲的地方。我们没有理由总是欣赏别人，而忽略了自己的优点；没有理由一味地比较，而最终失去了自我。有人说："生活中并不是缺少美，而是缺少发现美的眼睛。"认同自己，学会欣赏自己，你就会发现一个全新的自己。尼采曾这样说："聪明的人只要能认识自己，便什么也不会失去。"只有学会欣赏自己，才充满自信，并从自信中获得快乐，在生活中勇往直前。

克里斯托莱伊恩是英国一位年轻的建筑设计师，幸运的他被邀请参加了温泽市政府大厅的设计，克里斯托莱伊恩没有运用工程力学，而是根据自己的经验，巧妙地设计了只用一根柱子就支撑了大厅天顶的预案。一年

过去了，当市政府请权威人士来验收工程的时候，却对克里斯托莱伊恩设计的一根支柱提出了异议，他们认为用一根柱子支撑天花板太危险了，要求克里斯托莱伊恩再增加几根柱子。克里斯托莱伊恩十分自信地说："只要用一根柱子便足以保证大厅的稳固。"他完全相信自己的计算和经验，拒绝了工程验收专家的建议。不过，克里斯托莱伊恩的固执惹恼了市政府官员，并差点因此而被送上法庭。在这种情况下，克里斯托莱伊恩只好在大厅周围增加了4根柱子，不过这4根柱子全部没有挨着天花板，而是相隔了两毫米。

300年过去了，温泽市的市政官员换了一批又一批，但是，市政府大厅依然坚固如初。一直到20世纪后期，当市政府准备修缮大厅的时候，才发现了这个秘密。当时，消息一传出便轰动了世界，各国著名的建筑师都慕名而来，欣赏这几根神奇的柱子。他们看到了在大厅中央圆柱顶端写着的一行字："自信和真理只需要一根支柱。"而克里斯托莱伊恩这位伟大的设计师，他只留下了这样一句话："我很自信，至少100年后，当你们面对这根柱子的时候，只能哑口无言，甚至瞠目结舌，我要说明的是，你们看到的不是什么奇迹，而是我对自信的一点坚持。"

即使自己的设计遭到了质疑，克里斯托莱伊恩依然坚信自己的判断是正确的，他从来都不怀疑自己设计的正确性，而且努力、大胆地证明了自己。时间是不会偏颇任何一个人的，而也正是时间证明了克里斯托莱伊恩的自信与真理。有的人其实已经触碰了真理，却因此而怀疑自己，最终错过了成功的机会。在生活中，我们要学会相信自己，因为自己就是最好的。

小泽征尔是世界著名的交响乐指挥家，在他还没有出名之前，他曾参加了一次世界优秀指挥家大赛。在决赛中，他按照评委会给出的乐谱指挥乐队演奏，但在指挥的过程中，小泽征尔敏锐地发现了不和谐的音符。刚开始，他以为是乐队的演奏出现了错误，于是停下来重新指挥，结果还是出现了不和谐的声音。他当即指出："我觉得乐谱有问题。"这时，所有在场的作曲家和评委会的权威人士都坚定地说："乐谱绝对没有问题。"面对着权威人士的质疑，小泽征尔涨红了脸，但还是斩钉截铁地大声说：

“不！一定是乐谱错了！”话音刚落，评委便全部站了起来，对他报以热烈的掌声，祝贺他通过了决赛。原来，乐谱不过是评委们精心设计的一个“圈套”，而小泽征尔却以坚定地认同自己而获得了最后的成功。

我们每个人都具有独一无二的价值，没有任何人能够取代我们，也没有任何人能够贬低我们，除非我们首先看轻了自己。有人总是叹息自己工作不如别人，外貌不够出众，才能不被老板所赏识。其实在生活中，我们没必要去太在乎别人的看法，学会欣赏自己或许能够重新找回自信。

卡耐基说：“学会欣赏自己，因为这是一种心态正能量。”当我们学会欣赏自己，就是在给自己的内心补充源源不断的正能量。在生活中，彼此之间互相比较是不可避免的，但是我们需要知道，自己既有缺点更有优点。因此，在欣赏别人的同时一定不要忽略了自己。欣赏自己是一种智慧，它会令你浑身上下散发出自信的魅力；欣赏自己是一种心理暗示，当你把自己想象成什么样，你就真的会成为什么样。认同自己，学会欣赏自己，活出自己的价值，眺望远处的风景，准确把握自己的坐标，这才是人生的魅力所在！

1.相信自己是最好的

“金无足赤，人无完人”。每个人都不可避免地会有一些缺陷或者伤痛，但是这个世界上没有完全相同的叶子，我们都是最特别的那一个。摒弃对他人的膜拜以及对自己的叹息，冷静地思考，你会发现自己身上有着许多他人没有的优点。别人能力出众，又有什么值得羡慕的？相信自己，因为自己就是最好的。

2.不要怀疑自己

一个人如果总是不断地怀疑自己，就说明他缺乏自信。缺乏自信的人，他们不敢甚至畏惧相信自己的想法和判断；缺乏自信的人，他们想办法证明

自己是错误的，而不会证明自己是正确的，因为他们内心畏惧出错。怀疑自己，只会成为我们成功之路的障碍，只会使我们放慢前进的步伐。所以，多一份自信，相信自己，千万不要怀疑自己，同时鼓起勇气去证明自己。

逆境之中，更能积聚正能量

卡耐基认为，人生因在逆境风雨中的历练而变得多姿多彩，也许我们并不欢迎逆境、磨难的到来，但是当它们与我们不期而遇的时候，请不要回避。那是因为只有在逆境之中，我们才会积聚全身的力量。逆境就好似一个魔鬼，一旦遇上你，就会对你穷追猛打，不舍不弃。而那些躲避甚至逃跑的人，只会被他欺负得更加悲惨。如果你想成大事，那么就必须经得起逆境风雨的洗礼，经得起失败的打击。成功需要风雨的洗礼，而一个有追求、有抱负的人，总是会视挫折为动力。所谓“能受天磨真铁汉，不遭人嫉是庸才”，所以卡耐基说：逆境，对于天才来说是一块成功的跳板，对于强者来说是一笔宝贵的财富。

格哈德·施罗德出生在一个工人家庭，小时候，父亲在战争中牺牲，施罗德兄妹五人与母亲相依为命。有一段时间，他们住在一个临时搭建的收容所里，尽管母亲每天工作长达14个小时，但仍然不能支付家里的开支。年仅6岁的施罗德总是安慰母亲：“别着急，妈妈，总有一天我会开着奔驰来接你的。”

逐渐长大的施罗德进了一家瓷器店当学徒，后来又在一家零售店当学徒。1963年施罗德加入了民主党。在之后的10年里，他读完了夜校和中学，后来到格丁根通过上夜大来攻读法律。大学毕业后，他获得了律师资格，成为一名律师。不久之后，他当选为社民党格廷根地区青年社会主义者联合会主席。在以后的日子里，施罗德一直活跃于德国政坛，46岁那

年，施罗德再次竞选成功，成为萨克森州州长。就是在这一年，施罗德实现了儿时的愿望，开着银灰色奔驰轿车将母亲接走了。也许，正是儿时的苦难记忆让施罗德在人生的道路上丝毫不敢懈怠。8年之后，施罗德一举击败连续执政16年之久的科尔，当选为德国新总理。

童年时期的施罗德曾在杂货铺里当学徒，那时他常说的一句话是："我一定要从这里走出去！"他终于成功了，而且比自己想象中走得更远。即使在成功的路上伴随着困难与逆境，施罗德也从来没有把逆境当成一回事，而是善于从逆境中获取自己想得到的礼物。儿时的记忆让他明白：自己必须牢牢抓住隐藏在困难中的机遇，不断地前行。或许，那隐藏在逆境中的机遇，就是上天给予施罗德的礼物。

卡耐基曾讲述了这样一个故事：

卡莉·费奥瑞娜从斯坦福大学法学院毕业以后，她所做的首份工作是一家地产公司的电话接线员。费奥瑞娜每天的工作就是打字、复印、收发文件、整理文件等杂活，父母与亲戚对费奥瑞娜的工作感到不满意，认为一个斯坦福大学的毕业生不应该做些杂活。但是，费奥瑞娜却没有任何怨言，而是继续努力工作，努力学习。有一天，公司的经纪人向费奥瑞娜问道："你能否帮忙写点文稿？"卡莉·费奥瑞娜点了点头，凭着这次撰写文稿的机会，她展露了自己卓越的才华。在以后的日子里，卡莉·费奥瑞娜不断向前发展，后来成为惠普公司的CEO。

卡莉·费奥瑞娜刚开始进入社会的时候，只能替人打杂跑腿，接受无端的批评、指责，不受重视，得不到提携。但是，她并没有选择放弃，而是在逆境中继续忍耐，等待机遇的降临。

在能量守恒定律之中，负能量与正能量是相对的。在逆境之中，当负能量爆发出来的时候，正能量也会随之而来。在负能量的压制之下，正能

量就好像是海绵里的水，被不断地挤压出来。而正是这样的能量支撑着我们走过荆棘满地，走过逆境，最后拥抱成功。

1.忍受逆境带来的磨难

任何一个人在成长的过程中，都注定将经历不同的苦难、荆棘，那些被困难、挫折击倒的人，他们不得不忍受生活的平庸；而那些战胜苦难、挫折的人，他们能够突出重围，赢得成功。逆境所带给我们的礼物远比它本身有意义。当然，获取礼物的前提条件是你必须坚持下去；否则，你只会永远被归为平庸者之列。

2.逆境之中，积聚正能量走向成功

戈尔曾说："自古以来的伟人，大多是抱着不屈不挠的精神，从逆境中挣扎奋斗过来的。"生活中，人们听到"逆境"、"挫折"这样的词儿总是紧皱眉头，郁郁不得志。在他们看来，逆境就意味着绝路，或许自己再也没有翻身的那一天了。但事实并不是这样，多少成大事者都是从逆境的风雨中走过来，从而获得了巨大的成功。

也许你会问，同样是逆境，怎么会出现这样大的差别呢？那是因为，在逆境的风雨中，那些坚持下来的人，往往会收获一份意想不到的礼物，或是乐观的心态，或是顽强的斗志，或是困难中的机遇。但是，正是这些逆境中获得的经验与教训，铸就了他们最后的成功。

以积极心态面对不幸

卡耐基说："处于不幸中，垂头丧气显然于事无补，我们要做的，除了坦然面对之外，能改变的，只有自己的心。"内心不败，人就不会败。当生活的不幸来临的时候，积极的心态是一个人战胜一切艰难困苦，走向成功的助推器。积极的心态，能激发人们自身所有的正能量和聪明才智；

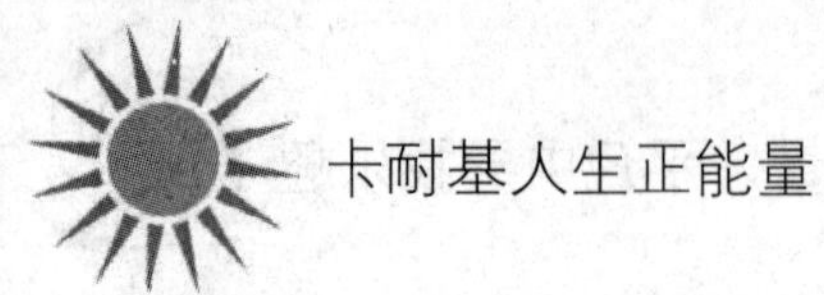

而消极的心态，就好似蜘蛛网缠住昆虫的翅膀一样，不断地束缚人们施展才华。在不幸面前，有的人越过越好，而有的人却从此一蹶不振。其实，这两者的区别就在于心态的差异：前者所拥有的是积极的心态，而后者却总是呈现出消极的心态。当然，心态可以调整，使自己拥有积极的心态往往会处于不败之中。

卡耐基曾讲述过这样一个故事：

鲍勃和艾克是两位住在乡下的陶瓷艺人，听说城里人喜欢用陶罐，他们便决定烧制出最好的陶罐卖到城里去。经过十多年的反复试验，他们终于烧制出了自认为最好的陶罐。当他们幻想着整个城市的人马上就能用上他们的陶罐，而他们也能因此过上富裕的生活时，便兴奋不已，于是他们雇了一艘轮船，准备将所有陶罐都运到城里去。

不幸的是，轮船中途遇到了强烈风暴，等风暴过后轮船靠岸，陶罐却全部成了碎片，他们的富翁梦也破碎了。鲍勃提议，先去酒店住上一晚，来一趟城里不容易，不如休息一晚后，明天再在城里四处走走，好好见识见识。而艾克则捶胸顿足地痛哭了一番后，问鲍勃：“你还有心思去城里四处走走，难道你就不心疼我们辛辛苦苦烧出来的那些陶罐？”鲍勃心平气和地说：“我们失去了那些陶罐，本来就够不幸的了，现在，如果我们还因此而不快乐，那不是更加不幸？”

艾克觉得鲍勃的话有道理，于是跟着鲍勃去城里好好地玩了几天。他们意外地发现，城里人用来装饰墙面的东西很像他们烧制陶罐的材料。于是，他们索性将那些陶罐的碎片全部砸碎，做成马赛克出售给城里的建筑工地。结果鲍勃和艾克不但没有因为陶罐的破碎而亏本，反而因为出售马赛克大赚了一笔。

积极的心态能使人看到希望，保持进取的旺盛斗志，激发出全身的正能量。消极的心态则使人失望、沮丧，限制和扼杀自己的潜能，带来毁灭性的负能量。积极的心态创造人生，消极的心态消耗人生。

这是一个遭遇不幸的家庭，丈夫原来是一家工厂的职工，乖巧懂事的儿子正在读高中。不过，这一切都因为妻子生病而毁掉了。如今，妻子瘫痪在

床，生活不能自理。因此，丈夫不得不辞去工厂的工作，在家里陪着妻子。

看到这种情况，懂事的儿子要辍学打工，但是父母坚决不同意。爸爸对儿子说：“如果你不念书了，你妈妈会觉得连累了你，心里会很难过。你是咱家最大的希望，现在咱们苦点，等你将来考上大学，毕业后找份好工作，咱们不就翻身了吗？再说家里还有我呢？咱们两个都是男人，这个时候都需要坚强起来，没有过不去的火焰山。”儿子最终没有辍学，而且学校得知情况后，免去了他的学费。

但是，一家人总是要吃饭，仅仅靠着政府救济是解决不了问题的。丈夫要照顾妻子，不能出去工作，于是就在家里弄了一个小作坊，利用自己的手艺做些小工艺品，卖给街上的商店，商店再卖给来旅游的游客。后来，妻子也加入其中，夫妻俩在家里一边做工艺品，一边说说笑笑，丝毫看不出生活带给他们的痛苦。

丈夫总是很幸福地对妻子说：“我觉得我们很幸福，天天都在一起，同劳动同吃饭，多好。”丈夫还学会了按摩，每天坚持给妻子按摩两个小时。终于妻子的病情大有好转，瘫痪的双腿渐渐有了知觉。

如今，妻子在拐杖的支撑下试着练习走路，尽管很痛苦，但还是每天咬牙坚持练习。她说：“尽管医生说过我的双腿不可能恢复了，但我还是想试试看，奇迹不都是人创造出来的吗？我也试试看能不能创造出一个奇迹。”

或许看完这个故事，你根本想象不到这是一个遭遇不幸的家庭，他们跟所有幸福的家庭一样，没有什么痛苦。什么是不幸呢？消极的人会给出最好的诠释。心若不败，人就永远不会败。积极乐观的心态是成功的起点，消极悲观的心态是失败的源泉。

卡耐基认为，在遭遇不幸的时候，选择了积极的心态，就等于选择了成功的希望；选择了消极的心态，就注定了要走入失败的沼泽。如果你想

摆脱不幸，就必须摒弃那种扼杀潜能、摧毁希望的消极心态。

1.每一次不幸都是一次成长的经历

西部“牛仔大王”李维斯的西部发迹史充满坎坷，充满传奇。他的制胜“法宝”是：每当受到挫折、遭受打击时，绝不抱怨，并且非常兴奋地对自己说：“太棒了！这样的事竟然发生在我的身上，又给了我一次成长的机会。”

2.心不败，一切就都有转机

人生路漫漫，对于我们每个人来说，生活和事业不可能一帆风顺，常常会遇到各种困难和挫折，而我们必须永远怀有乐观的心态，才能战胜逆境，获得成功。面对不幸的事情，只要我们保持乐观积极的心态，一切不幸都将会变成幸运。

放下冷漠，感恩世界

卡耐基表示，冷漠是一种有害无利的负能量，会渐渐地让人变成一台毫无感情的机器，现代人需要摆平心态，学会感恩这个世界。现代社会，人们的生活充裕了起来，可是心灵却渐渐变得贫瘠，缺乏一颗感恩的心，冷漠似乎已经替代了久违的温暖。在高楼大厦里，钢筋混凝土的构造预示着一颗颗冰冷的心，在邻居之间虽然只隔了一堵墙，但横亘在他们之间的还有冷漠。心怀感恩，我们所传递的就是一份乐观的正能量，当我们把这份感恩传递给别人，我们将收获人世间最珍贵的真情。

卡耐基曾讲述了这样一个故事：

汤姆是一位工程师，虽然拥有体面的工作，但是来自生活的种种磨难，令他感到沮丧。虽然汤姆已经到中年了，但事业还是没有任何起色，因此常常无端地发脾气，怨天尤人。有一天，他对妻子说：“这个城市令

我很失望，我想离开这里，换个地方。”于是，他毅然决然地搬了家，无论身边的朋友怎么相劝，都无法改变他的决定。

汤姆和妻子搬到了另外一个城市，在新的环境里，汤姆每天早出晚归，似乎很享受这样的生活。一个周末的晚上，汤姆和妻子正在整理房间，突然停电了，整个屋子一片漆黑。汤姆后悔自己没有购买一些蜡烛，他无奈地坐在沙发上，又开始抱怨了。这时，传来了轻轻的敲门声，汤姆在陌生的城市并没有熟人，他也不希望自己的生活被人打扰，于是不情愿地起身开门，极不耐烦地说：“谁啊？”门口站着一个黑影，问道：“你有蜡烛吗？”汤姆气不打一处来，生气地回答：“没有！”说完，“嘭”的一声就把门关上了。

回到客厅的汤姆开始向妻子抱怨：“真是麻烦，讨厌的邻居，我们刚搬来就来借东西，这样下去怎么得了！”正在他抱怨的时候，又传来了敲门声。汤姆生气地打开门，只见门口站着一个小女孩，手中拿着两根蜡烛，小女孩奶声奶气地说：“奶奶说，楼下来了新邻居，可能没有带蜡烛来，要我拿两根给你们。”汤姆一下子愣住了，好不容易才缓过神来，对小女孩说：“谢谢你和你奶奶，上帝保佑你们！”拿着两根蜡烛回到了客厅，汤姆瞬间意识到自己失败的根源：对他人太冷漠、太刻薄，不懂得感恩。

由于缺乏一颗感恩的心，汤姆的生活处处碰壁，但他并没有从自己身上找原因，而是怨天尤人。直至遇到了新邻居，汤姆才意识到自己失败的根源：对他人太冷漠、太刻薄，不懂得感恩。与其说是这个社会令你失望，倒不如说是你令这个社会失望，因为我们都是社会的一分子，如果不能融入这个社会，那只能证明自己缺乏一些东西。冷漠，会阻隔人与人之间的心灵交流，可以让一个人的心灵花园变得荒芜；而感恩，会构建起人与人之间的心灵桥梁，可以让一个荒芜的花园开满鲜花。

有一天，旅行家辛格正穿过喜马拉雅山脉的某个山口，经过了三小时的跋涉，他已筋疲力尽，感觉到又冷又饿，很想坐下来喘口气。但是他不敢，因为一旦坐下去，就有可能永远站不起来，他只有靠不停地走动来保持体温。

突然，他发现雪地上躺着一个昏迷不醒的人，那个人半截身子已经被埋在了雪地里，可能是自己的同行，跟自己一样不幸。辛格看见了，顿生恻隐之心，他蹲下来检查，发现那个人还活着，只不过被冻晕了。如果自己能将他带到一个温暖的地方，也许他还有救，辛格问自己："要不要带走他？"心中传来了一个声音："别干傻事，辛格！我自身难保，带上他我都会送命的！"这似乎很有道理，辛格犹豫了起来。但最后，辛格还是决定帮助那个晕迷的人。

辛格费了很大的劲儿，才把这个昏迷的人抱起来放在自己的背上，他一步一步艰难地往前走着。这个人很重，加之辛格又走在冰天雪地里，所以没走多久，辛格就感觉浑身发热，渐渐地，他的体温让那个被冻僵的人温暖了起来，那个人苏醒过来了。过了一会儿，那个人就能自己走了。

霍华德·加德纳教授曾说："现代人之间的冷漠与孤独很大程度上要归咎于人们自身，是我们自己选择了这样的结果。"自私与冷漠让人们选择了自己的人生。可是，在感恩的召唤下，自私的心会逐渐被吞噬，冷漠也会慢慢变得温暖。

卡耐基认为，心怀感恩，我们就会想到关心别人、帮助别人，而且能从中收获诸多快乐。在这样一个过程中，既让他人感受到了阳光般的温暖，同时也让自己的心灵花园变得美丽起来。如果一个人总是表现得自私、冷漠，不愿意帮助别人、关心别人，那么，他注定会成为没人关心的可怜虫。

1.放下冷漠，学会感恩

在日常交际中，处处可以看到虚假笑容背后那冰冷的心，他们已经没有时间来关心自己，又怎么可能关心他人呢？人际关系失去了原有的和谐与温馨，取而代之的是冷漠与冰冷。也不知道为什么，这个社会越繁荣，人心却越来越冷淡；物质生活越丰富，精神与心灵却越来越荒芜。其实，在这样一个物欲横流的时代，所缺少的是一颗感恩的心，因为有了感恩，

人们才能感受到久违的温暖。所以，常怀感恩，让你的冷漠被温暖所代替，让自己重归温情的社会。

2.即便面对伤害自己的人，也要感恩

大街小巷上，常常会响起这样的歌声："感恩的心，感谢有你，伴我一生，让我有勇气做我自己。感恩的心，感谢命运，花开花落，我一样会珍惜。"其实在生活中，有许多我们应该感谢的人，他们有可能曾经伤害过我们，有可能打击过我们，有可能折磨过我们，也许在当时那一刹那，我们心中是怀着憎恨的，然而时过境迁，回想起来就会发现正是那些打击、伤害、折磨才促进了我们的成长。

笑纳命运赐予的磨难

卡耐基认为，当命运给予我们这样或那样的磨难时，我们需要微笑着接受，这样才能积聚全身的正能量。生活因充满各种各样的麻烦才变得多姿多彩。当然，谁都不喜欢生活赐予自己的麻烦，但当它与自己不期而遇的时候，也不要掉头或转向，因为麻烦是一个魔鬼，一旦遇上你，就会对你穷追猛打，不舍不弃。而那些不接受生活赐予麻烦的人，只会被麻烦纠缠得更悲惨。生活中，我们要学会笑纳命运赐予的磨难，缔造不一样的人生。曾经有人说："成功的人生是痛苦与失败的交织，是磨难与顺利的交替。"如果你害怕生活中会出现麻烦，那你就会永远丧失获得成功的机会。卓越的人生是从卓越的目标开始的，卓越的目标背后必然是充满麻烦的道路。经受了那些麻烦的打搅和坎坷的摔打，我们追求成功的意志才能坚强起来。可以说，历练是人生不可多得的宝贵财富，拥有这笔财富，再多的麻烦问题也能解决。当我们解决了那些麻烦问题之后，方能缔造不一样的人生。

卡耐基曾讲述了这样一个故事：

安妮爱上了英俊潇洒的杰克。他对她来说很重要，安妮确信他就是她的白马王子。

可是一天晚上，他温柔婉转地对她说，他只把她当作普通朋友。安妮以他为中心的梦想的世界当下就土崩瓦解了。那天夜里她在卧室里哭泣，觉得记事簿上的“不要紧”三个字看起来荒唐得很。“要紧得很，我爱他，没有他我可不能活”。

翌日早上醒来后她又想到这三个字，但这时，她已经冷静下来了，于是开始分析自己的情况：“到底有多要紧？杰克很要紧，我很要紧，我们的快乐也很要紧；但我会希望和一个不爱我的人结婚吗？”日子一天天过去，她发现没有杰克自己也可以生活，也可以快乐。

几年后，一个更适合她的人真的来了。在兴奋地筹备结婚的时候，安妮把“不要紧”这三个字抛到了九霄云外。她不再需要这三个字了。她的生命中不会再有麻烦与失望。

有一天，丈夫和她得到一个消息：他们用来投资做生意的所有积蓄赔掉了。

安妮感到一阵酸楚，胃扭作一团无比难受。她想起那句“不要紧”，“这一次可真的是要紧”，她心想。

可是就在这个时候，小儿子用力敲打他的积木的声音转移了安妮的注意力。儿子看见母亲看着他，就停止了敲击，对她笑着，那笑容真是无价之宝。安妮把视线越过他的头望出窗外，两个女儿正在兴高采烈地合力堆沙堡。院子外面，树映衬着无边无际的晴朗碧空。安妮觉得胃顿时舒展，心情恢复平和。她对丈夫说：“都会好转的，损失的只是金钱，其实并不要紧。”

在生活中，总有这样或那样的麻烦出现，这会给我们的心灵带来巨大的压力，许多人会因为这些压力而变得一蹶不振，甚至会失去生活的勇气。其实，许多麻烦并不像我们想象的那么严重，面对这些狂风暴雨，假如我们能够尝试对自己说“不要紧”，笑纳那些生活赐予的麻烦，那我们就会缔造出无比灿烂的人生。

卡耐基告诉我们，当生活的麻烦找到我们，我们应该记住，除了接受这些麻烦，努力去解决这些麻烦问题，别无他法；而且，没有人能够帮助你，如果你总是与麻烦较真，希望自己能获得别人的帮助，那这样的想法未免太天真了。其实，每个人都有解决麻烦的能力，只是因为没有接纳麻烦的良好心态，因此才无法缔造绚丽的人生。

1.对自己说“不要紧”

在生活中，我们每时每刻都可能遇到那些麻烦的事情。但千万不要小看那些麻烦，其实那是生活赐予我们的宝贵财富。如果我们固执于此，任自己较真、沉溺在痛苦之中，就只会让自己更加烦恼。不如对自己说：“没关系，不要紧，风雨之后，肯定会有彩虹。”这样想来，那些麻烦还算得了什么呢？

2.不要为生活的琐碎事情较真

相比较人生的挫折，生活中那些麻烦的小事情根本算不了什么。如果我们总是为生活的琐碎事情而较真，那无疑是折磨自己。我们要学会接受生活赐予的麻烦，通过解决这些麻烦问题，领悟生活的真谛，然后缔造斑斓的人生。

不被眼前的困难吓倒

卡耐基认为，面对困难，不同的人有不同的感受：敢于冒险、意志坚强的人越是遭受挫折的打击，表现得越坚强；而内心畏惧、怯于冒险的人越是遭受困难的打击，却表现得越怯弱，似乎困难变得更大了。前者在

困难的打磨下，正能量会越来越多，而后者则会不断地被负能量所包围。《哈里·波特》的作者J.K.罗琳在接受哈佛大学荣誉博士学位的演讲时说："人们有一个共识，那就是人可以从挫折中变得聪明更强大，这句话意味着人从此对自己的生存能力有了更好的把握。如果没有经历过苦难的考验，那么你从来都不会真正懂得自己，懂得你处理各种关系的力量有多大。"其实在这种情况下，困难并没有改变，而是我们自己不敢冒险，被眼前的困难吓倒了，才会从主观上夸大困难的程度。所以，我们要敢于去冒险，而不是被眼前的困难吓倒，当你不断地尝试，你就会发现，困难是可以被战胜的。

卡耐基曾讲述过这样一个故事：

瑟曼是一名普通学生，她从小就怕水，因此十分畏惧游泳课。每次，瑟曼看着在水中游泳的朋友们，心里就会涌上一种不舒服的感觉，面对朋友的邀请，瑟曼只能说："我怕水，所以不想下水。"朋友们笑着怂恿："不要因为怕水，你就永远不去游泳……"看着朋友们像海豚一样在水中自由地嬉戏，瑟曼满是羡慕，但是，她觉得自己还是不敢冒险。

一个月后，朋友邀请瑟曼去温泉度假中心，瑟曼终于鼓起勇气下水，她觉得人生是需要冒险的，如果连这点都战胜不了，自己怎么才能成长呢？但是，她还是不敢游到水深的地方。朋友鼓励她："试试看，让自己灭顶，看会不会沉下去。"瑟曼大吃一惊："你说什么？"内心畏惧的瑟曼摇了摇头。朋友亲自做了一次示范，在朋友的坚持下，瑟曼小试了一下，她发现朋友说得没错，这真是一种奇妙的体验。朋友笑着说："看，你根本不会被淹死，为什么要害怕呢？"

尼采说："当我们勇敢的时候，我们并不如此想，我们一点儿也不认为自己是勇敢的。"有时候，不敢冒险是源于我们总是在不断地逃避问题，那些怯弱而胆小的人通常都是这样。其实，当我们尝试着大胆迈出第一步，让自己的内心变得强大起来的时候，就会惊讶地发现，再大的困难也不过如此。

其实，困难不过是一条狗，它欺软怕硬，你内心越是畏惧它，它就越发强大；相反，你越不把它放在眼里，它就越对你表示恭顺。在生活中，困难只会对那些内心畏惧的人耀武扬威，因为面对内心越是畏惧的人，挫折会越强大，最终，内心畏惧者在挫折面前只有失败。

1.困难是一条狗

有人说："困难是一条欺软怕硬的走狗，你越是畏惧它，它就越威吓你；你越不把它放在眼里，它就越对你表示恭顺。"因此面对困难，强者容易变得更坚强，而弱者容易变得更软弱。我们都能够深深地体会到挫折、苦难，只要从来不畏惧，也不相信眼泪，只要拥有的是汗水与坚韧，敢于冒险，那就一定会战胜困难。

2.不要和自己的胆小与畏惧较真

在困难面前，每个人都会自然地产生一种畏惧，总担心自己战胜不了，以致尚未正式与困难交锋，就已经被困难吓倒。这样的人其实是在和自己的胆小与畏惧较真，在更多的时候，困难只不过是一道门槛，只要我们勇敢地尝试，克服内心的胆怯，大胆去冒险，即使再高的门槛也可以轻松地跨过去。

第11章　思维正能量，从问题中找机遇

在生活中，我们很容易陷入思维的死角，总朝着一个方向去想，或者只去寻找标准答案。其实换个思维，或许我们能获得一些自己需要的答案，这就是思维正能量。当思维枯萎的时候，将导致负能量丛生。因此，我们要善于激发思维正能量，从问题中寻找机遇。

用长远的目光看待人和事

卡耐基认为，生命就是一叶扁舟，载不动太多的物欲和虚荣，如果不想生命之舟搁浅或沉没，我们就要学会退一步，用长远的眼光看清人与事。在印度热带丛林中，当地居民是这样捕捉猴子的：在一个固定的小木盒子里面装上坚果，再把盒子打开一个小口，刚好够猴子的前爪伸进去。猴子为了取得盒子里的食物，抓住坚果，结果爪子就抽不出来了。人们用这样的方式来捕捉猴子，几乎每一次都能获得成功，因为猴子有个习性，那就是不肯放下已经到手的东西。也许看了这个故事，我们会嘲笑猴子的愚笨，但事实上，生活中的我们有时候也跟猴子一样，总是不肯退步，担心失去，最终承受着那些本不该承受的痛苦。

杰克和麦克是好朋友，他们俩从小就喜欢画画，常常将墙和报纸涂画得五颜六色。后来，在他们的要求下，父母把他们送到了美术班学习。长大后的他们更加喜欢绘画了，高考那年，杰克和麦克费尽口舌说服了父

母，让自己报考美术学院。在大学里，杰克和麦克经常在一起谈论着未来，描画着自己的蓝图，他们坚信自己会坚持下去，通过画画挣钱让身边的人获得幸福。

大学毕业后，杰克和麦克开始找工作了。他们整天奔波于各家报社，希望能够成为报社的一名美术编辑，可是，各家报社的总编都以种种理由拒绝了他们的求职申请。在多次碰壁之后，杰克绝望了，本来希望通过自己的一技之长来给妈妈幸福的生活，却发现社会上根本没有自己的容身之地，连养活自己都很困难了。而麦克却咬着牙说："我一定要坚持画画，绘画是我生命不可缺少的一部分。"他毅然放弃了找工作，而是把自己关在家里，没日没夜地画着。在现实残酷的打击下，杰克越加颓废了。妈妈心疼地说："你既然那么喜欢画画，不如自己开一间画室吧。"杰克听了，心里很难受，当初是想通过找份工作继续自己的绘画创作，现在却需要自己的这份才华去养家糊口。

但是思索了很久，杰克决定自己开一间画室，他跑去与麦克商量，却被麦克骂道："绘画挣钱？你这是在亵渎艺术。"于是，杰克单枪匹马开始了创业。他从亲戚朋友借了十几万，再加上妈妈的积蓄，开了一间属于自己的画室，既教小朋友画画，又出售自己的作品。几年之后，杰克的画室成了这个城市有名的美术培训学校，他不仅还清了所有的欠债，还拥有了自己的房子、车子和存折上不小的数字，当初向妈妈许下的承诺也实现了。而麦克依然整天窝在家里画画，由于没有名气，所有的画都卖不出去，他成了一个穷困潦倒的画家。杰克每天教画之余，用心地专研自己的作品，也逐渐提高了自己的绘画水平，最终在美术界里也成了小有名气的画家。

面临人生的窘途，麦克坚持继续画画来作为自己的工作，不肯退一步，最后成了一个潦倒的画家。而杰克在妈妈的建议下进行了变通，开了一间属于自己的画室，一边教小朋友画画，一边绘画自己的作品，最后获得了成功，实现了自己当初的诺言；同时，成就了自己的梦想，成了小有名气的画家。相比较，谁的选择更完美呢？面对人生的困境或挫折，我们要选择退却一步，这样才能以长远的目光着眼于未来，也才有可能获得成功。

卡耐基说：当我们无法前进的时候，退一步也是一种智慧。有时候，当我们以长远的目光去看待这些事情的时候，其实已然诞生了正能量。这与“人生不仅需要运动，还需要停止”是相通的。在通往成功的路上，若是不顾头破血流地一意孤行，最后我们什么也得不到；但是，如果能够停下来，或者退后一步，就会看清前方的景色，也更容易获得最后的成功。

1.退一步不代表懦弱

退一步，并不是懦弱的表现，而是一种智慧的策略。有时候看似退了一步，实则进了一步，这才是得与失最智慧的所在。当我们向后退一步，才会重新看清一些东西。或许你也注意到，有的人因负荷太重而步履维艰，有的人因欲壑难填而疲于奔命，有的人因深陷其中而难以自拔。如果想踏上轻松的人生之旅，请学会退一步，或者停下来欣赏路边的风景，这样才能更有力量走完后面的路程。

2.为生命减速实际上是增加能量

史学家范晔说：“天下皆知取之为取，而不知与之为取。”得与失是互相转化的结果，这句话似乎道出了所有的哲理。那些懂得其中玄机的人，善于掌握得失的主动权，坦然地退一步，用长远的眼光看清自己的所得所失，从而获得自己想要的东西。这时候，退一步并不是放弃，而是一种新的获得。卡耐基告诉年轻人：生命只有两种状态，运动和停止，只会向前猛冲而不懂得退步或减速的人，在人生的某个弯道处，一定会冲出跑道，失去更多。

学会思考，让失去成为收获

卡耐基说，有时候当我们认为已经失去的时候，其实只要转个弯，就会发现失去其实是一种收获。在这个过程中，我们已经把负能量转化成正能量了。孟子曰："鱼，我所欲也；熊掌，亦我所欲也。二者不可兼得，舍鱼而取熊掌也。生，我所欲也；义，亦我所欲也。二者不可得兼，舍生而取义也。"人生路漫漫，我们总是会面对得与失的艰难抉择，得与失就如同一对生死兄弟，我们只能选择其一，有得必有失，有失必有得，这就是哲理所在。每个人心中都有一杆秤，衡量着得与失的价值，那到底该如何选择呢？事实上，每一次成功的选择都伴随着智慧，缺乏思考的选择只会让我们失去更多。卡耐基告诉我们：学会思考，让失去成为一种收获。

有一天，智者和学生一起散步，他们边走边谈论着，不知不觉间就走到一个贫穷落后的地区，路过一所破烂的房子，看见里面住着一对夫妇和他们的三个孩子，一家人衣衫褴褛，光着脚板，屋里只有几件破家具。智者问那位父亲："你们为什么要在这样既无商业又没有工作机会的贫困地区生存呢？"男人回答："家里有一头小奶牛，可以生产一些牛奶，然后，我们在附近的城镇用牛奶换一些其他的食品，我们将剩下的牛奶制作成奶酪和酸奶，我们就是依靠那头小奶牛生活的。"智者笑了笑，看了看房子四周，就带着学生离开了。

智者走着走着，告诉学生："我必须回去，找到那头奶牛，并把它扔下悬崖。"学生听了很吃惊，试图说服老师不要这样做，他说："那一定会毁掉这个可怜的家庭。"智者却不为所动，而是独自离开。学生想了想，还是追上了老师，并帮助老师将奶头扔下了悬崖，但是那个画面却让他身心难安。

几年过去了，学生还是没有忘记那件事，他决定出去看一看，或许自己能帮助那家人做点什么，以此弥补自己当年造成的过失。他走进那个地

区，却惊讶地发现一切都变了，到处是一片富裕景象。学生感到很沮丧，那家人一定是在丢失奶牛以后，被迫离开了自己的家园，这里早已经易主了。学生继续走着，看见原来那户破房子所在的地方矗立着一座气派的楼房，突然看见了一个看起来十分面熟的男人站在门口，学生认出来了，那就是当年的父亲。学生感到很吃惊："你们是怎么摆脱困境的？"男人笑着说："几年前，我们家唯一的奶牛突然不见了，刚开始我们很震惊，但无奈之下我们只能去发展新技能，谋求新的生存方式，最后就逐渐富裕了起来。"接着，男人笑着说："现在看来，丢失那头奶牛是我们家最大的幸事，我们因此却获得了更多。"

有时候，失去并不是一种遗憾，而是新的开始。徘徊在十字路口，失去了某种东西，我们才能有更好的选择，而改变与奇迹才能出现。这样看来，失去恰恰是成功的开始。生活到处充满了选择，有选择就意味着将面临得与失，这是必然的结果。要想有所获得，首先得有所失去，否则永远也没有收获。

卡耐基说："错过花，你将收获雨。"在人生道路上，失去某种东西对于我们来说可能是一种遗憾，却是对人生的一种体验。这样想来，失去何尝不是一种获得呢？学会选择，懂得在失去中寻找，在失去中体验，在失去中获得，从而让我们的内心更加丰富和充实，这难道不是一种收获吗？即使是同样一件事情，面对不同的选择，有的人会觉得这是一种失去，而有的人则会觉得这就是一种收获。之所以产生这样的差别，是因为思考有所不同。

1.失去是一种注定

假如所有的失去是一种注定，我们再伤心难过又能获得什么呢？获得的不过是满身的疲惫，以及铺天盖地的负面情绪。这样只会让自己深陷痛苦的泥沼，再也寻找不到正能量来支撑自己。假如我们把每一次失去都当

成一种注定，认为这是没办法改变的事情，那我们的心境就会平和了，也在无形之中为心找到了正能量。

2.让负能量转化为正能量

失去会给我们带来痛苦，这本身是一种负能量，让我们沉浸在痛苦的深渊之中。但是，如果我们能换个角度思考，让失去成为一种收获，那就会激发出我们的正能量。这就是负能量转化为正能量的一个过程。

思路开阔，走在人前

卡耐基认为，那些思路开阔、目光长远的人，往往可以想在人先、走在人前，而这恰恰是最能推动人前进的正能量。在现今这个资讯时代，商机无处不在。许多白手起家的创业者，往往就是因为抓住了一个稍纵即逝的时机，从此顺利地开始了自己的"掘金"生涯。能致富的人，思路通常都能够放得开，眼光通常都要比常人看得远。美国汽车大王亨利·福特有一次被别人问到，如果他失去了他全部的巨额财富，他将做些什么事情。他连一秒钟都没有犹豫，就说他会想出另一种人类的基本需求，并迎合这种需求，提供出比别人能够提供的更为便宜和更有质量的服务。他说他完全有把握、有信心在五年之内重新成为一个千万富翁。福特的话可以给我们一个全新的启示：真正敏锐的眼光，是看在潮流之先。

史蒂夫·鲍尔默先生是全球领先的个人及商务软件开发商——微软公司的首席执行官。鲍尔默从小就很聪明，在上高中时，他的母亲带他参加全国数学大赛，他进入前十名，摇身成了数学奇才，拿到哈佛数学系奖学金，这个大奖帮助他实现了他父亲的梦想——考入哈佛。

鲍尔默1973年进入哈佛，大学期间，他曾担任校足球队队长，为《红色哈佛》报（*Harvard Crimson*）和哈佛的文学杂志工作过。他还获得了数学和经济学学士学位。

20年后，鲍尔默功成名就后回到底特律私人学校，在开学典礼上他送给新生的忠告是，“打开你的思路，放远你的视线”。他说：“因为永远有想不到的机会你没有想到、你没有看到，可是这个机会会给你带来一生惊喜的突变。”

未来是现在的延伸，未来是现在人所创造出来的，所以每一个人都可以通过现在看看大多数人在做什么，发现未来的趋势。可以举个简单的例子，如果你能在20年前看得出个人电脑将会成为趋势，你现在就是世界首富了。当时你没有看出来，但是比尔·盖茨看出来了，所以他是世界首富，而你不是。

日本的“电子之父”松下幸之助，是一位富有智慧、善于洞察未来的成功人物。每当人们问及他成功的秘诀时，他总是淡淡一笑，说：“靠的是比别人稍微走得快了一点儿。”

第二次世界大战结束后，世界恢复了新的和平。遭受战争创伤的人民，在新的和平环境里又重新燃起了对生活和工作的热情。睿智的松下幸之助又“超前”地看到“新文明”将带来世界性的“家电热”。对于“松下电器”，既是一次发展壮大难得的机会，也是一次艰巨而又严峻的挑战。松下幸之助正是凭借着“稍微走得快了一点”，大刀阔斧地进行机构调整和技术改革，从而使“松下电器”在新的挑战和机遇中得到了前所未有的发展。

20世纪50年代，松下幸之助第一次访问美国和西欧时发现：欧美强大的生产主要基于民主的体制和现代的科技，尽管日本在上述方面还相当落后，然而这一趋势将是历史的必然。松下幸之助正是把握住了这一超前趋势，在日本产业界率先进行了民主体制改革。政治上给予产业充分的自主权，建立了合理的劳资体制和劳资关系；经济上他改革了日本的低工资制，使职工工资超过欧洲，接近美国水平，并建立了必要的职工退休金，使员工的物质利益得到充分满足；劳动制度上实现每周五天工作日，这在当时的日本还是第一家。

对于这样大刀阔斧的改革，松下幸之助是这样解释的：这一改革并非单纯增加一天休息，而是为了进一步促进产品的质量，好的工作成就会产

生愉快的假日，愉快的假日情绪又会导致更出色的工作效率。只有这样，生产才能突飞猛进，效益才能日新月异。

正能量提示

卡耐基认为，在一个人成大事的过程中，要想走得比别人稍快一点，就必须具有超前的眼光，看到别人暂时还没有看到的利益。这样你才能赶在别人前面出手，从而得到更多的收获。有时候，思维能爆发出来的正能量是前所未有的，那是因为好的思维往往会引领着我们去干一番大事业。

1.打开你的思路

世界上勤奋的人难以计数，但在事业上获得成功的人却不是很多。其原因就在于并不是每个人都有卓越的眼光、都有超前的意识，能看到某个行业未来发展的轨迹。但只要 “打开你的思路，放远你的视线”，抬起头来审视前面的路，你就能超脱平凡，走在人先。我们不必要求每个人都有前瞻性的思路，高屋建瓴的眼光，但是只要从身边的人和事出发，往前看一点点，就已经是了不起的成就了。

2.敢于抓住灵光一闪的思维

一项调查研究表明，在众多亿万富翁的发家史中，有这样一个规律：那些头脑灵活、敢想敢为的人，远比那些拥有高学历却头脑死板的人更有前途。很多亿万富翁的第一桶金，都是源于头脑中的灵光一闪。

多个角度看问题

卡耐基说，人生就像一朵鲜花，有时开，有时败，有时微笑，有时低头不语。其实，人生就是这样，无论你处于什么样的境地，多角度看问题，才会发现我们打开了心灵的另一扇窗户，发现人生如此美好，而我们所遭遇的那些根本算不了什么。人生之路本就很曲折，当我们被绊倒的时候，应多角度看问题，以一种积极、乐观的态度去面对人生中的一切。半杯酒静静地在杯子中，来了个酒鬼，看到后摇摇头，说道："嗨，只有半杯酒。"过了一会儿，又来了一个酒鬼，看到后兴奋地说："太好了，还有半杯酒。"足见，从不同的角度看问题，会让我们获得一种全然不同的心境。所以，学会多角度看问题吧，这样你会发现事情远没有想象中那么糟糕。

卡耐基曾讲了这样一个寓言故事：

有四个小孩在山顶上玩耍，正玩得起劲的时候，突然从山顶远处窜出来一只大狗熊。第一个小孩反应很快，拔腿就跑，一口气跑了好几百米，跑着跑着，他感到身后没有人，回头一看，其他三个孩子都没有动，便大声喊道："你们三个怎么还不跑呀？狗熊来了会吃人的。"

第二个小孩正在系鞋带，他回答："废话，谁不知道狗熊会吃人呀，别忘了狗熊最擅长的就是长跑，你短跑有什么用？我不用跑过狗熊，只需要跑过你就行了。"这会儿，他惊奇地问旁边的小孩："你愣着做什么？"第三个小孩说："你们跑吧，跑得越远越好，一会儿狗熊跑近我的时候，保持安全距离，我带着狗熊到我爸爸的森林公园，白白给我爸爸带回一份固定资产。"说完，他忍不住问第四个小孩："你怎么不跑啊？等死呀！"第四个小孩说："你们瞎跑什么呀？老师说了在没有搞清楚问题的时候，不要乱决策，不要乱判断，需要做市场调查，狗熊是不会轻易吃人的，你们看山那边有一群野猪，狗熊是奔着野猪去的。"

面对"狗熊来了"同一件事，不同的小孩有不同的思维方式，而每一种思维方式都比前一种考虑得更周到。事实上，当我们试着多角度看问题的时候，就会发现"狗熊"并不是冲你来的，内心那些恐惧和忧虑是多余的，完全没有必要，生活依然是美好的，应该放下心中沉重的包袱。每一个人眼中都有一个与众不同的"小宇宙"，不同的人在各自的"小宇宙"中发现着不同的色彩，演绎着各自的人生。

英国曾举办了一次有奖征答活动，题目是这样的：在一只热气球上，载着三位关系着人类生存和命运的科学家。一位是环保专家，如果没有他，地球在不久之后会变成一个到处散发着恶臭的太空垃圾场；一位是生物专家，他能使不毛之地变成良田，解决几亿人的生存问题，还能够运用基因技术使人的寿命延长到200岁；一位是国际事务调解专家，没有他的存在，各个军事大国的矛盾可能会一触即发，地球将面临核战争。但不幸的是，三位专家所乘坐的热气球发生了故障，正在急速下坠，而把其中一个人扔出去也许还有可能脱离危险，问题是把谁扔下去呢？

到底该把谁扔下去呢？下面的孩子们想了起来：环保专家很重要，没有他人类将会灭亡；可是，生物专家解决的可是生存问题，没有了粮食人类就会饿死；而国际调解专家也很重要，如果发生了核战争，人类也将会灭亡。这时，一个小男孩说出了正确的答案："把最胖的一个扔下去。"

有时候，凭着传统的思维来解决问题，常常会让人感到无所适从，机会也往往会在你犹豫不决时悄然离去。如果我们都能像那个小男孩一样，跳出常规思维，多角度去思考和解决问题，可能就会有豁然开朗的感觉。卡耐基告诉我们：多角度看问题，常常会让我们获得意外的惊喜。

正能量提示

在炎热的沙漠，两个焦渴疲惫的旅人，拿出唯一的水壶，摇了摇，一个旅人说："哎呀，太糟糕了，我们只剩下半壶水了。"而另一个旅人却高兴地说："真幸运，我们还有半壶水！"对此，卡耐基认为，在现实生活中，许多事情都像那半壶水一样，多角度或者换个角度去思考，你就有了不同的答案、不同的心情。多个角度看问题，我们要有推翻成见的勇气和别出心裁的智慧，即使在黑暗的峡谷，我们也会沿着光走出来，顿时之间，你会有一种豁然开朗的感觉。

独立思考，创新思维

卡耐基认为，每一个年轻人都需要锻炼自己的头脑，扩展自己的眼光和思维。因为这是一个脑力制胜的年代，谁的想法更高明、更有效，谁就更容易提升自己的价值，获得财富的垂青。年轻人不应拜金，但对对财富的渴望、财富的追求，却不可削弱。这不仅仅是改善生活的需求，更是激发大脑潜能、调动大脑思维最原始的动力。很多时候，一个点子看似不起眼，却拥有点石成金的力量。只有看到别人看不到的东西，才能做到别人做不到的事。灵活的头脑和卓越的思维为我们提供了这种本领，深入地洞察每一个对象，就能在有限的空间成就一番可观的事业。

因生产夏普牌电视机闻名的早川电机公司董事长早川德次，很小的时候双亲与世长辞，他在小学二年级时，就去一家首饰加工店当童工。早川并不自暴自弃，小时候就想："在这世界上没有疼爱我的双亲，也没有关心我的长辈，我的处境比任何人都悲惨，但只要我努力生活，就不会输给别人。"

他在首饰加工店每天所做的工作就是照顾小孩、烧饭、洗衣服以及搬运笨重的东西。这样过了4个春秋，有一次他鼓起勇气对老板说："老板，请您教我一些做首饰的手工好吗？"老板不但没答应，反而大骂道："小孩子，你能干什么呢？你喜欢学的话，自己去学好了！"

早川心想：那就不靠别人，亲自去学、亲自思考、亲自去做。以后老板叫他帮忙工作时，他都尽量用眼睛看、用心学，这样一切有关工作上的学识和技能，全部是靠自己偷偷学来的。

他的苦苦挣扎与努力终于没有白费，使他成为耳聪目明又富于创意的人。18岁他就发明了裤带用的金属夹子，22岁就发明了自动笔。他有了发明，老板便资助他开了一家小工厂。这种自动笔很受大众喜爱，风行一时。世界没有给他任何东西，他却给了世界很多。在他30岁赚到1000万日

元以后，就把目标转向收音机，设立了平川电机公司。

每个人都有独立的思考能力，当把这种能力转变为创意时，生活现状也许就会发生质的改变。商人说，创意无法标价，但它实施后所创造的价值却是切切实实的。卡耐基说，年轻人在刚刚步入社会时，一般很难立即拥有发财致富的机遇，这也符合踏实肯干、付出才能有所收获的道理。但如果此时我们能想出好创意，常常会达到事半功倍的效果。

卡耐基认为，一个经过思考之后的创意思维，可以说是正能量之源。一位心理学家称，每个人都容易羡慕别人，因为在比较中，总会发现比自己优越的人。很多人不禁感叹，自己何时能赶上别人，能买房买车，能一夜暴富？世界著名的成功学大师拿破仑·希尔在《思考致富》一书中提出，是“思考”致富，而不是“努力工作”致富。希尔强调，最努力工作的人最终绝不会富有。如果你想变富，你需要“思考”，独立思考而不是盲从他人。对于多数人来说，把思考和金钱联系在一起的就是创意。

1.开始你的创意生涯

创意不是高深的科学技术，它的起源常常是有心人的灵机一动，不需要经过严谨的学术训练和精密的理论论证。对于创意，任何一个人都可以与之亲密接触。在我们的实力不足的时候，创意往往起着关键性作用。

2.创意就是一种思维方式

创意更青睐于细心观察生活并随之跟进的人。卡耐基认为，创意可以使生活的改变加速度，它并非一件实实在在的产品，而是一种另辟蹊径的思维方式。思路决定财富并不是一句空话，处于困境中的人，如果有心要撬动财富的世界，改变自己的人生历程，就应该让创意成为你手中最有力的一根杠杆，因为它可以影响人生的成就和财富的流向。

意想不到的思维变通

卡耐基认为，当思维走进了死胡同，那就需要进行思维变通。在很多时候，意想不到的思维变通会给我们带来很多惊喜，而这就是正能量的开始。在漫漫人生路上，许多人利用思维的变化找到了成功的机会。相比之下，那些不善于变通的人，纵有一身过硬的本领，也会因为不懂得因时因地变通，而无法捕捉和把握稍纵即逝的机会，从而无法成功。甚至有的时候，机会向他迎面走来，他也会视而不见，让成功与自己擦肩而过。

一位优秀的商人杰克，有一天告诉他的儿子："有一个女孩子，我要你娶她。"儿子说："我自己要娶的新娘我自己会决定。"杰克说："但我说的这女孩可是比尔·盖茨的女儿喔。"儿子："哇！那这样的话……"在一次聚会中，杰克走向比尔·盖茨。杰克说："我来帮你女儿介绍个好丈夫。"比尔说："我女儿还没想嫁人呢！"杰克说："但我说的这年轻人可是世界银行的副总裁喔。"比尔说："哇！那这样的话……"接着，杰克去见世界银行的总裁，并说："我想介绍一位年轻人来当贵行的副总裁。"总裁说："我们已经有很多位副总裁，够多了。"杰克说："但我说的这年轻人可是比尔·盖茨的女婿喔。"总裁说："哇！那这样的话……"

最后，杰克的儿子娶了比尔·盖茨的女儿，又当上世界银行的副总裁。这个故事看似不可思议，却有着一个真实的结果。

生活中最大的成就是不断地自我改造，以悟出生活之道。的确，在很多情况下，外物是无法改变的，我们能改变的就是我们的思想。遇到困难和变化时，让思维尽显其灵活和多变的本质，往往能得到更好的解决问题的方法。

卡耐基曾讲述了这样一个故事：

柯特大饭店是美国加州的一家老牌饭店。饭店老板准备引进一种新式

的电梯。他重金请来全国一流的建筑师和工程师，请他们商讨该如何进行改建。

建筑师和工程师的经验都很丰富，他们讨论的结论是：饭店必须新换一台大电梯。为了安装好新电梯，饭店必须停止营业半年时间。“除了关闭饭店半年就没有别的办法了吗？”老板的眉头皱得很紧，“要知道，这样会造成很大的经济损失……”

“必须得这样，不可能有别的方案。”建筑师和工程师们坚持说。就在这时候，饭店里的清洁工刚好在附近拖地，听到他们的谈话，他马上直起腰，停止了工作。他望望忧心忡忡、神色犹豫的老板和那两位一脸自信的专家，突然开口说：“如果换作我，你们知道我会怎么来装这个电梯吗？”

工程师瞟了他一眼，不屑地说：“你能怎么做？”“我会直接在屋子外面装上电梯。”“多么好的方法啊！”工程师和建筑师听了，顿时诧异得说不出话来。很快，这家饭店就在屋外装设了一部新电梯，而这就是建筑史上的第一部观光电梯。

在人们的传统思维中，电梯只能安装在室内，像这样墨守成规、循规蹈矩的人比比皆是。问题不在于他们的技术高低、学识多寡，而在于他们突破不了常规的思维方式。工程师和建筑师被专业常识束缚住了，而洁清工的脑子里没有那么多条条框框，思路很开阔，所以才会想出令专家们大跌眼镜的妙招。

正能量从哪里来？当然是一切行之有效的方法，方法又从哪里来呢？自然是出其不意的思维变通。当你在迷茫之中找不到任何办法的时候，不妨出去走一走，开阔并变通自己的思维，说不定可以在某个角落找到恰当的方法。

1.不被传统思维束缚

当然，如果你需要改变思维，那首先需要把残留在脑海里的传统思维清理掉，这样才能腾出地方进行变通。在现实生活中，那些墨守成规的人是无法想出好点子的，因为他的思维总是在原地打转。因此，我们要想进行思维变革，就不要被传统思维所束缚。

2.力求最奇妙的思维

意想不到的思维往往是奇妙的，看似不可思议，却又合情合理。就好像查理斯·艾略特找到当时著名的史学家亨利·亚当斯，想聘请他出任中世纪历史的教授。起初，不管艾略特怎样苦苦劝说，亨利·亚当斯都没有任何表示，后来，亨利·亚当斯谦虚地说："校长先生，我真的一点儿都不懂中世纪的历史。"听到他的回答，艾略特校长则客气地说："如果你能够为我举荐一位比你懂得更多的学者，那我就聘请他。"结果亚当斯只好接受了聘请。

第12章　情绪正能量，快乐可以练出来

其实，情绪就是一切能量的来源。当一个人产生负面情绪的时候，围绕在他周围的就负能量；反之，当他的心情处于愉悦的时候，他身上所爆发出来的就是正能量。因此，任何时候我们都需要做情绪的主人，尽可能地激发出潜在的正能量。

理智看待事物，不被情绪所左右

卡耐基说，无论何时何事，都不要轻易否定，存在即有其合理性。当我们学会理智地看待事物，不被情绪所左右的时候，我们所激发出的就是情绪正能量。在生活中，许多人习惯于感性用事，当生气或愤怒的时候，常常是脸红耳赤，恨不得把心里所有的消极情绪都发泄出来；若是意志消沉的时候，就一蹶不振、自暴自弃，随意贬低自己。其实，若凡事都以感性对待，很有可能会掩盖事情的真相，甚至做出一些后悔的举动。所以，面对任何事都要理智对待，像余秋雨先生一样，对任何事任何人都要给予一个申辩的空间。而面对情感，则需要感性释放，因为情感压抑得太久，有可能会导致心理疾病。

卡耐基曾讲述了这样一个故事：

我的朋友芬妮是一位脾气暴躁、情绪容易激动的女孩子。由于她的坏脾气，交往多年的男朋友也离开了她。我们都为她感到惋惜，而芬妮也体验到

了自己的坏脾气。有一天，芬妮特地找到我，说：“如何才能改掉我的坏脾气呢？”因为我以前曾在哈佛大学学习过，熟悉一些心理学方面的东西。

我想了想，拿出两个透明的刻度瓶，然后分别装上了一半刻度的清水，随后又拿出了两个塑料袋。芬妮帮我打开，发现里面是白色和蓝色的玻璃球。我对芬妮说：“当你生气的时候，就把一颗蓝色的玻璃球放到左边的刻度瓶里；当你克制住自己的时候，就把一颗白色的玻璃球放在右边的刻度瓶里。最为关键的是，现在你应该学会理性控制自己的情绪。”

芬妮一直照着我的建议去做，过了一段时间，我和芬妮一起把两个瓶中的玻璃球都捞了出来，我们发现，那个放蓝色玻璃球的水变成了蓝色。这时，芬妮才知道那些蓝色玻璃球是我把水性蓝色涂料染到白色玻璃球上做成的，这些玻璃球放到水中以后，蓝色染料溶解到水中，水就变成了蓝色。我趁机对芬妮说：“你看，原来的清水投入‘坏脾气’中，也被污染了；同样的道理，你的言行举止也会感染人，就像这个玻璃球一样，所以，一定要理智地控制好自己的言行。”

当我再一次拜访芬妮的时候，我惊喜地发现，那个放白色玻璃球的刻度瓶竟然溢出了水。其实，我教会芬妮的方法就是“把自己当成一个思想的旁观者”，这样有助于我们理智地面对事物。渐渐地，芬妮学会了把自己当成一个思想的旁观者，生活开始步入正轨。听说，最近她刚交了一个男朋友，生活对于她来说，似乎变得越来越美好了。

在生活中，总是有一些不如意的事情，对此卡耐基告诉我们：当你要发脾气的时候，第一件应该做的事就是尽量让自己安静和放松下来，先以理智的眼光来审视问题，想一想目前出现了什么情况，而不是顺其自然地乱发脾气，被情绪牵着走。如何理性地对待事物？那就是学会换位思考，或者直接置身事外。

有一位禅师十分喜爱兰花，他花费了许多时间来栽种兰花。所有的弟子都知道禅师把兰花当成了自己生命的一部分。有一次，禅师要外出云游一段时间，在临行前特意交代弟子：“要好好照顾寺里的兰花。”在禅师云游的这一段时间里，弟子们都很细心地照料着兰花，但是，有一天在浇

水时不小心将兰花架碰倒了，所有的兰花盆都跌碎了，兰花也撒了满地。弟子们感到十分恐慌，并决定等禅师回来后，向禅师赔罪。

过了一段时间，禅师云游归来，闻知了这件事，便立即召集所有的弟子，非但没有责怪，反而说道："我种兰花，一是希望用来供佛，二是为了美化寺庙环境，不是为了生气的。"

禅师喜欢兰花，是对情感的一种感性释放。面对弟子不小心弄坏了兰花，禅师非但没有生气，反而安慰弟子们，这就是理智地对待事情。禅师之所以能看开，是因为他虽然喜欢兰花，但心中却没有兰花这个障碍。兰花的得失并不会影响他的情绪，他是以理性的思维来看待这件事情的；而且，禅师明白，事已至此，自己生气又有什么用呢？只会坏了心情，扰了情绪，不如理性看待。

正能量提示

卡耐基告诉我们，不管发生了什么事情，不管自己处于什么样的位置，都需要好好把握积极情绪带给我们的力量，而不是自寻烦恼，任自己被负面情绪所困扰。这是因为，只有积极情绪才会激发出正能量，消极情绪只会带给我们负能量，并将我们推进痛苦的深渊。

1.理性看待事物

我们应该学会反思，在面对许多事情的时候，往往是感性反应先于理性反应，所导致的结果是常常看不到事情的本质，掩盖了事情的真相。所以，每次感性冲动的时候，我们都应该认真反思自己的观点与行为，时间一长，就会逐渐改变自己的思维习惯，使自己置身外，从而更加理性地看待事物。当然，任何时候我们都需要感性释放情感，因为这是人之常情。

2.看待事情，一分为二

余秋雨说："用诚实、理性的方法来面对各种文化课题，如历史上

的反面人物，我们应该重新给予一个逻辑的梳理，使他们有一个申辩的空间，完成自己的逻辑推演过程。在没有可能硬性的历史事件中，寻找属于个体的软性，我认为这种寻找是符合理性精神的。”面对历史上臭名昭著的奸臣秦桧，余秋雨也给了一个申辩的空间：“有时，人品低下、节操不济的文士也能写出一笔矫健温良的好字来，据我所知，秦桧和蔡京的书法实在不差！”

抱怨只会削弱正能量

卡耐基说，抱怨就好像是毒品，看起来像是宣泄，其实是一种负能量的开始。当然，郁积在内心的负面情绪需要通过倾诉清理出去，但一定不是抱怨。抱怨很容易让人上瘾，久而久之就会成为习惯。他不仅不能获得正能量，反而会让许多潜藏的负能量爆发出来。许多人喜欢抱怨，好似祥林嫂一样，见人就诉说自己的儿子，逢人便哭诉自己的不幸，时间长了连人们的同情心也淹没了。人们常常把抱怨当作一种宣泄的方式，由于内心苦闷积压太深，没有办法得到排解，于是选择向家人或朋友“宣泄”，开始无休止的抱怨。对这样的情况，心理专家警告：“抱怨是毒品，远离抱怨，快乐地活在当下。”有人这样说：“抱怨看起来像毒品，只能获得暂时的快感，却能要了你的命。”的确，抱怨就是毒品，抱怨的次数多了，抱怨的时间久了，自然就会上瘾；而且，最关键的是，抱怨还会伤害到自己的朋友和家人。

有这样一则古老的寓言：

从前，有一个年轻的农夫，他平日的工作就是划着小船，给另外一个村子的居民运送自家的农产品。那会正值天气炎热、酷暑难耐的季节，年轻的农夫汗流浃背，感到苦不堪言。为了尽快完成工作，农夫心急火燎地划着小船，以便在天黑之前能返回家中。突然，年轻的农夫发现，前面有

一只小船沿河而下，迎面朝自己快速驶来，眼看着这两只船就要撞上了，那只小船却丝毫没有避让的意思，似乎是有意要撞翻自己的小船。年轻的农夫心中顿时有了火气，大声对那只船吼道："让开，快点让开！你这个白痴！再不让开，你就要撞上我了！"但是，农夫的吼叫却完全不管用，那只船还是义无反顾地向自己驶来。尽管农夫手忙脚乱地为其让开水道，但为时已晚，那只小船还是重重地撞上了自己。年轻的农夫被激怒了，他怒视对面的那只小船，却惊奇地发现，那只小船上空无一人，而被自己大呼小叫、责骂的只是一只挣脱了绳索、顺河漂流的空船。

这个寓言故事给予我们一定的启示：再多的责骂、抱怨，也不能改变事情的发展方向。在一般情况下，当你极力抱怨的时候，尽管有人无私地当你宣泄的"垃圾桶"，但是你所抱怨的事情决不会因为你的抱怨而朝好的方向发展。

卡耐基曾讲了这样一个案例：

一位喜欢抱怨的女孩走进了心理咨询室，她刚坐下，就向心理医生抱怨："我十分痛苦，因为我发现，最亲密的人也不能包容我的脆弱。"心理医生好奇地询问："比如在什么地方，他不会包容你。"女孩满脸苦恼："我向他袒露自己的痛苦，他不但一点都不理解，反而指责我，这令我非常痛苦，这样的爱情有什么意义呢？我真想分手。"心理医生继续问道："你男友说了什么话，让你印象最深刻？"女孩子想了想，说道："他说受不了我的抱怨，说我总是看到事情消极的一面，却对积极的一面视而不见。"心理医生问道："那你知道你为什么喜欢抱怨吗？"女孩迟疑了一会儿，含糊地说："因为我有个抱怨的妈妈。"

心理医生对女孩说："那男友对你抱怨的看法，像不像你对妈妈抱怨的看法？"女孩点点头："是的，从小到大，我饱受妈妈抱怨的折磨，但是没有想到，我也像妈妈一样，成了一个喜欢抱怨的女人。"心理医生安慰道："那你再说说对妈妈抱怨的理解和感受吧。"女孩回答道："第一感觉就是烦，然后就想逃跑。小时候，我一听到妈妈的抱怨，就想努力去改变，希望能够消除妈妈抱怨的根源，但是，即使事情有所改变，妈妈还是

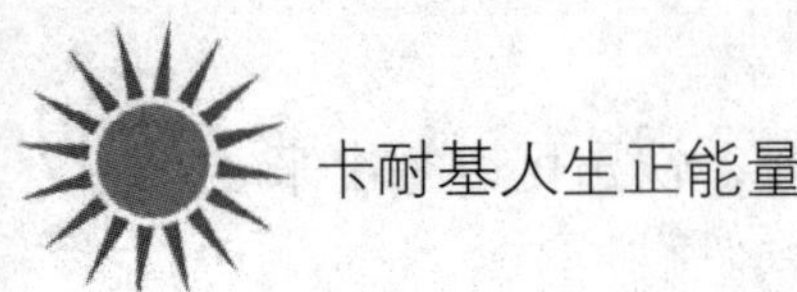

会抱怨。那时候，妈妈总是抱怨爸爸不给钱，但是后来我发现，妈妈似乎从来不主动找爸爸要钱。当时，我实在难以理解，妈妈抱怨所追求的似乎只有抱怨。”心理医生点点头：“你妈妈已经深陷抱怨的‘毒’中，而你现在的状况也很危险，再这样抱怨下去，抱怨会成为你的一种习惯，并不断地伤害那些跟你关系亲密的人。”女孩内心充满了忧虑，但是却不知道该怎么办。心理医生向女孩建议：“正如你男友所说，试着去看到事情积极的一面，怀着一颗感恩的心，这样你就会慢慢改掉抱怨的坏习惯。”

有人说：“抱怨就好比口臭，当它从别人的嘴里吐露时，我们就会注意到；但从自己的口中发出时，我们却能充耳不闻。”想想自己身边那些喜欢抱怨的人，他们身上似乎有着祥林嫂的影子。再回想自己的生活，自己是否也在抱怨呢？如果发现自己正陷入抱怨的泥潭，一定要保持警惕并拒绝，使自己快乐地活在当下。

卡耐基认为，每个人都希望自己成为世界上最幸福、最快乐、最幸运的那一个。对此，哲学家厄尔·南丁格尔说：“我们会成为自己想象、思考的东西。”这样一来，我们应该以快乐、幸福以及幸运的心态去面对生活和工作，面对家人和朋友。有什么理由值得我们去抱怨呢？抱怨所导致的最终结果不过是使我们成为令人讨厌的人，没有人喜欢听我们的抱怨，即使是最亲的家人和朋友，因为谁也不想当一个“垃圾桶”。

拒绝抱怨

抱怨，只会让我们的正能量流失，从而给了负能量以可乘之机。厄尔·南丁格尔曾说：“我们所拥有的一切都是自己造成的，可是只有成功者会这样承认。”或许对于成功者来说，是成功的辉煌让他们主动承认这就是自己的功劳；相反，那些生活得十分糟糕的人，他们却不愿意承认一切都是自己造成的。既然是自己造成的，又有什么值得抱怨的呢？

我的心情我做主

卡耐基说："其实每个人都生活在自己的围城里，巨大的竞争压力使人们渐渐忘记了自我欣赏和肯定，进而迷失了寻找自我意识的目标和方向。"好心情，本身就是一种正能量。其实，快乐是一种由心而生的乐观心态，它来源于人们克服困难的勇气和对生命归宿的信仰。同样的道理，情绪也是由心生，同时也是由心来控制。那么，我们将如何调整情绪，给自己一份快乐的心情呢？当然，快乐的资本并不在于财富的多少，而是与人们的信念、家庭、自我价值感和个人情绪有关，好心情是个人愿望达成之后的积极态度体验。因此，合理的期望将直接决定着快乐的程度。情绪大多数来源于人们看待事物的方式，一旦理解上出现了问题，往往会产生不正常的情绪反应，从而导致情绪不佳。所以，调整自己的心态，争做情绪的主人。

有一个小女生从小生长在孤儿院，她常常悲观地问院长："像我这样没人要的孩子，活着究竟有什么意思呢？"每次，院长总是笑而不语。

有一次，院长交给女孩一块石头，对她说："明天早上，你拿这块石头到市场上去卖，但不是真卖，记住，无论别人出多少钱都不能卖。"第二天，女孩拿着石头蹲在市场的角落，发现不少人对她的石头感兴趣，而且，价钱越出越高。回到孤儿院，女孩兴奋地向院长报告情况。院长笑了笑，吩咐她明天拿到黄金市场上卖。在黄金市场上，有人出比昨天高十倍的价钱来买这块石头。

后来，女孩又将石头拿到宝石市场上展示，结果石头的身价又涨了十倍。可是，女孩怎么都不卖，人们都将那块石头视为"稀世珍宝"。女孩高兴地捧着石头回到孤儿院，问院长："为什么会这样呢？"院长望着孩子缓缓说道："生命的价值就像这块石头一样，在不同的环境下就会有不同的意义。一块不起眼的石头，由于你的珍惜而提升了它的价值，竟被传为稀世珍宝，你不就像这块石头一样吗？只有自己看重自己、珍惜自己，生命才有意义。”

如果自己都不看重自己、不珍惜自己，别人又怎么会看重你呢？生命的价值往往取决于自己的心态，只有你珍惜自己、看重自己，别人才会认同你的价值。乾隆皇帝下江南的时候，站在桥头之上，问身边的大臣：“桥下熙熙攘攘的船有多少条？”大臣回答：“两条，一条是名，一条是利。”船尚且如此，更何况人呢？人们往往为名所累，因欲海无边而算计，为生计而忙碌奔波，他们常常因为这样或那样的事情灰心丧气、情绪失落、患得患失。其实，生命苦短，怎能让苦恼常相伴呢？

卡耐基讲述了这样一个故事：

汉姆嗜酒如命，有好几次都差点没命了。有一次，他在酒吧里看一个酒保不顺眼，当即就杀了他，因而被判了死刑。汉姆有两个女儿，年龄相差一岁，其中，一个女儿染上了毒瘾，平日靠偷窃和勒索为生，同样也由于犯罪而进了监狱。可另外一个女儿却截然相反，她在一家公司担任经理，有着美满的婚姻和可爱的孩子，身上没有任何不良行为。

两个人有同一个父亲，在完全相同的环境下长大，为什么却有着完全相反的命运呢？在一次电视访问中，当记者问到造成她们现在状况的原因，两人的回答却惊人的相似：“有这样的父亲，我还能有什么办法？”

在生活中，许多人认为有什么样的环境就会造就什么样的人生，其实这并不是绝对的，因为无论是情绪还是心态都是由我们自己所决定的。面对同样的父亲，一个女儿选择了自暴自弃，一个女儿却选择了拼搏，不同的心态铸就了她们截然相反的人生。

哲人说：“要么你去驾驭生命，要么是生命驾驭你，你的心态决定谁是坐骑，谁是骑师。”最快乐的人并不会觉得一切东西都是美好的，他们

只是满足于自己所拥有的一切；最快乐的人并不会觉得人生总是一帆风顺的，他们只是用积极的心态来面对生活。卡耐基认为，决定一个人命运的关键就是心态。人生并非只有愤怒和无奈，因为情绪是可以由我们自己去把握和调控的。情绪是人生的控制塔，一个人有什么样的心态，就会有什么样的生活和命运。

1.良好的心态才能控制好情绪

有两位老太太，在生命的最后旅程里，一位选择坐在家里，足不出户，颐养天年；一位选择学爬山，并在95岁高龄时登上了日本的富士山，打破了攀登此山年龄的最高纪录。一个人要想主宰自己的人生，那就必须培养自己良好的心态。当一个人有了良好的心态，才能控制其情绪，才能享受生活赋予的快乐和幸福。因此，不要让消极的念头占据你的思想，任何时候都应该保持积极乐观向上的心态。

2.掌控自己的情绪，也就掌握了心情

自然，情绪与心态是相通的，有乐观心态的人，他们的情绪大多时候都会处于平静状态；而有悲观心态的人，他们的情绪大多时候都会处于抑郁状态。但是，无论一个人多么有能力，一旦缺乏良好的心态，就什么事情都做不成。良好的心态能产生巨大的力量，有了它，我们就能把握自己的命运，从而实现人生的理想。我的心情我做主，但首先要掌控自己的情绪。

释放压力，拒绝负能量

负能量之源是负面情绪，而负面情绪又来自于哪里呢？或许我们都忽视了，生活中太多的负面情绪是因压力太大而造成的。对此，卡耐基建议我们，学会释放压力，拒绝负能量。缓解内心压力、发泄负面情绪的方法很多，其中不乏看看电影、听听音乐这样既轻松又恰当的方法。

那些轻松、畅快的音乐不仅能给人带来美的熏陶和享受，而且能够使人的精神得到放松。所以，当你在紧张、烦闷的时候，不妨多听听音乐，让优美的音乐来化解精神上的压力和内心的苦闷。和音乐有着相同“疗效”的还有电影，曾经有位朋友这样说：“每次心感到苦闷的时候，我就会看周星驰的《唐伯虎点秋香》，边看边笑。到现在为止，我已经记不清楚自己看多少遍了。”足以见得，电影能带给我们如此轻松的心境。

其实，音乐和电影有一个共同的特点，即它们都是艺术。当一个人被负面情绪所困扰，感到精神压力巨大的时候，把自己置身于艺术的境界中，卸下心中的负担，就会发现，自己感受到一种前所未有的轻松，畅游在艺术的殿堂里，忘记了烦恼，心绪变得平静，心境变得宁静，那些压力、愤怒就在这样的心境中慢慢释放，最终让心回归到一种平静。

当然，音乐是具备选择性的，烦闷、愤怒时人们都更倾向于听自己最喜欢的歌曲，其中，轻音乐是一个最好的选择。因为，它不像摇滚乐那样刺耳、嘈杂，更适合需要安抚的情绪、心境。

轻音乐可以营造温馨浪漫的情调，带有休闲性质，因此又得名“情调音乐”。它起源于“一战”后的英国，在20世纪中期达到了鼎盛，在20世纪末期逐渐被新纪元音乐所取代，并影响至今。班得瑞是轻音乐中的经典乐队之一，曾有人说班得瑞是“来自瑞典一尘不染的音符”。“班得瑞”来自瑞士，它是由一群年轻作曲家、演奏家及音源采样工程师所组成的一个乐团，在1990年红遍欧洲。“班得瑞”不喜欢在媒体面前曝光，喜欢深居在阿尔卑斯山林中，清新的自然山野给“班得瑞”乐团带来了源源不绝的创作灵感，也使他们的音乐拥有最自然脱俗的风格。

当你缓缓地闭上眼睛，再放上“班得瑞”那一尘不染的天籁之音，就会发现那些不沾尘埃的音符，静静地流淌着，带走了一直压在你心中的忧虑，让你的心灵在水晶般的音符里沉浸、漂净。清新迷人的大自然风格，反朴归真的天籁，如香汤沐浴，纾解胸中沉积不散的苦闷，扫除心中许久以来的阴霾，让你忘记忧伤，身心自由自在。

在充满竞争的现代社会，每个人都会或多或少地遇到一些压力。但是，压力既可以成为我们前进的阻力，自然也可以成为动力，只是看我们如何去面对。这个社会是不断进步的，人在其中不进则退。所以，在遇到压力的时候，最有效的办法就是自我缓解，如果暂时承受不了，一定不要让自己陷入其中，可以通过看电影、听音乐，让自己紧张的心情渐渐放松下来，重新去面对，这时你往往会发现压力并没有那么大。

卡耐基表示，音乐和电影逐渐成为许多人发泄情绪、释放压力的方式之一，有了音乐和电影，就算一个人待在黑暗中也会感到安全、感到充实。曾遇到过一位信奉基督教的朋友，她这样讲述自己的经历：“最近老是被烦心事困扰，心变得敏感而细腻，那天回到住的地方，居然发现自己没有带钥匙，同住的朋友又没有回来，一个人站在空旷的过道里，除了恐惧，还有一点对朋友的憎恨。有趣的是，那天我正好带了《圣经》，无聊之余，我翻开它，借着灯光朗读起来，还唱起了圣歌。后来，朋友回来了，我内心也已经回归了平静，不再抱怨，也不再生气。”音乐所带给我们的除了愉快，还有一份灵魂的寄托。

除了听音乐、看电影等具体方式，我们还需要调整心态。

1.调整心态

有的人总是喜欢把别人的压力挪在自己身上。比如，看到同事晋升了、朋友发财了，自己总会愤愤不平：为什么会这样呢？为什么就不是自己呢？其实任何事情，只要自己尽了力就行，任何东西都是着急不来的，与其让自己陷入无谓的烦恼，不如以积极的心态来面对，努力调整情绪，让自己的生活更加丰富多彩。

2.解开心结

人们在社会生活中的行为像极了一只小虫子，身上背负着“名利

权”，因为贪求太多，把负担一件件挂在自己身上，不舍得放弃。假如我们能够学会放弃，轻装上阵，善待自己，凡事不跟自己较劲，这样，压力自然也就得到缓解了。

3.转移压力

面对生活的诸多压力，转移是一个最好的办法。当压力变得太沉重，我们就不要去想它，而要把注意力转移到让自己轻松快乐的事情上来。当自己的心态调整到平和以后，就不会再害怕眼前的压力了。

4.感谢压力

人生不可能没有压力，否则我们的人生就不会得到进取。没有压力，我们的生活或许变了模样。因此，当我们尽情享受生活的乐趣时，应该对当初困扰我们的压力心存一份感激，因为有了压力，我们才能走得更远。

让快乐成为一种习惯

卡耐基说，快乐是可以练成的。你每天快乐吗？面对这样一个既简单而又复杂的问题，我们常常不知道该如何回答。为此，史铁生曾这样写道：“生病的经验是一步步懂得满足，发烧了，才知道不发烧的日子多么清爽；咳嗽了，才体会不咳嗽的嗓子多么安详；刚坐上轮椅时，我老想，不能直立行走岂不把人的特点搞丢了？便觉得天昏地暗。等又生出褥疮，一连数日只能歪七扭八地躺着，才看见端坐的日子其实多么晴朗。后来又患尿毒症，经常昏昏然不能思想，就更加怀念往日时光。终于醒悟：其实每时每刻我们都是幸运的，任何灾难面前都可能再加上一个‘更’字。”

史铁生从内心深处说出了这样的话，也许我们可以理解为他一定是吃尽了“疾病”的苦头，所以，才把快乐底线定得这么低。事实上，快乐底线本就如此低，为什么我们不去养成每天“快乐”的习惯呢？

卡耐基曾讲述了这样一个故事：

在辅导班里，有一位60岁的教授，他谈吐幽默风趣，专业知识精深。但是，给学生印象最深的却是他每一次进教室都精神饱满、面带笑容；而且，每次都会带上一束花放在教室的花瓶里，虽然每一次带来的花不一样，但都一样鲜艳美丽。学生不禁产生这样的疑问：教授为什么总是感到如此快乐，难道生活中就没有什么不顺心的事情吗？

课程结束之后，一位学生向教授表示了自己的感激之情，同时也提出了一直存在心中的疑问。头发花白的教授笑了笑，说："其实，我只是把快乐的感觉当成了一种习惯，前些天，老伴在一次车祸中走了，孩子又在外地工作，我一个人在家里很孤单，本来我已经退休了，但还想继续执教，教师这份职业让我感到快乐。在工作之余，我最喜欢养花，在我家的院子里一年四季都有花香，我把这些花送给了朋友、邻居以及喜欢这些花的陌生人。我每次带来的花都是自己种的，能给别人带去快乐，我自己也感到很幸福。"闻着那些花香，这位学生感到快乐正抚摸着自己的脸颊。

亚伯拉罕·林肯曾经说过："人们如果下定决心要拥有快乐，他就会等到快乐。"其实，快乐只是一种感觉，我们每个人都有拥有快乐的权利。在日常生活中，我们常常会感到悲伤、烦闷，总是认为快乐是一种奢侈品，难以把握。那么，就让快乐成为自己的一种习惯吧！生活中的习惯就是一种积累，而我们有养成快乐习惯的力量，因为我们完全可以自己选择快乐。习惯于快乐的人每天都会对自己说："今天的天气真好，一切都会顺利的。"而不幸的人会说："今天一切又不会顺利。"有时候，快乐对于我们来说只是一种选择，谁也不能决定你的快乐，只有你自己。

卡耐基说，让快乐成为自己的一种习惯，我们不需要太多的寻寻觅觅，不需要太多的权衡，只需要放下那些太过于高远的想法，给自己的快

乐画一条最浅的底线，你就会发现，生活中的快乐越来越多、幸福越来越多，从而感到每一天都是富足又充实的。

1.领悟快乐与幸福的真正含义

有的人习惯于忙碌奔波，深陷名利而不能自拔，猛然回首，才发现真正的幸福恰恰就在出发的原点，而当年的他们却坚信幸福会在更远的地方。如果你已经埋头工作了许久，那么请站起来，推开窗，深呼吸，放眼远望，微笑抑或呼喊，慢慢品尝这一刻，享受它，学会在最琐碎的事情里品尝幸福的滋味！

2.降低快乐的基线

我们总是认为生活给予得不够多，不自觉提高了快乐的底线。但是，当我们意识到什么才是真正的快乐的时候，生命留给我们享受幸福的时间已经少得不能再少了。本·沙哈尔认为："只要你追随自己的天赋和内心，你就会发现，生命的轨迹原已存在，正期待你的光临，你所经历的，正是你应拥有的生活，当你能够感觉到自己正行走在命运的轨道上，你会发现，周围的人开始源源不断地带给你新的机会。在追求有意义而又快乐的目标时，我们不再是消磨光阴，而是在让时间闪闪发光。"所以，我们应该让快乐成为自己的习惯，降低幸福的底线，就会发现，幸福几乎触手可及。

其实，快乐隐藏在琐碎的事情之中，就如同点点粉末洒在日常事物之中，我们的眼光太过于高远，就看不见那些随处飞扬的尘埃。如果我们每天都在细数着自己身边的快乐，那么，快乐的指数就会一直上升，最终成为一种习惯，伴随我们左右。

不要用别人的错误来惩罚自己

生气是负面情绪，而很多时候，我们都是在用别人的错误来惩罚自

己。对此，卡耐基告诫我们，不要给负能量以可乘之机，不要用别人的错误来惩罚自己。德国哲学家康德说："发怒，是用别人的错误来惩罚自己。"在现实生活中，喜欢生气的人不在少数，可是当有人问道："你为什么生气？"他们却支支吾吾，答不上来，似乎已经忘记了自己生气的初衷，气是怎么样一点点冲起来的。有人对此做过一项调查，那些经常生气的人，他们从来不重视生气的理由，一旦被详细地询问，他们会给出一些不是理由的理由，诸如"我就是看他不顺眼"、"凭什么，他就表现得那么嚣张，我气不过"，等等。在对这些理由的阐述过程中，他们所提到最多的都是"他"，其实自己的利益根本没有受到任何损失，生气只是因为"他"的错误。这时候你才会发现，自己生气真的是用别人的错误来惩罚自己。那么，何必要用他人的错误来让自己深陷负面情绪呢？

卡耐基曾讲述了一个东方的故事：

有一天，佛陀在竹林休息的时候，突然有一个婆罗门闯了进来。由于同族的人都出家到佛陀这边来，这位婆罗门对此感到很生气。见到了佛陀，婆罗门就开始胡乱责骂。佛陀并没有说话，等到他将心中怒气发泄完以后，安静了下来，才说："婆罗门啊，在你家偶尔也会有访客吧！"婆罗门感到很奇怪："当然有，你何必这样问？"佛陀笑了，说道："婆罗门啊，那个时候，你也会偶尔款待客人吧！"婆罗门点点头："那是当然了。"佛陀继续说道："婆罗门啊，假如那个时候，访客不接受你的款待，那么，这些菜肴应该归于谁呢？"婆罗门想也不想，就回答："要是他不吃的话，那些菜肴只好再归于我！"

佛陀看着他，又说道："婆罗门啊，你今天在我的面前说了这么多坏话，但是我并不接受它，所以，你的无理胡骂，那是归于你的！婆罗门，如果我被谩骂，而再以恶语相向的时候，就犹如主客一起用餐一样，因此，我不接受这个菜肴。"然后，佛陀说了这样几句话："对愤怒的人，以愤怒还牙，是一件不应该的事情。对愤怒的人，若是不以愤怒还牙，将可以得到两个胜利：知道他人的愤怒，而以镇静自己的人，不但能胜于自己，也能胜于他人。"婆罗门接受了这番教诲，并出家于佛陀门下，后来成为阿罗汉。

佛陀告诉我们："在不顺利的境况下，能够做到不生气、不发怒，这本身就是一种生活智慧。"最近，在朋友群中流行着这样一句短信：我生什么气！我生气是拿你的错误来惩罚我自己。与其耗费多余的精力去生气，不如好好打理自己的心情。

这天，因为同事在工作上对自己十分无礼，莉莉感到非常生气。而且，由于自己是刚刚到这家公司上班，还没有找到可以畅谈内心感受的女同事。于是，她将气愤的情绪带回了家，一个人坐在沙发上生闷气，不做饭，越想越生气；甚至，内心有一种冲动：干脆辞职吧，这样的同事，以后怎么共事？

正在这时，电话铃响了，原来是自己的闺中密友雯雯。在电话里，雯雯邀请莉莉周末一起逛街，莉莉没好气地回应一声："哦。"雯雯似乎从语气中听出了不快，关心地问道："出了什么事情吗？今天工作顺利不？"这话可问到了关键点上，于是，莉莉一股脑儿把心中的苦闷说了出来，没想到电话那边却传来了一阵笑声。莉莉有些生气："我正生气呢，你还这样嘲笑我。"雯雯笑着说："莉莉，你没有听说过吗，最近很流行这样一句话，生气是拿别人的错误来惩罚自己，既然错在你同事，你生什么气呢？看你在家气得不吃饭、不说话、不开心，说不定你的同事这会还很开心呢！别想那些事情了，小事一桩，不值得生气。"听了雯雯的分析，莉莉明白了，自己真的陷入了不良情绪之中，生什么气呢？该干什么就干什么去吧！

的确，当自己生气的时候，不妨冷静地细想，自己的生气是不是大多数因为他人呢？真正的错误并不在自己，何必要在自己心中点一把火呢？有时候，令自己生气的人已经走远了，还在为他生气，这值得吗？那些令自己生气的事情已经过去很久了，还在为它生气，这又是何必呢？在更多的时候，我们都是拿别人的错误来惩罚自己，而在惩罚自己的同时，也达不到纠正别人错误的目的。所以，与其拿别人的错误来惩罚自己，倒不如以自己良好的美德来显示对方的缺陷。

生气是对自己的惩罚，有人对此不理解，生气所发泄的对象都是别人，怎么自己还成了惩罚对象呢？其实不然，你若理解了生气对一个人健康的危害性，你就明白什么叫作惩罚了。美国心理学家埃尔马进行了一个简单的实验：把一只玻璃管插在盛有水的容器里，然后让实验者把气吐到水里，以此收集人们在不同情绪状态下的“气”水。从实验结果中发现：一个心平气和的人吐出来的气进入水中，水澄清透明，一点杂色都没有；一个有点生气的人吐出的气进入水中，水会变成乳白色，而且水底还有沉淀；一个怒发冲冠的人吐出的气进入水中，水会变成紫色，水底有沉淀。

心理学家埃尔马将那紫色的“气”水抽出部分注射在小白鼠身上，没想到只过了几分钟，小白鼠就死了。对此，他得出这样一个结论：一个人在生气时，体内会分泌出许多带有毒素的物质。这样想来，大家就明白生气是拿别人的错误来惩罚自己了吧！

1.心由境造

“得意时淡然，失意时坦然”，心由境造，我们所面对的是一个多变的世界，可能，我们改变不了坏境，但是，我们可以改变自己；可能，我们改变不了事实，但是，我们可以改变态度。正所谓“大肚能容天下难容之事，笑天下可笑之人”，如果你知晓了这个道理，那还有什么气可生呢？

2.没什么值得生气

有一位智者，他脾气十分温和，几乎从来不生气。弟子好奇地问他：“师傅，难道你就这样永远不会生气吗？”智者微微一笑：“生气是什么呢？每当事情发生了以后，我都会告诫自己，事情可以比现在更糟糕的，看来我还算幸运的，所以，有什么值得生气的呢？如果有人犯了错误，错误本身在于他自己，我何必要生气呢？每天，我都来不及感受生活的快乐，哪有什么时间来生气呢？”

第13章　沟通正能量，人际交往无障碍

当一个人面带微笑，即便是面对一个凶神恶煞的人，也可以感化他，得到他友好的态度。这就是沟通的正能量，不仅能给予我们自己以强大的正能量，而且能传递给对方一份正能量。当然，交际中的沟通正能量，不止于此，还在于我们如何打动对方，赢得好感。

一个招呼也不容忽视

卡耐基认为，即便是一个礼貌性的招呼，也是不容忽视的，因为这也在传递微笑正能量。我们在每天的人际交往中，都会频繁地与人打招呼，招呼表示一种问候、一种礼貌、一种热情。千万不要忽视了招呼的作用，一个小小的招呼是我们人际交往中的润滑剂。对同事的一个招呼，可以有效地化解彼此之间的敌意；对朋友的一个招呼，可以唤起彼此之间深厚的友谊；对陌生人的一个招呼，可以减少彼此之间的陌生感。总而言之，一个招呼可以使人与人之间的关系更加和谐、融洽，从而赢得他人的好感。特别是我们在与陌生人的交往中，一个独特而恰到好处的招呼更是必不可少。

卡耐基曾讲述了这样一个故事：

在1930年，西蒙·史佩拉传教士每天都会在乡村的小路上散步，而且时间很长。当他一个人漫步在那小路上，无论碰见谁，都会友好地打声

招呼。其中，在小镇边缘的一个田庄里有一个叫米勒的人，他很冷漠。西蒙·史佩拉传教士每天经过时都看到米勒在田间辛勤地劳作，总会热情地向他打个招呼："早安，米勒先生。"

当史佩拉第一次向米勒道早安时，米勒根本没有理睬，只是转过身子，看起来就像一块石头。在这个小镇里，犹太人与当地居民相处得并不好，更不可能把这种关系提升到朋友的程度。不过，这并没有妨碍或打消史佩拉传教士的勇气和决心。一天又一天过去了，他总是以温暖的笑容和热情的声音向米勒打招呼。终于有一天，农夫米勒向传教士举举帽子示意，脸上也第一次露出了一丝笑容。每天早上，史佩拉都会高声地说："早安，米勒先生。"那位农夫也会举举帽子，高声地回道："早安，西蒙先生。"这样的习惯一直延续到纳粹党上台为止。

当纳粹党上台后，史佩拉全家与村中所有的犹太人都被集合起来送往集中营，最后他被关押在一个位于奥斯维辛的集中营。从火车上被赶下来之后，他就在长长的行列之中，静待发落。在行列的尾端，史佩拉远远地就看见营区的指挥官拿着指挥棒一会儿向左指，一会儿向右指。他知道发派到左边的就是死路一条，发配到右边的则还有生还机会。他开始紧张了，越靠近那个指挥官，他的心就跳得越快，自己到底是左边还是右边?

终于，他的名字被叫到了，突然之间血液冲上他的脸庞，恐惧却消失得无影无踪了。然后那个指挥官转过身来，两人的目光相遇了。他发现那位指挥官竟然是米勒先生，史佩拉静静地朝指挥官说："早安，米勒先生。"米勒的一双眼睛看起来依然冷酷无情，但听到他的招呼突然抽动了几秒钟，然后也静静地回道："早安，西蒙先生。"接着，他举起指挥棒指了指说："右！"他边喊还边不自觉地点了点头。"右！"——意思就是生还者。

一个小小的招呼——"早安"，竟挽救了自己的生命。《塔木德》上说："请保持你的礼貌和热情，不管对上帝，对你的朋友，还是对你的敌人。"如果你能够奉行这一原则，就会在复杂的人际交往中获益匪浅。

有时候，一个看似不经意的招呼，却会加深你在陌生人心中的印象，会增加陌生人对你的好感。正是那真诚的招呼感动了刽子手，使得史佩拉生存下来。

其实，向一个陌生人打声招呼并不是一件困难的事情。这只是需要我们在见面时问候一声“早上好”、“中午好”、“晚上好”，即便只是一个微笑、点头，那也是一个招呼。有时候，并不需要挖空心思去与对方寒暄几句，只是打声招呼，就足以唤起对方心中的温暖。没有一个人能够拒绝温暖的微笑和热情的声音，这些不仅仅能够博得对方的好感，也能够温暖对方冰冷的心。

1.多一份亲切感

也许在初次见面打招呼的时候，双方都会觉得有点不自然，彼此是陌生的，也不会有多少感触。但是，当你们第二次在大街上碰到，你不经意地喊出对方的名字，跟对方打个招呼，对方就会觉得有说不出来的亲切感。其实，人与人之间的关系就是这样建立起来的，仅仅一个招呼就足以让双方不再陌生。

2.拉近双方之间的距离

在日常生活中，领导和下属打招呼，正是悄悄地拉近上下级之间的距离。这时候，领导不再是高高在上，而是像朋友般亲切。因为一声招呼、一句问候而成了朋友，领导与下属之间就是一种平等的关系，当工作出现了问题，双方就可以互相讨论如何来解决。

给对方留下美好的第一印象

卡耐基认为，一个人身上是否潜藏着微笑正能量，就在于一个人的第一印象。一个人的形象魅力大多体现在第一印象上，何谓第一印象？第一印象是两个陌生人相见时的最初印象，是通过对对方衣着、谈吐、风度等的观察给其做的初步评价。第一印象的作用举足轻重，它往往是继续交往的根据。简单地说，能否给他人留下良好的第一印象，往往决定着你能否赢得他人的好感。这是因为第一印象一旦建立起来，对后面获得信息的理解和组织就会有强烈的定向作用。由于人们具有保持认知平衡与情感平衡的心理作用，因此更倾向于使后来获得的信息的意义与已经建立起来的观念保持一致，而人们对于后来获得的信息的理解，往往是根据第一印象来完成的。所以在日常交际中，我们要时刻保持一个得体、优雅、文明的外在形象，给他人留下良好的第一印象，在见面的一瞬间就赢得对方的好感。

阿东是公司的人事部经理，曾面试过上千人，为公司发掘了不少优秀的人才。不过，阿东非常看重一个人的第一印象。

有一次，阿东无意中看见了一个应聘者的简历，高学历、出色的工作履历让阿东这个阅人无数的经理也心动了。还没有见到那个人，阿东已经给他打了很高的分数，甚至求贤若渴的他推迟了其他的工作，专门为这个应聘者安排了一场面试。

这天中午，在约定的面试时间里，阿东见到了那位优秀的应聘者，只见他身穿浅黄色的衬衣和灰色西裤，头发有些凌乱，胡须也没有修剪。这样的形象顿时让阿东大跌眼镜，这和想象中的样子差距也太大了吧！在阿东的指引下，面试者在对面坐了下来，当时正值盛夏季节，一股怪味扑鼻而来，阿东寻找源头，竟发现是对面那个人身上散发出来的。阿东仔细打量，发现面试者身上本来穿的是一件白色的衬衣，但由于汗渍长期的积累

而泛出了黄色，就连深色的西裤也依稀看到汗渍和油污。这时，阿东心中的好感已经荡然无存。简单地聊了几句就结束了面试，而阿东也决定不录用他，尽管内心觉得很遗憾，但他坚信自己的判断。

虽然，我们常对自己说"不要以貌取人"，但几乎所有的人都无法做到这一点，而且很多人习惯在初次见面就以貌取人。所以在日常交际中，我们的服饰、发型、手势、声调和语言等自我表达时刻都在影响着他人对我们的判断，不管我们愿意与否，我们都在给对方留下关于自己的印象。有的人认为只要自己能力强，工作表现好，肯定会赢得上司的好感，其实并不是这样。一旦自己与他人能力差不多，表现也都出色的时候，第一印象将显得格外重要。

卡耐基说，与人交往的主要目的是赢得他人的好感，而首先就是要留给他人良好的第一印象。其实，给别人的第一印象是可以进行自我修饰的，也就是通过对自己装扮、语言、表情以及动作的约束来影响和改变他人对自己的评价，致力于给他人留下一个良好的印象。

那么，怎样才能给人留下良好的第一印象呢？

1.外表装饰

虽然，一个人的相貌是自己无法决定的，但服饰却完全取决于自己。俗话说："三分长相，七分打扮。"我们的服饰装扮需要坚持整洁、得体、自然的原则。另外，还需要注意细节修饰，有的人穿名牌衬衫，但从不熨烫；有的人穿名牌皮鞋，但从不擦干净，这些都会让你的完美形象大打折扣。

2.行为举止

一个人的动作常常将他的气质、性格表达得淋漓尽致。粗俗的行为总是令人生厌的，这就要求我们注意自己的行为举止，待人接物面带微

笑，注意分寸和距离。尤其是与异性交往，举止不可轻浮，以避免不必要的误会。

3.语言艺术

初次与人见面，特别是在一些正式场合，不要随便说“哎哟”、“噢”之类的感叹词，这些词说多了会令人生厌。说话之前要思考，不要信口开河，否则容易给人一种不诚实、不认真的感觉。另外，我们要准确、清楚地表达自己的意见，并避免使用粗俗的话语，避免尖刻、损人的谈话，也不要抬高自己而故意贬低他人。

倾听，永远比诉说重要

卡耐基认为，做一个忠实的倾听者远比滔滔不绝成功，那是因为当你在倾听时所传递的是人际正能量。英国管理学家L.威尔德有一句十分经典的话：“人际沟通始于聆听，终于回答。”在沟通过程中，一问一答之间可以使人受益无穷。人际交往中，倾听是人与人之间沟通的基础，但现实生活中却没有多少人能真正掌握倾听的艺术。或许，有人错误地以为多说话才能把握沟通的主动权，其实，多说话会给我们带来很多负面的影响，说得太多有可能会使他人对你产生戒心，认为你有某种企图；说得太多会让他人对你敬而远之，因为他没有义务当你的倾诉桶；况且，说得多了，难免会出错；有时候，说得太多，暴露的信息太多，就会被别人看穿。所以，做一个懂得倾听的人，并沿袭这样的美德，你就会赢得比别人更多的机会，获取更多的信息，把握沟通的主动权，从而更加有效地打动人心。

卡耐基曾讲了这样一个故事：

杰克是一个很受欢迎的人，他常常会接到不同的邀请，并且在各种社

交场合，他都能和大家打成一片。朋友威廉十分敬佩他，却始终没能找到杰克的秘诀。

有一天晚上，威廉参加一个小型的社交活动，一到场他就看见杰克和一个气质高雅的女士坐在角落里。威廉发现，那位年轻的女士一直在说，而自己的朋友杰克好像一句话也没说，只是偶尔笑一笑、点点头。回家的路上，威廉忍不住问杰克："刚才，那位年轻的女士好像完全被你吸引住了，你是怎么做到的？"杰克笑着说，"刚开始我只是问她：你的肤色看起来真健康，去哪里度假了吗？她就告诉我去了夏威夷，还不断称赞那里的阳光、沙滩，之后顺理成章地就讲起了那次旅行，接下来的两个小时她都一直在谈夏威夷，最后，她觉得和我聊天很愉快，可是，我实际上并没有说几句"。

看完这个故事，我们应该清楚杰克为什么总是那么受欢迎了吧！是的，原因就是认真地倾听。其实，在沟通过程中，倾听是对谈话者最基本的尊重，同时也是有效沟通的前提。懂得倾听，认真倾听，让对方感受到你的注意力，让他觉得你对他所谈的内容很感兴趣，那么，你们之间的心理距离就会缩短。在这样友好的氛围中，对方更容易对你产生好感，自然也很容易被你打动。

有一次，乔·吉拉德拜访了一个有趣的客户。一开始，客户就喋喋不休地谈论自己的儿子，他十分自豪地说："我的儿子要当医生了。"乔·吉拉德惊叹道："是吗？那太棒了！"客户继续说："我的孩子很聪明吧，在他还是婴儿的时候，我就发现他相当聪明。"乔·吉拉德点点头，回应道："我想，他的成绩非常不错。"客户回答："当然，他是他们班上最棒的。"乔·吉拉德笑了，问道："那他毕业打算干什么呢？"客户回答："他在密歇根大学学医，这孩子，我最喜欢他了……"话匣子一打开，客户就聊起了儿子在小时候、中学、大学的趣事。

第二天，当乔·吉拉德再次打电话给那位客户时，竟被告知他已经决定在自己手中买车。而原因很简单，他说："当我提起我的儿子吉米有多骄傲的时候，他是那么认真地在听。"

认真倾听，使得乔·吉拉德打动了顾客，赢得了一份订单。如此看来，“倾听”确实是一个讨人喜欢的行为。在日常交际中，我们习惯用语言来交流思想，用心来沟通感情，但是，沟通与交流需要的仅仅是语言吗？当然不是。在很多时候，我们都很容易忽视了耳朵的作用，也就是倾听。倾听是一种交流，更是一种亲近的态度，只有倾听才能领略别样的风景，只有倾听才能真正地走进对方的心里。

心理学中有一种 “威尔德定理”，它给我们的启示是“倾听永远凌驾于说之上”。倾听是一种美德，没人会喜欢开口就叽叽喳喳的鸟儿，他们更喜欢能够认真倾听自己说话的人。在办事的过程中，如果你能恰到好处地将这一美德表现出来，赢得主动位置，那么绝对会无往不利。

1.少说多听，使你受益无穷

布里德奇说：“学会了如何倾听，你甚至能从谈吐笨拙的人那里得到收益。”倾听并不是没有任何意义的随声附和，一个优秀的倾听者可以从说话者那里获取大量的信息，赢得对方的好感，达到打动人心的目的。

2.倾听也是需要技巧的

当然，倾听也是有技巧的，除了听之外，还要适时地重复对方话语中的关键字眼。而且，倾听比说话更需要毅力和耐心，假如你只是埋头玩自己的手机，或者把头撇向一边，这样无疑会打击说话者的积极性。

3.倾听是沟通的前提

倾听是说话的前提，先听懂别人的意思，再表达出自己的想法和观点，才能更有效地沟通；同时，听懂了别人的意思，才有机会掌握沟通的主动权，如此也更容易打动人心，达到成功办事的目的。

想钓到鱼，必须下鱼饵

卡耐基说："即使你喜欢吃香蕉、三明治，但是你不能用这些东西去钓鱼，因为鱼并不喜欢它们。你想钓到鱼，必须下鱼饵才行。"简单地说，当我们在与对方进行语言交流的时候，需要"忘记"自己的兴趣与爱好，而是用对方的兴趣爱好来展开话题，这样会使彼此之间的沟通更加顺畅。在沟通过程中，谈论对方的兴趣与爱好，这样能让对方感觉到受重视、受尊重，继而能赢得对方的好感与信任。许多人习惯于谈论自己的兴趣与爱好，从来不考虑对方，这样的人永远不会得到对方的认同。所以，赢得对方好感与信任的诀窍在于，谈论他人最喜欢的事情，达到打动人心的目的。

卡耐基曾讲了这样一个故事：

阿美是一家房地产公司总裁的公关助理，奉命聘请一位特别著名的园林设计师担任本公司一个大型园林项目的设计顾问。但这位设计师已退休在家多年，且性情清高孤傲，一般人很难请得动他。

为了博得老设计师的欢心，阿美在正式拜访之前做了一番调查，她了解到老设计师平时喜欢作画，便花了几天时间读了几本中国美术方面的书籍。这天，她来到老设计师家中，刚开始，老设计师对她态度很冷淡，阿美就装作不经意地发现老设计师的画案上放着一幅刚画完的国画，就边欣赏边赞叹道："老先生的这幅丹青，景象新奇，意境宏深，真是好画啊！"一番话立即使老先生感到一种愉悦感和自豪感。

接着，阿美又说："老先生，您是学清代山水名家石涛的风格吧？"这样，就进一步激发了老设计师的谈话兴趣。果然，他的态度转变了，话也多了起来。接着，阿美对所谈话题着意挖掘，环环相扣，使两人的感情越来越近。最后，阿美说服了老设计师出任其公司的设计顾问。

人的本质中最深层的驱动力就是希望具有重要性。而且，一个人的兴趣与爱好是其人生中最看重的一部分，他希望自己的兴趣与爱好能够得到别人的认同与肯定。一旦你在谈话中巧妙地说到了他的兴趣所在，他就会转变之前的冷淡态度，开始滔滔不绝，因为在自己感兴趣的事情面前，任何人都会有一种谈话的欲望。所以，如果你想让对方对你的谈话感兴趣，那就只能以对方的兴趣来展开话题，这样才能有效地影响其心理，令之后的沟通畅通无阻。

一位漂亮的女郎在首饰店的柜台前看了很久。售货员问了一句："这位女士，您需要买什么？""随便看看。"女郎的回答明显缺乏足够的热情。不过，售货员发现这位女郎总是有意无意地触摸自己的上衣，好像对自己的上衣很满意，于是忍不住说："您这件上衣好漂亮呀！您的眼光真不错。""啊？"女郎的视线从陈列品上移到了自己感兴趣的上衣上面。"这种上衣的款式很少见，是在隔壁的百货大楼买的吗？"售货员满脸热情，笑呵呵地继续问道。

"当然不是，这是从国外买来的。"女郎终于开口了，并对自己的回答颇为得意。"原来是这样，我说在国内从来没有看到这样的上衣呢！说真的，您穿这件上衣，确实很吸引人。""您过奖了。"女郎有些不好意思了。"只是……对了，可能您已经想到了这一点，要是再配一条合适的项链，效果可能就更好了。"聪明的售货员顺势转向了主题。"是呀，我也这么想，只是项链这种昂贵商品，怕自己选得不合适……"

在日常交际中，双方的沟通最忌讳彼此沉默不语，或者对方总是一副爱理不理的样子。那么，如何打开对方的话匣子呢？最好的方法就是先从对方的兴趣谈起，这样会使整个谈话过程变得愉悦而畅快。当然在这其中，我们可以通过提问这样的方式来深入了解对方的心理需求、心理动机以及所感兴趣、关心的事情，顺势展开话题，使对方侃侃而谈。

聪明的人在说服对方的时候，懂得去暗合对方的心理，这样能让对方感到受尊重。当然，在说话时利用语言来暗合对方的心理，需要“合”得巧妙，千万不能让对方看出破绽。其实，当我们从对方感兴趣的话题入手，就是在暗合对方的心理，以达到打动对方的目的，而这就是沟通中的正能量。

1.找到对方的兴趣点

每个人都有自己的兴趣爱好，因此在谈话过程中，我们要想办法找到对方的兴趣点。可以在与对方交谈之前做好准备工作，打听对方有什么兴趣爱好；也可以通过自己的观察或提问来获知对方感兴趣的内容。

2.从对方的兴趣展开话题

在沟通过程中，为了获得更多有关对方的信息，也为了满足其自尊心，就需要让对方尽可能地多说话。所以，要从对方的兴趣展开话题，这样会利于整个沟通的顺利进行。

谨慎使用“夸张的赞美”

在日常生活中，或许每个人都曾得到过别人的赞美。赞美就如同润滑剂，可以和谐彼此之间的关系，让对方感受到话语里的温情。我们常说“赞美要真诚”，那是否就意味着要抛弃稍微夸张的赞美方式呢？事实上生活中，偶尔来一些夸张的赞美方式，反而会增加不少情趣。例如，男人在赞美自己女朋友的时候，通常会说“你真是上天赐给我的天使”、“你

真是美若天仙”，虽然被赞美者明白自己并没有那种夸张的美丽，心里却像是吃了蜂蜜一样甜。不过，我们要切忌，夸张的赞美方式不是任何时候都适用。换句话说，夸张的赞美方式应该慎用、少用。

戴尔·卡耐基曾做过二流推销员，那确实是一段难忘的经历。当时，卡耐基对发动机、车油和部件设计之类的机械知识毫无兴趣，这样一来便完全无法掌控自己推销产品的实质。

有一次，店里来了一个顾客，卡耐基立即走上去向他推销货车，但他说的话却往往连货车的边都沾不上。顾客觉得卡耐基是一个疯子。这时，老板气愤地走过来，大声吼道：“戴尔，你是在卖货车还是在演说？告诉你，明天再卖不出去东西，我会让你滚蛋。”这下，卡耐基着急了，如果丢失了这份工作，意味着自己将无法生存。

于是，卡耐基立即说：“老板，你是最仁慈的，有了你，我才吃上了面包。你放心，为了让我可以吃上面包，我会好好干的；而且，瞧你今天穿得多精神啊，相信你今天的生意会一帆风顺的。”被赞美了几句，老板的气消了，也再没说过解雇的事情了。

在这里，卡耐基的赞美有点夸张：“老板，你是最仁慈，有了你，我才吃上了面包。你放心，为了让我可以吃上面包，我会好好干”，话语里带着夸张的成分，好像如果没有了老板，自己就无法活下去似的。虽然，这样的赞美是夸张了点，但恰恰体现出老板对自己的重要性，而这正是老板所希望听到的。于是，在这样一句赞美的话之后，老板气消了，再也不提解雇的事情了。从这里不难看出，适当的时候来一两句夸张的赞美也是很有必要的。

老婆买了一件衣服，小于就说：“这件真漂亮，你穿上就像明星一样。”老婆的工作项目在公司拿了奖，他就说：“你真棒，你真是美貌加智慧的未来女强人。”刚开始，老婆听得心花怒放，可是几个月过去了，她听得耳朵都起了老茧。周末，小于去丈母娘家吃饭，一进门就说：“真谢谢你们生了这么一个好女儿，我娶了她，是我几辈子修来的福气。”老婆在一旁，眼睛瞪得老大，心想：这也太过了吧。从家里出来，老婆就对小于说："我爸爸觉得你突然之间变得虚伪了。"小于愣住了："这可都是赞美你的话，怎么说我虚伪了？"

本来，夸张的赞美语言偶尔来那么一两句，老婆肯定会心花怒放。但是，每次都是那些煽情、夸张的甜言蜜语，对方也会听腻的；而且，会觉得你根本就不是真心在赞美。果然，在丈母娘家，小于那"真谢谢你们生了这么一个好女儿，我娶了她，是我几辈子修来的福气"夸张的赞美怎么听给人感觉都是虚伪的。所以，夸张的赞美方式应慎用，否则效果只会适得其反。

正能量提示

事实证明，夸张的赞美并不是任何时候都能起到作用，它只是在特定的环境里才能发挥出作用。如果你对谁都是那么一句夸张的赞美，对方一定会觉得你是一个虚伪的人。有了这样的判断，你的赞美非但不能打动对方，反而会令其心生厌恶。

1.慎用

一般情况下，我们不提倡用夸张的赞美方式，因为夸张的语言缺少了真诚，被赞美者很难会被打动。不过在适当的时候，如在恭维上司的时候，在遵循事实的前提下，可以稍微说得夸张一点。这样，上司也是可以接受的；而且，在心理得到满足的同时，会更容易被我们的赞美之词所打动。

2.少用

当然在大多数情况下，面对夸张的赞美方式，我们还是要少用或者根本不主张使用。毕竟，只有真诚的赞美才能打动人心，而真诚就需要自然而真实的语言，夸张的语言会影响到赞美本身的效果。如果你有把握能使用好夸张的赞美方式，那是可以的；反之，如果你根本就没有驾驭夸张语言的能力，那就少用为妙。

主动认错，更容易获得原谅

美国田纳西银行前总经理L.特里曾说：“承认错误是一个人最大的力量源泉，因为正视错误的人将得到错误以外的东西。”由这句话引申出来的就是著名的心理学法则——特里法则，俗话说：“金无足赤，人无完人。”谁都难免会犯一点小错误，而且每个人都存在着这样的心理：犯错误后，脑子里总是想着隐瞒自己的错误，害怕自己承认错误之后会丢面子。其实，有这样的心理是正常的，但是为了能够从错误中获得另外一些有用的东西，我们应该克服这样的心理。承认错误并不是什么丢面子的事情，相反在一定程度上，这是一种勇敢的行为。因为，对于每一个犯错的人来说，错误承认得越及时，就越容易改正和补救它。

卡耐基从家里步行一分钟就可以到森林公园，因此，他经常带着自己的小猎狗雷斯去公园散步。由于平时在公园很少碰到人，而雷斯看起来很友善，所以，卡耐基常常不给雷斯系狗链或者戴口罩。

有一天，卡耐基在公园遇到了一个警察，警察看见雷斯既没有系链子也没有戴口罩，就十分严厉地说：“你为什么让你的狗跑来跑去而不给它系上链子或戴上口罩？你难道不知道这是违法的吗？”卡耐基低声回答：“是的，我知道，不过，我认为它不至于在这儿咬人。”警察提高了嗓门：“你不认为！你不认为！法律是不管你怎么认为的，它可能在这里咬死松鼠或小孩，这次我不追究，假如下次再让我碰上，你就必须跟法官解释了。”卡耐基照办了，但是，雷斯不喜欢戴口罩，卡耐基也不喜欢这样做。

又一天下午，卡耐基正和雷斯在山坡上赛跑，突然看见警察骑着马过来了，卡耐基想：这下栽了！他决定不等警察开口就先认错。卡耐基说：“先生，这下你当场逮到我了，我有罪，你上星期警告过我，若是再带小狗出来而不给它戴口罩，你就要罚我。”警察语气很温和：“好说，好

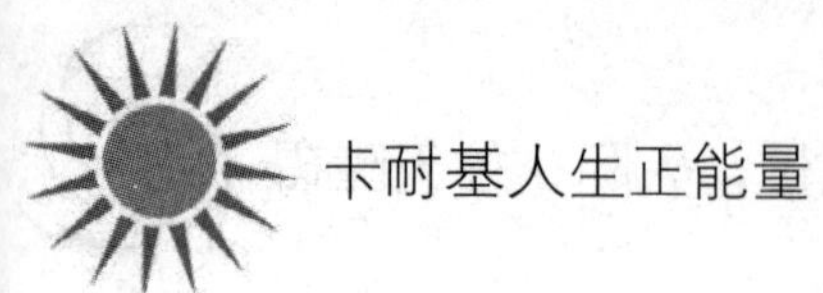

说，我知道没有人的时候，谁都忍不住要带这样一条小狗出来溜达。”卡耐基表示赞同：“的确忍不住，但这是违法的。”警察反而安慰卡耐基：“哦，你大概把事情看得太严重了，我们这样吧，你只要让它跑过小山，到我看不到的地方，事情就算了。”

如果我们犯了错误，而又免不了受责备，何不主动承认错误呢？毕竟，自己谴责自己比挨别人的批评要好受得多。因此很多时候，需要主动承认错误，这样可能会更容易得到别人的谅解。“特里法则”认为，承认错误是一个人最大的力量源泉；同时，正视自己的错误将得到错误以外的东西。其实，敢于认错本身就具有很大的价值。

布鲁士·哈威是公司财务部的一名员工，有一次，他错误地付给一位请病假的员工全薪。当他发现这个错误的时候，就及时告诉那位员工，解释说必须要纠正这个错误，即在下一次的薪水中减去多付的金额。然而，那位员工说这样做会给自己带来严重的财务问题，因此，他请求分期扣回多付的薪水。但是这样的话，哈威必须首先获得上级的批准。哈威心想：我知道这样做，一定会使老板十分不满。不过，在哈威考虑如何以更好的方式来处理这种情况的时候，他明白这一切混乱都是自己的错误造成的，自己必须在老板面前承认错误。

于是，哈威找到老板，说了事情的详细经过，并承认了错误。老板听了大发脾气，指责人事部门和会计部门的疏忽，然后，开始责怪办公室另外两个同事。哈威反复解释：“这是我的错误，跟别人没有关系。”最后，老板看着他说：“好吧，这你是的错误，现在把这个问题解决吧。”哈威解决了问题，纠正了错误，没有给任何人带来麻烦，之后老板更加器重哈威了。

哈威敢于承认自己的错误，从而赢得了老板的信任。其实，如果一个人有足够的勇气来承认自己的错误，那么在认错之后，其内心会获得某种程度的满足感。承认错误，不仅可以消除内心的罪恶感，而且有助于解决错误所制造出来的问题。

关键是，主动承认错误远比别人提出批评后再承认更容易得到他人的谅解。卡耐基告诉我们：一次错误并不会毁掉以后的道路，真正会阻碍你的，是那不愿意承担责任、不愿意改正错误的态度。

1.勇于认错

在营救驻伊朗的美国大使馆人质的作战计划失败后，美国总统吉米·卡特在电视里郑重申明："一切责任在我。"当时，仅仅因为这句简单的话，卡特总统的支持率上升了10%。不是错误了，就永远不能改正；不是失败了，就永远不能成功。如果我们能够勇于承认自己的失败与错误，才能赢得成功。达尔文曾说："任何改正都是进步。"而这个案例也告诉我们：勇于认错，才能让自己不断地进步。

2.知错就改

2001年，沃尔玛首次位列世界500强榜首。据德国《商报》报道，这个世界上最大的连锁商进入德国市场四年来连遭败绩，损失超过了1亿美元；而且，它还在财务上遮遮掩掩，这一切都没能蒙过德国法律。于是，沃尔玛不得不对外公开了自己2000年和2001年两年度的财务情况。当时，沃尔玛在德国拥有了十几万员工、几十家分店，但是，沃尔玛并没有因在德国受挫而灰心丧气，而是积极采取整顿措施，在德国市场上继续拼搏，后来终于获得了成功。

第14章　信念正能量，坚定者勇而无畏

卡耐基认为，一个人不能没有信念，因为信念是一切事物发展的源头。在人生的道路上，最不能失去的就是信念，一个没有信念的人，就好像是一只无头苍蝇，找不到人生的方向。所以我们可以说，信念是支撑一个人坚定地走下去的最大正能量。

树立目标，不要再迷茫

一个没有目标的人何谈信念呢？卡耐基认为，一个人只有树立了目标，有了信念，才会有力量坚定地走下去。在生活中，许多人的悲哀是："我不知道明天会怎样。"这确实是人生最大的遗憾之一，因为"不知道明天会怎样"的背后是一种在迷茫中的沉沦，它将扼杀一个人的希望、信心和未来。一旦陷入对未来的迷茫中，你便无法胸有成竹地向一个明确的目标迈进。那些所谓的"千里马"一生碌碌无为，并不是他们没有才华和能力，而是他们始终"迷茫"，只会埋怨"生不逢时"，或者抱怨"伯乐"有眼无珠，任自己的一生卧于马厩之中，无法驰骋于疆土。

卡耐基曾举了这样一个例子：

某著名大学有一个非常著名的关于目标对人生影响的跟踪调查，调查对象是一群智力、学历、环境等条件差不多的年轻人。通过调查发现：27%的人没有目标；60%的人目标模糊；10%的人有清晰但比较短期的目

标；3%的人有清晰且长期的目标。

此项调查进行了长达25年的跟踪，发现那些调查对象的生活状况以及分布现象都十分有意思：那些占3%有清晰且长期目标的人，25年来几乎不曾更改过自己的人生目标，一直朝着同一个方向努力。25年后，他们几乎成为社会各界的顶尖成功人士，在他们当中有白手起家的创业者、行业领袖、社会精英。那些占10%有清晰但比较短期目标的人，25年后他们大多生活在社会的中上层，在他们身上有着共同的特点：那些短期目标不断被达成，生活状态稳步上升，成为各行业不可缺少的专业人士，他们的职业大多是医生、律师、工程师等。其中占60%目标模糊的人，25年后他们大多生活在社会的中下层，能够安稳地生活与学习，但没有什么特别的成绩。剩下27%没有目标的人，25年以来，他们几乎都生活在社会的最底层，而且生活过得很不如意，常常失业，需要靠社会救济，喜欢怨天尤人。

最后，这所大学得出这样的结论：也许你现在与别人差距不大，那是因为你们距离起跑线不远，而不是你比别人聪明，或者说上天眷顾你。你是属于那10%、60%还是剩下的部分，只有你自己最清楚。不过，希望你能努力成为那10%的目标清晰的人。

一场突如其来的风暴，让一位独自穿行大漠的旅行者迷失了方向，更可怕的是装干粮和水的背包也不见了。他翻遍了所有的衣袋，只找到了一个泛青的苹果。他惊喜地喊道："哦，我还有一个苹果。"他擦了擦那个苹果，艰难地在大漠里寻找着出路，可是整整一个昼夜过去了，他仍然没有走出茫茫的大漠。饥饿、干渴、疲惫使得他好几次都觉得自己快支撑不住了，可是，一看手中的那个苹果，他抿了抿干裂的嘴唇，陡然又添了几分力量。他继续跋涉，心中不停地默念着："我还有一个苹果，我还有一个苹果……"三天后，他终于走出了大漠，而那个始终未曾咬过一口的苹果，已经干枯得不成样子了。

一个没有目标的人就像是一艘没有舵的船，永远过着漂泊不定的生活，只会到达失望和丧气的海滩。在人生的旅途中，我们常常会遭遇各种困难与挫折，但是请不要轻易地放弃；否则，会很容易陷入迷茫之中。其实，人生就如同沙漠，而那苹果就是我们的信念与目标，在追求目标的过程中，遇到困难要努力坚持，因为目标与信念可以战胜一切恐惧。而只有这样，我们才能稳步前进，最后达到自己的人生目标。

什么是目标？目标就是行为所需达到的目的，又是引起需要、激发动机的外部条件刺激。心理学家认为，人们的社会行为往往是内在条件与外在条件相互作用的结果。动机要想引起行动，不仅需要内在条件，还需要有一定的外在条件或环境作为刺激，如此才能激发动机。而目标就是这些外在的刺激，它是行为动机的诱因，能较好地刺激人们为达到自己的目标而行动。而达成目标，则使人们的某种需要得到满足。

1.激发目标的力量

简单地说，一旦我们心中确定了目标，就会朝着这个目标不断地前进，直到达成这个目标。

2.目标是催人奋进的动力

或许我们应该这样认为，一个人无论年龄多大，其真正的人生之旅，都是从设定目标那一天开始的，而之前的日子，只不过是在绕圈子而已。要想获得成功，那么必须拥有一个清晰而明确的目标，因为目标是催人奋进的动力，是前进路上的灯塔。

敢想敢做，你一定行

卡耐基告诉我们：“你想成为什么样的人，你就能成为什么样的人。”无论在什么时候，卡耐基都用这句话来鼓励自己，并逐渐让它成为

一种习惯。最后，他发现自己真的成为当初自己想要成为的那种人。这就是所谓的“心想事成”法则，心想事成是从心理暗示法引申出来的，包括确立形象的各种方法，来确立一个具体的成功。很多时候，我们的人生命运绝不仅仅取决于能力、环境和外在条件，更取决于我们内心的想法。当你有了某种信念，你的命运会因自己的想法而变得好或者坏，“心想事成”本来就是一种潜意识的力量。假如我们想让自己某种好的现象显现出来，并将积极的想法灌输到潜意识里，则只需要时刻保持良好的心态，自然就会心想事成。“心想事成”法则告诉我们：敢想就会成功。

有一位年轻的乞丐，每天总是懒洋洋地斜躺在地上，在面前放一个破碗，旁边还放着一根讨饭棍。许多人从他身边经过，有的人觉得他可怜，就会往他的破碗里丢几个硬币，年轻的乞丐似乎很享受这样的生活。

有一天，西装革履的律师找到了乞丐，对他说：“先生，您好，您的一个远房亲戚不幸去世了，留下了三千万美元的遗产，根据我们的调查，您是这笔遗产的唯一继承人，所以请您在这份文件上签个字，这笔遗产就属于您了。”这一瞬间，这位年轻人从一无所有的乞丐变成了富翁，轰动了社会。一位记者前去采访他，好奇地问道：“您得到这笔三千万的遗产后，最想要去做的是什么事呢？”年轻人回答：“我首先要去买一个像样一点的碗，再去买一根漂亮的棍子，这样我就可以像模像样地讨饭了。”

卡耐基告诉学生：“‘心想事成’这句话送给别人是一个美丽的祝福，送给自己也同样美丽。”对此，“心想事成”法则的提出者约瑟夫·墨菲这样解释：“你衷心期盼的必将能够实现，最重要的莫过于思考方式，人生就是一天到晚自己想象出来的，人的一生，就是为自己思考的一生。”

墨菲曾讲述了这样一件事情：

在我十多岁的时候，厄运降临了，我右手食指上长了一个恶性肿瘤，我感到世界末日来了。在我疼痛难忍的时候，一位著名的牧师告诉我：“没必要去看医生，只要你的潜意识坚信会好起来，那么它自会痊愈。”我相信了他的话，从此以后每天晚上坚持不懈地祈祷：“潜意识，告诉我治疗这种肿瘤的方法吧，我相信你定能为我祛除疼痛。”过了一段时间，在一天晚上，我做了一个无比清晰的梦，我梦到自己正在用剃须刀割掉那个肿瘤。早上醒来，我心想：或许这就是潜意识告诉我治疗的方法。为了证实自己的猜测，我决定每天用剃须刀削掉一点儿肿瘤的表皮，直至清除。一个星期以后，奇迹发生了，我食指上的肿瘤真的不见了，可能这是无法想象的，但确实是我亲身经历的事情。

墨菲说：“每个人都有表面意识与潜意识两种意识，表面意识像是一辆车的主人，潜意识则像是一个司机，可以驾驶车子到任何你想去的地方。‘心想’就是我们表面意识想的事情，也就是你告诉司机要去的地方；‘事成’是我们潜意识开始日夜二十四小时没有任何休息地赶路，把你载到想去的地方。”

著名的科学家曾到一所学校做过这样一个研究：他对班上的一些孩子说，你们是天才，智商非常高；又对另外一些孩子说，你们的智力水平很一般。15年之后，那些被认为高智商的孩子获得了巨大的成功，而那些被认为智力水平一般的孩子成了最平凡的人。对此，科学家发表言论：“那时候我只是随便说说，其实那些孩子们的智力水平都差不多。”然而，那些被科学家说是高智商的孩子在内心有个坚定的信念：“我是天才。”

任何时候，他们都以这种信念来鼓励自己，最后终于心想事成；相反，那些被科学家说是智力水平一般的孩子，他们心中的信念则是：“我是个智力一般的孩子，再怎么努力也不会有所成就。”不同的信念造就了他们不同的一生。科学家的这个实验告诉我们：当你想象自己会成为什么样的人，朝着这个信念不断努力，就一定会心想事成。

1.不要质疑自己的能力

很多时候，我们都有着自己的想法：希望自己将来能像松下幸之助

一样成为获得巨大成功的实业家；希望进入自己梦寐以求的公司，谋得一个称心如意的职位等。但是最终，有的人能够实现自己的愿望，获得成功的人生；而有的人却不管怎么努力都达不到自己的愿望，过着不幸福的日子。

2.决定你一生的是你的信念

墨菲说："决定你命运的绝不是才能，更不是坏境和外在条件，而是你的思考方式，即你的想法。"换而言之，也就是我们所说的信念。从现在起，想象自己成为什么样的人，然后让这种"心想"成为一种习惯，在潜意识强大力量的帮助下，自己真的会成为想象中的人。

梦想是一颗快乐的种子

卡耐基认为，每个人都有自己的梦想，而活着就是为了来完成这个梦想。梦想成了我们的人生目标，成了我们不断前进的助推器，更为重要的是为我们的心灵注入了快乐的血液。人生的最大意义在于奋斗，为自己的梦想而奋斗，这会令一个人感到充实和快乐。有梦想的人从来都不会都感到空虚，因为他们懂得自己最想到的是什么，并且会朝着这个方向不懈地努力。有的人一辈子都在寻寻觅觅，他们没有梦想，只能到处漂泊，因而错过了很多东西；有的人怀揣着梦想，但是在追逐梦想的过程中，不断碰到障碍，于是痛苦地湮灭了自己的梦想。他们失去了梦想，也就失去了人生最大的快乐，只能孤独地过完一生。

有一天，卡耐基讲了邮差希瓦勒的故事：

希瓦勒是一名乡村邮递员，他每天的工作就是帮人送信，工作的枯燥与单调令他十分苦恼，整天闷闷不乐。直到有一天，希瓦勒在崎岖的山路上被一块石头绊倒了，刚开始他觉得很生气，但是，很快他的注意力就

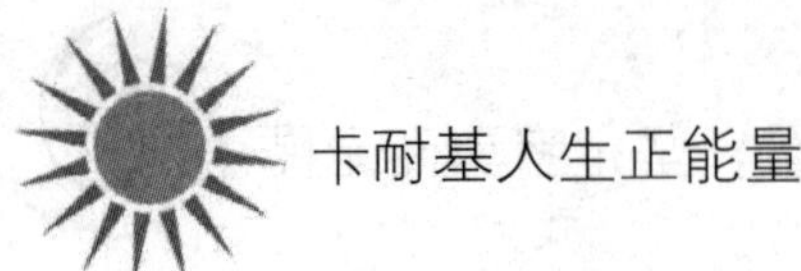

被那块奇特的石头吸引了。他拾起那块石头，左看右看，爱不释手，并将那块石头放进了自己的邮包里。村里的人发现希瓦勒居然在邮包里装了一块沉重的石头，感到很奇怪，便劝告他："把它扔了吧，你还要走那么多的路，这可不是一个小负担。"希瓦勒取出那块石头，炫耀地说："你们看，有谁见过这么漂亮的石头？"人们笑了："这样的石头山上到处都是，够你捡一辈子了。"

回到家里，希瓦勒不禁萌发了一个想法：如果用这些漂亮的石头建造一座城堡，那将是多么美丽啊！于是，他开始付诸行动了，每天他都会在回家的途中捡几块好看的石头，梦想让他每一天都充满快乐。没过多久，希瓦勒就收集了一大堆石头，但是这距离修建城堡的数量还差得很远呢！于是，他开始推着独轮车送信，这样他就可以捡更多的石头了。白天希瓦勒是一个快乐的邮差，兼任运输石头的苦力，晚上，又是了一个快乐的建筑师。

20年后，在希瓦勒偏僻的住处，出现许多错落别致的城堡，有清真寺一样的、有印度神教式的、有基督教式的。当地人认为，希瓦勒不过是在玩小孩子一样的游戏，但是不久之后，一位报社的记者发现了这群城堡，当即写了一篇报道。文章刊出后，希瓦勒和他的城堡成了新闻焦点，许多人慕名来参观，连大师毕加索也专程来参观城堡。在城堡的石块上，希瓦勒当年刻下的一句话还清晰可见："我想知道一块有了梦想的石头能走多远。"

梦想让希瓦勒的生活变得更加充实和快乐，他不再感到邮差是一份多么枯燥的工作，反而很愿意享受那份工作带来的乐趣。当然，有梦想的不是石头，而是希瓦勒心中一股强大的信念，他向往实现自己的梦想，过上自己理想的生活。也许，有的人会觉得自己的梦想难以实现或者认为追逐梦想的过程太辛苦；其实，有这种想法的人一定没有自己的梦想。因为梦想本身是快乐的，它让人感觉不到辛苦；有梦想就有活着的力量，追逐梦想的人是快乐和幸福的。

卡耐基告诉我们：有一种快乐就是梦想，因为梦想为心灵注入了快乐的血液。梦想是一个人前进的动力，有梦想就有拼搏的力量。梦想本身就是快乐的传递者，当我们接近梦想或在实现梦想的过程中，便感染了快乐。

1.梦想为信念积聚力量

梦想就像太阳，当我们追逐它的时候，心中所有的阴影和不快都被抛到了身后，即使遭遇了阻碍，我们依然乐观地相信，梦想就在前方，因为任何时候梦想都将传递给我们快乐与力量。

2.梦想是快乐的种子

有人曾说："每个人的心中都会有一个梦想，每个人的快乐都源自梦想实现的那一刻。"其实，无论是梦想已经实现，还是在追逐梦想的过程中，我们的心灵都充满快乐。当我们有了自己的梦想，那么，每一分每一秒都在想着如何实现梦想，每天都在为实现梦想而努力，这带给了我们无数的快乐。两个人做着同样的事情，干着同样的工作，但是有着截然不同的人生态度，因为一个有梦想，一个没有梦想。梦想是需要努力奋斗才能实现的，不管在什么样的情况下，都不忘记自己的梦想、不放弃自己的梦想，这样的人生才是充实的，才具备生命的意义。

信念，照亮了前方的路

卡耐基说：当生活没有了信念，人生就没有目标，即使每天活在这个世界上，也不过是没有灵魂的躯壳。心中没有了信念，生活就没有了希望，一个人也许不怕卑微、不怕艰苦，就怕失去了对生活的希望。坚定一个信念，点亮希望之灯，照亮前方的路，我们就会从卑微、苦难中逃出来，拥抱明天，拥抱阳光。人只要心怀梦想，不顾一切，竭尽全力地活着，就会得到自己想要的幸福。也许在现实生活中，我们都是微不足道的小人物，甚至生活已经到了山穷水尽的地步。但是，想想心中的信念，永不放弃，用信念点亮希望的灯，勇敢前进，有一天我们会发现成功几乎触手可及。

卡耐基讲述了这样一个故事：

一个小男孩在大街上玩耍，不小心被迎面而来的汽车撞倒了。由于及时被送往医院，倒小男孩保住了性命，却失去了双手。那时，小男孩才5岁，他并没有发觉自己与他人有什么不同，但是，到了读书的年龄，他发现自己无法像其他孩子一样用手翻书、穿脱鞋子，而且他也因此被学校拒之门外。

当小男孩看着其他孩子兴高采烈地去上学的时候，他总是伤心地问妈妈："妈妈，我没有手，我不能上学，怎么办呢？"妈妈心里不是滋味，但她总是怜爱地摸着男孩的头安慰："孩子，不要紧的，只要你坚持锻炼，你的手还会再长出来的。"听了妈妈的话，小男孩笑了。于是，他每天坚持练习，学习用脚吃饭、写字，他心里充满了希望，因为他坚信只要自己努力练习，手还会再长出来的。

然而几年过去了，小男孩虽然每天刻苦练习，但是他的手还是没有长出来。他不解地问妈妈："妈妈，我的手怎么还没有长出来呀？是不是我练得不够刻苦？"妈妈认真地看着小男孩的眼睛，说道："傻孩子，别人用手能做的事情，你也都能做啊！"小男孩自信地说："是的，我的脚都会做，比其他孩子的手做得还要好呢！"妈妈欣慰地点点头："那你说你的手长出来了没有？记着，孩子，每个人都有一双有力的手，而这双手就在你的心里，只要你愿意，它就能帮助你战胜一切困难和不幸。"小男孩终于明白了，那经过千锤百炼的手永远不会断，因为它长在自己的心里。

讲完故事之后，卡耐基这样告诉年轻人：这就是信念，也是生活的全部希望。当你对一种事物产生了一种强烈欲望的时候，就会在心里产生一种信念，而正是这种信念，让你的心对生活充满希望。信念，点亮了心中的希望之灯，让我们明白了人生的意义与方向。一个没有信念的人，就好像没有灯塔的航船，注定要沉没于汪洋。

很多时候，我们没有办法预见明天会发生什么，所以不能够坚持不懈地走下去，因为前方的路不明，我们的目标不清楚，以至于茫然失措。但是，有了信念就有了希望，当信念的灯塔照亮了前方的路，我们就找到了那条路，找到了目标，这样才有可能获得成功。无论是做什么事情，只要心中有了必胜的信念，也就有了清晰的目标，然后选择自己坚持的方式，就一定会完成自己的成功之旅。也许，我们永远要在路上不停地向前走，但只要不放弃心中的信念，就有了对生活的希望。有信念就有希望，坚持不懈，成功就在前方。

1.人生是从小小的信念开始

在这个世界上，任何人都可以免费获得信念，大凡有成就的人，最初都是从坚守一个小小的信念开始的。只要心中有了信念，生活就有了希望，人生之旅就有了正确的方向，我们离成功也就不远了。卡耐基告诉我们：信念是人性中最坚强的东西，缺少它们，我们就会失去生活的全部希望，也很难经得起任何打击。从一个小小的信念开始，我们就有了继续奋斗的动力，也就有了继续生活的希望，从而产生无穷的力量。想拥有一个什么样的人生，取决于持一个怎样的信念，然后怀着坚定的信念，努力前行。

2.有信念就能成功

在2011年，我们记住了这样几个人：西单女孩、旭日阳刚。在他们的身上，我们看不到绝望与沮丧，只有充满希望的心。即使屡屡遭遇生活的挫败、辛酸，他们也一直怀着必胜的信念，追逐着梦想。心中的信念照亮了追梦的旅程，让他们看到了前方的灯塔，看到了希望。一路走来，虽然有过无奈与沮丧，但在成功的那一刻，有的便是鲜花与掌声。

不放弃，梦想就一定会实现

美国著名作家杜鲁门·卡波特说：“梦是心灵的思想，是我们的秘密真情。”梦想对于每个人来说，都有一种巨大的魔力，不断地召唤着你前进。所以，卡耐基这样告诉我们：无论自己的梦想是多么模糊，也不管自己的梦想是多么不可思议，我们都要听从心中梦想的召唤，紧紧跟随着它，坚持不懈地走下去，这样梦想就会变成现实。“永不放弃”是梦想成真的信念，只有不懈地坚持，才能成就辉煌。

卡耐基讲了这样一个故事：

赛尼·史密斯6岁的时候，在威灵顿小学读一年级。一天，老师玛丽·安小姐给学生们布置作业，让大家说出自己的梦想，班上同学十分踊跃，纷纷说出自己的梦想。特别是赛尼，他一口气就说出两个梦想：一个是拥有一头属于自己的小母牛，另一个就是去埃及旅行。但是，班里有一个叫杰米的男孩子一下子没想出自己的梦想，因为他能想到的，别人都已经说了。为了让杰米拥有一个自己的梦想，玛丽·安小姐建议杰米向同学购买一个。在老师的见证下，杰米花了3 美分向赛尼购买了一个梦想，也就是“去埃及旅行”。

40年过去了，赛尼·史密斯已经到了中年。在过去的日子里，赛尼去过了许多国家，如丹麦、希腊、中国、日本，然而，他从来没有去过埃及。难道赛尼不想去埃及吗？赛尼说：“自从我卖掉去埃及的梦想之后，

我就从来没有忘记过这个梦想。但是，作为一个虔诚的基督教徒，我不能去埃及，因为我已经把这个梦想卖掉了。”带着强烈的愿望，赛尼决定赎回自己的梦想，因为他觉得只有这样，自己才能心安理得地踏上那片土地。但是，赛尼·史密斯没能如愿以偿，因为联邦法院认定，那个梦想的价值已经上升到3000万美元了。

而购买赛尼梦想的杰米，40年来，他怀揣着梦想考上了华盛顿大学，鼓励儿子考入斯坦福大学。在梦想的感召下，杰米的人生获得了极大的成功，他在芝加哥拥有6家超市，总价值超过了2500万美元。杰米说：“如果我没有那个去埃及旅行的梦想，我是绝对不会拥有这些财富的。”梦想对于杰米而言，已经成为生命中不可分割的一部分。

花上3000万美元赎回一个以3美分卖出去的梦想，这在许多人看来都是不可思议的。但是对于赛尼来说，即使自己倾家荡产，也要赎回那个梦想，因为他知道，人的一生中最珍贵的东西就是梦想。也许，在我们的内心也有着这样或那样的梦想，然而在追逐梦想的过程中，挫折与困难无所不在，致使我们放弃，最终与梦想失之交臂。其实，梦想是我们生命中最珍贵的一部分，只有永不放弃自己的梦想，用心飞到梦想之地，才能让生命绽放别样的光芒。

一位穷苦的牧羊人带着两个年幼的儿子，依靠替别人放羊来维持生活。有一天，牧羊人带着儿子赶着羊来到一个小山坡，他们看到一群大雁，鸣叫着从天上飞过，并很快消失了。小儿子问父亲：“大雁要往哪里飞？”牧羊人回答：“为了度过寒冷的冬天，它们要去一个温暖的地方安家。”大儿子眨着眼睛羡慕地说：“要是我们也能像大雁一样飞起来就好了，我要比大雁飞得还高，去天堂看望妈妈。”小儿子也对父亲说：“做一只会飞的大雁多好啊！可以飞到自己想去的地方，那样就不用放羊了。”牧羊人沉默了，然后对儿子们说：“如果你们想，你们也会飞起来的。”两个儿子试了试，但并没有飞起来，他们疑惑地看着父亲。牧羊人说：“看看我是怎么飞的吧”。当然，他也没能飞起来。但是，他却肯定地告诉两个儿子：“可能是因为我的年纪太大了，才飞不起来，你们还小，只要不断地努力，就一定能飞起来，去你们想去的地方。”从此，兄弟俩心中有了一个飞翔的梦想，长大后他们终于飞了起来，他们就是美国的莱特兄弟。

黎巴嫩著名诗人纪伯伦曾说：“我宁可做人类中有梦想和完成梦想愿望的、最渺小的人，而不愿做一个最伟大的无梦想、无愿望的人。”人类最可贵的本能就是对未来充满梦想，我们不仅要播下梦想的种子，而且要让梦想的种子长成参天大树。千万不要放弃自己的梦想，用心灌溉，总有一天梦想会变成现实。

或许有人会问，梦想与信念有什么关系呢？其实，我们播下梦想的种子那一刻起，信念也就诞生了。信念就是我们哪怕穷其一生也要追逐心中的梦想，直到实现梦想。这就是人生源源不断的正能量，也就是支撑我们前进的力量。

1.即便失败，也不放弃梦想

中国探险家余纯顺在临行罗布波时曾说：“我也许真的会失败，但我不能放弃这个梦想，就是失败，我也要当失败的英雄。”梦想是我们的目标，是我们不懈奋斗的动力。在这个世界上，我们身在何处并不重要，重要的是我们应该朝着什么样的方向前进。所以，怀揣着梦想前进吧，用心飞到自己的梦想之地！

2.梦想，从来都离我们很近

有人认为，梦想是一种虚无缥缈的东西，并没有什么作用。其实，这种想法是错误的，梦想能够使人产生一种力量、一种信念，更重要的是梦想能够成为现实。马云最初梦想创建阿里巴巴的时候，有人甚至讽刺他：“你要是能创建阿里巴巴，轮船都能开到喜马拉雅山上去。”然而，马云并没有放弃自己的梦想，他凭着不懈的精神，不但成功地创建了阿里巴巴，而且使阿里巴巴成为世界五大网站之一。

下篇

完满生活，正确运用正能量

当我们寻找到那些正能量之后，并不是将它束之高阁，而是要想办法将它运用起来。如今快节奏的生活给人们带来了巨大的生存压力，在这种情况下，正能量正在流失，而负能量则暗暗滋生。对此，要想拥有完满生活，那就需要正确运用正能量。

第15章
社交正能量，助你轻松搭建人际圈

卡耐基认为，成功的人都是拥有高度人际关系智能的人。在日常交际中，我们要善于发挥社交正能量，用心观察对方的需求，真心诚意地与他们交往，这样不仅不会有冲突和矛盾发生，彼此间还会充满关爱，从而帮助我们轻松搭建人际圈。

学会微笑

卡耐基曾举了一个简单的例子，一个售货员的心情很好，于是给了顾客一个亲切的微笑；顾客的心情也变好了，回到家给了儿子一个微笑；儿子的心情也变好了，到学校给了所有同学一个微笑，微笑就这样一直传开了。这就是心理学中著名的微笑效应。心理学家通过研究得出这样一个结论：如果你决定提高自己的社交技巧，决定结婚或者至少跟一个人住在一起，决定追求有意义的目标并且在过程中、在小事上享受快乐，那么，你的幸福感就能提升10%～15%；如果你能不吝惜自己的微笑，亲和地对待他人，那么，你的幸福感就能提升20%～25%。微笑，能够撩动人心，让人亲近。

曾听卡耐基讲述了这样一个故事：

有一天，忧虑者向智者请教："尊敬的人间智者，请告诉我，如何才能跳出忧郁的深渊，享受欢乐呢？"智者微笑着说："那你就学会微笑吧，向你每天所见的一切。"忧虑者感到很奇怪："可是，我为什么要微笑呢？我没有任何微笑的理由呀！"智者回答道："当你第一次向人微笑时，不需要任何理由。"忧虑者问道："那么，第二次微笑呢？以后我都不需要任何理由就微笑吗？"智者笑着说："以后，微笑的理由会按它自己的理由来找你。"于是，忧虑者按照智者的指引，去寻找微笑了。

半年过后，一个人来到智者面前，告诉智者："我就是半年前那个忧虑者。"现在，这个过去的忧虑者满脸阳光，在嘴角总是挂着真诚的微笑。智者问道："现在，你有微笑的理由了吗？"曾经的忧虑者说道："太多了，当我第一次试着把微笑送给那位我曾见过无数次面的送报者，他居然还我同样真诚的微笑，我发现天那么蓝，树那么绿。"说完，他又开始讲述自己的经历："当我第二次把微笑送给那位不小心把菜汤洒在我身上的侍者的时候，我感觉到了他发自内心的感激，感受到了那份温情，而那份温情驱散了积聚在我内心的阴云。后来，我不再吝惜我的微笑，我把微笑送给了那些孤行的老人，送给了天真的孩子，甚至送给了那些曾经辱骂过我的人。我发现，我收获了多于我所付出几倍的东西，这里面有赞美、感激、信任、尊重，还包含着一些人的自责和歉意，而这都是人间最美好的感情，这让我变得更加自信、更加愉快，我更愿意付出微笑。"智者微笑着说："你终于找到了微笑的理由，假如你是一粒微笑的种子，那么，他人就是土地。"

美国第一任总统华盛顿曾说："一切和谐与平衡，健康与健美，成功与幸福，都是由乐观与希望的向上心理产生与造成的。"原一平是日本的一位保险推销员，虽然他只有1.53米的个字，刚开始从事保险员这份工作的时候，原一平几乎连一分钱的保险都没有拉到。然而，他每天依然精神抖擞，一路上不断地用微笑和那些擦肩而过的行人打招呼。由于原一平的微笑总能感染到别人，后来他成了日本历史上最出色的保险推销员，而他的微笑被评为"价值百万美元的微笑"。

原一平的微笑如此神奇，不仅给顾客带来了欢乐与温暖，而且也给自己带来了巨额财富和一世英明。其实在这个世界上，每一个发自内心的微笑，都具有神奇的力量。威尔科克斯说："当生活像一首歌那样轻快流畅时，笑颜常开乃易事，而在一切事都不妙时仍能微笑的人，才活得有价值。"微笑是种子，谁播种微笑，谁就能收获美丽。

1.记得每天面带笑容

早上出门之前，对着镜子，面带笑容，然后一直保持这个表情。其实，微笑不仅仅可以传递给身边的人正能量，而且也可以给自己补充正能量。试想，当你心情郁闷的时候，一个笑容可以给自己增强多少信心。

2.微笑是一种正能量的传递

卡耐基告诉我们：一个微笑，就是一个和善的信号，更是一种正能量的传递，可以缩短心灵之间的距离，消除误解、疑虑和不安，使他人有一种被尊重的感觉，满足他人最大的心理需求。

学会尊重他人

自尊是每个人必须学会的第一个原则。从小，我们就应该学会"站着"而不是"趴着"去仰望那些大人物，这样所建立的自信心与健全的人格会为我们的一生打下坚实的基础。卡耐基告诉我们：一个人的心灵世界，是要靠自尊来支撑的，尊严可以带给人自信，也可以改变一个人的命运。而这就是所谓的尊重法则。在哈佛大学里，每个人都是平等的，没有谁能够享受某种特权，因为每个人生下来都是平等的，他们有着同样的生存权利。

在哈佛的众多名校长中，劳伦斯·萨默斯是任职时间最短的一位。当然，并不是因为萨默斯的能力不够，或者说资历不强，而是由于萨默斯在某些方面不懂得尊重人，最终不得不告别了哈佛大学。

28岁的萨默斯获得了哈佛大学哲学博士学位，在1982～1983年期间，萨默斯曾受雇于时任总统里根的经济顾问委员会。1983～1993年，萨默斯受聘为哈佛大学经济学教授，而且成为哈佛大学现代历史上最年轻的终身教授。1991～1993年，萨默斯在世界银行贷款委员会担任首席经济学家。1999～2001年，萨默斯担任克林顿政府第71任财政部部长。在美国历史上，萨默斯是一位名声显赫的人物，然而，正是这位声名赫赫的大人物，却惨遭哈佛大学的“滑铁卢”。

萨默斯是一个习惯“信口开河”的人，而正是这一习惯让他付出了惨重的代价。2001年，年仅47岁的萨默斯接任哈佛校长，在就职期间，萨默斯不经意说了一句：“女性先天不如男性。”顿时，这一观点被斥责为“性别歧视”的论调，在哈佛大学引发了一场“反萨默斯”风潮。这样形成的后果是，萨默斯与同事关系紧张，严重影响了哈佛大学的团队精神。在一次投票中，哈佛的教职员纷纷向萨默斯投下了不信任票，在这样的舆论压力下，萨默斯只有主动辞职，而他是历届哈佛校长中就职时间最短的一位。

虽然劳伦斯·萨默斯在美国社会上是一位赫赫有名的人物，但是在哈佛大学，他不能享受一丝特权。萨默斯作为哈佛大学的校长，有管理学校的权力；同时，他又承担着相应的责任，他的言行举止必须受到哈佛广大教职员的监督。所以，在教职员的不信任票中，萨默斯被迫离开哈佛。哈佛民主治校的人文精神是“反对特权、崇尚平等”，几乎每一位哈佛学子都渴望在平等中获得尊重。而萨默斯一句不尊重女性的话，最终导致其威望值的下降。

纽约商人看到一个衣衫褴褛的铅笔推销员，出于内心的怜悯，塞给那人一元钱，但是过了一会儿，纽约商人意识到自己的行为伤害了对方的

自尊。于是，纽约商人返回来，从铅笔推销商那里要来几支铅笔，并解释道："不好意思，我忘记拿笔了。"几个月过去了，纽约商人再次遇到了那位卖笔人，这时，那卖笔人已经成为推销商。他感谢纽约商人道："是你重新给了我自尊，告诉了我，我是个商人。"

我们应该记住：在日常交际中，尊重永远是社交的第一要素，在任何时候，面对任何人，都要懂得尊重。尊重，就好像一个接力棒，它所传递的是正能量，尊重别人或被别人尊重的人都会感受到这种正能量。

弗洛姆说："尊重生命、尊重他人，也尊重自己的生命，是生命进程中的伴随物，也是心理健康的一个条件。"只有真正学会尊重他人、尊重身边的每一个人，我们才能得到他人的尊重，才能与他人建立融洽和谐的人际关系。尊重，如同一把火炬，在心灵与心灵之间传递着信任与爱；尊重，又如同一把金钥匙，打开了所有上锁的灵魂。

幽默是最好的和谐剂

卡耐基曾说："幽默是一种人生态度。"在日常交际中，幽默的语言能使紧张的气氛顿时显得轻松活泼，能让对方感到真诚，更容易感染对方，从而达到打动对方的目的。在生活中，幽默无处不在，它是人际交往的调节剂。我们应该学会用幽默创造氛围，纵观古今名人，凡是成就大事者，无不具有幽默的细胞。著名文学家萧伯纳一句"你撞了我可以四海名扬"，使骑车撞了他的小伙子脱离尴尬境地；音乐大师莫扎特以顺藤摸瓜式的幽默让轻狂的学生低头信服；政治家俾斯麦以偷梁换柱的幽默道出了女人的通性。

张先生借用朋友的豪华别墅办了一场聚会，活动即将开始时，助理焦急自责地跑来跟他说："苹果不知道什么时候掉了一袋，剩下的可能不太够用，这里离市区又那么远，怎么办？"张先生没斥责她，仅轻声地问："有没有哪一种准备得多一点？"助理说："小点心准备得很多，应该会有剩下。"张先生于是拍了拍助理的肩膀安慰她："没关系，有我呢！"宴会开始了，大家都看到前头的苹果盘前放了一个小牌子，上面写着："上帝正在看着你，请别拿太多了！"大家不禁莞尔一笑，走到后头又看到放小点心的盘子前也立了一个牌子，上面写着："不要客气，要多少拿多少，上帝正忙着注意前面的苹果呢！"来宾们都笑弯了腰，结果这场聚会宾主都尽兴无比。

张先生一句得体俏皮的话，立即让主宾之间的心灵距离缩短，并获得宾客的好感。当然，并不是说每一句话都需要幽默，也不是随便一句俏皮话都可以被称为幽默。幽默的语言风格不仅需要风趣，更需要得体，符合场合，这样才能更好地达到幽默的效果。

卡耐基曾讲述了这样一个故事：

在一个大城市的市郊，有一个颇具规模的化工厂。这个厂终年生产一种化学产品，从烟囱里冒出了大量的烟和灰尘，使临近的几家企业饱受烟和灰尘之苦。在一次化工厂加班生产的时候，隔壁一家工厂的厂长半开玩笑地说："你们生产这么忙，如何处理这些烟和灰尘呢？"化工厂的厂长也半开玩笑地说："我们打算将烟筒加高二分之一，同时向包装厂定制一个特大的塑料袋，并用直升飞机把袋子吊到烟囱的上空罩下来。"两位厂长各带幽默的话语，使他们彼此得到了谅解，一道哈哈大笑起来，紧张的心情也渐渐地舒展开来了。

几句幽默诙谐的话语，使双方都获得了谅解，最终缓解了彼此紧张的心情。恩格斯曾经说："幽默是表明人对自己事业具有信心并且表明自己占有优势的标志。"当然，幽默的语言风格是建立在较高的思想境界和较

高的涵养上，如果你是一个心胸狭窄、思想颓废的人，你是不会幽默的。幽默永远属于那些拥有热情的人，属于生活的强者。

当然，幽默并不是人天生就有的，而是智慧与经验的结晶。而且，幽默所产生的力量是巨大的，它可以帮助我们以另一种眼光来看待身边的人和事，帮助我们营造良好的氛围，达到传递社交正能量的目的。

那么，如何在语言表达中增添幽默的元素呢？

1.曲解

有时候我们可以故意曲解某件事情的含义，为问题找到一个似是而非的解释，使结果和原因之间显得不那么相称，给人一种荒谬感，从而幽默。

2.戏谑

在日常交际中，我们可以通过场景来发挥幽默的表达技巧。戏谑幽默是一种无攻击性的幽默技巧，开着机智、哲理的玩笑，目的就是增加你对对方的亲切感，影响对方的心理。

3.假设推理

在沟通过程中，我们可以利用对方不稳定的前提或自己假定的前提，来推理引申出某种歪曲的结论和判断，但这并不是逻辑上的结果，而是偶然性和意外性的结果，最终形成幽默感，令对方愉悦。

假若把你的各种优良特质比作钻石的各个侧面，幽默感则是钻石直接面向他人的那一面，可以时时折射出智慧的光芒。幽默，时常会让我们一展才华，脱口而出，令人耳目一新，印象深刻。一段精彩的幽默说辞，有时会让人终生难忘，而你将成功地打开他人的心扉。

站在对方的角度看问题

在日常交际中，我们要能够体会对方的情绪和想法，理解对方的立场和感受，站在对方的角度思考和处理问题，这样才能产生出共鸣，也才能成功地进行沟通。在已经发生的事情中，把自己当成对方，想象自己是由于何种心理触发了整件事情。在整个心理过程中，由于自己先接纳了这种心理，所以也就接纳了对方的这种心理，最后谅解了这种行为和事情的发生，这与古人所说的“己所不欲，勿施于人”如出一辙。在人与人之间的沟通中，共鸣始终扮演着重要的角色。事实上，当我们站在对方的角度，同情、理解、关怀对方，接受对方的内在需求，并感同身受地予以满足，就可以产生共鸣，从而赢得对方的好感。

卡耐基租用了某旅馆大礼堂讲课。一天，他突然接到通知，租金要提高3倍。卡耐基便前去与经理交涉。他说：“我接到通知，有点震惊，不过这不怪你。如果我是你，我也会这么做。因为你是旅馆的经理，你的职责是使旅馆尽可能赢利。”紧接着，卡耐基为他算了一笔账，将礼堂用于办舞会、晚会，当然会获大利。“但你撵走了我，也等于撵走了成千上万有文化的中层管理人员，而他们光顾贵旅社，是你花再多的钱也买不到的活广告。那么，哪样更有利呢？”经理被他说服了。

卡耐基所说的“如果我是你，我也会这么做”，其实就是一种理解。当他站在经理的角度时，经理已经降低了防备心理。然后，卡耐基抓住了经理的兴奋点，使其内心产生共鸣，最终让经理心甘情愿地把情感的天平倾向了自己这边。

保险员李小姐一进门便开门见山说明来意：“李先生，我这次是特地来请您和太太及孩子投人寿保险的。”可是，王先生却异常反感地说：“保险是骗人的勾当！”李小姐并没有生气，微笑着问道：“噢，这还是第一次听说，您能跟我说说吗？”王先生说：“假如我和太太投保三千

元，这三千元现在可买一部兼容电脑，二十年后再领回的三千元，恐怕连电视机都买不到了。”李小姐又好奇地问：“这是为什么呢？”王先生很快地回答：“一旦通货膨胀，物价上涨，即会造成货币贬值，钱就不经花了。”通过这样的问话，李小姐对王先生内心的忧虑已基本了解。

李小姐首先维护李先生的立场：“您的见解有一定的道理。假如物价急剧上涨二十年，三千元不要说黑白电视机买不了，怕只够买两棵葱了。” 李先生听到这里，心里很高兴。但接着，精明的李小姐又给他解释了这几年物价改革的必要性及影响当前物价的各因素，进一步分析我国政府绝对不会允许旧社会那样通货膨胀的事情发生的道理，并指出以王先生的才能和实力，收入可望大幅度增加。说也奇怪，经李小姐这么一说，王先生开始面带笑容，相谈甚欢，当然李小姐最终获得了成功。

李小姐成功的秘诀就在于先是站在对方的立场来思考，设身处地，洞悉对方的心理需求，再进行引导，最终说服了王先生。由此可见，灵活地制造出共鸣能够有效影响对方的心理，而站在对方的角度思考问题，与对方实现内心的对话，又能产生心理共鸣。

卡耐基认为，当我们与他人意见有分歧的时候，会自觉地想到“如果我是你，我该怎么做”，其实这就是站在对方的角度看问题。当我们了解到对方的心理，然后再迎合其心理，那自然就会赢得对方的好感，从而获得社交正能量。

在日常交际中，如何才能制造出“站在对方的角度看问题” 的氛围呢？

1.“你的话有一定的道理……”

当对方表露出与自己全然不同的想法时，你应该说“你的话有一定的道理……”并通过语言分析强化对方想法的正确性，站在对方的角度，再进行积极引导，就可以制造出共鸣了。

2.“如果我是你，我也会这样做”

汽车大王福特说：“假如有什么成功秘诀的话，就是设身处地替别人着想，了解别人的态度和观点。”于是，当对方说出自己的决定时，我们应该强调对方这种做法的合情合理性，了解对方当时的心理矛盾，以感同身受影响其心理，再巧妙地说服对方。

3.“咱们都是一家人……”

当你仔细观察对方身上所具备的特征之后，你会发现你们之间其实也有许多相同点，而此时需要的就是传递出“咱们都是一家人……”这样的信息，以制造共鸣。比如“张先生，我也姓张，咱们五百年前可是一家人啊”、“王姐，您也是东北人啊，真是太巧了，我也是东北的”。

4.“同是天涯沦落人”

相同的经历会有相同的感受，相同的感受自然会惺惺相惜，我们要巧妙地以此制造出共鸣感。比如“你以前在广州工作过？我早些年也在广州工作过”、“李姐，咱们做女人真的是不容易啊，既要照顾家庭，又要照顾孩子，生活压力真大啊”，以此来影响其心理，达到说服对方的目的。

真诚的赞美，更易打动人心

卡耐基认为，每个人都喜欢听赞美的话，谁也不能免俗。这是因为每个人都有一种渴望尊重的心理需要，而赞美会使对方这样的需要得到极大的心理满足。爱听好话是人的天性，俗话说：“良言一句三冬暖。”赞美他人意味着认定对方的价值，这时候，对方通常都会喜不自胜，极易动心，而在这样的心理基础上，你再提出自己的请求，对方自然就会爽快地答应下来。卡耐基认为，对方心理上的亲和，实际上就是接受你意见的开始，同时也是转变其态度的开始。由此可见，要想发挥社交正能量，

就应该给予对方真诚的赞美，而这样朴素真诚的赞美在任何时候都能打动人心。

卡耐基曾讲述了这样一个故事：

日本加藤清正家的老臣饭田觉兵卫是一位勇猛又擅长军略的武将，但在加藤清正死后，宗族被追加了爵位，觉兵卫却从此辞官，并在京都过着隐居的生活。有一次，他对别人说："我第一次在战场上建功时，也同时目睹了许多朋友因战殉职。当时心想，这是多么可怕的事情，我再也不想当武士了。可是，当我回到营里，加藤清正将军夸赞我今天的表现，随后又赐给我一把名刀。这时，我不想当武士的念头被打消了。后来每次上战场，我总是有"不想再当武士"的念头。可是每次回到营里，总又会受到夸赞和奖赏。周围的人，都以钦羡的眼光看我。所以，我的决心一次次地动摇，总是没能达成，也就一直服侍清正公。现在想来，清正公真是巧妙地利用了我。"

即便是饭田觉兵卫这样英勇的士兵在面临战争时也会害怕，心中也会有不想当武士的念头。但是在加藤清正的赞美之下，饭田觉兵卫被打动了，并把自己的一生都贡献给了国家。加藤清正的高明之处在于，通过对武士的真诚赞美，让饭田觉兵卫这样一个忠勇的部下心甘情愿为其效力。

科劳德是毕加索的小儿子，他的母亲弗朗索瓦兹·吉洛特非常喜欢绘画，一进画室便不希望被人打扰。一次，儿子想让妈妈带他出去玩，可吉洛特已全身心投入到绘画上，听到敲门声和儿子的喊声，只是回应了一声"哎"，之后接着埋头作画。过了一会儿，儿子又说："妈妈，我爱你。"可得到的回应也只是："我也爱你呀，我的宝贝儿。"却并没有打开门。儿子又说："我喜欢你的画，妈妈。"吉洛特高兴了，她答道："谢谢！我的心肝，你真是个小天使。"可是仍然没有开门。儿子又说："妈妈，你画得太好看了。"这时吉洛特停下笔，却没有说话也没有动。儿子又说道："妈妈，你画得比爸爸画得还好。"听了这话，妈妈把门打开了，答应和儿子一起出去玩。

刚开始的时候，无论儿子怎么央求，妈妈都不为所动，可当儿子说出“妈妈，你画得比爸爸画得还好”这样的赞美之词时，妈妈的心被打动了。虽然吉洛特的画自然比不上绘画艺术大师毕加索的画，但儿子的那句赞美却说到了她的心里，让她怎么拒绝呢？

卡耐基认为，赞美对方是一种有效的情感投资，而且投入少、回报多，这是一种非常符合经济原则的行为方式。赞美同事，会令同事更乐意为你整理文件；赞美上司，会令上司更加重用你；赞美下属，会使其更加乐意为你效劳。真诚的赞美，容易打动对方，会令对方获得心理上的愉悦。当然，要想对方帮你办事、为你效劳，就要发出真诚的赞美，只有真诚的赞美才有感染力，如果你只是虚情假意或者讽刺挖苦，对方不仅不会帮助你，反而会厌恶你。真诚朴素的赞美是发自内心的，是心灵的呼唤，只有真诚的赞美才能收到好的效果，才能使对方受到感染，愿意伸出援助之手。

1.给对方一顶高帽

在日常应酬中，需要适时给对方戴上高帽子，比如“最近你的皮肤变白了”、“最近你的工作表现得很优秀”，从心理上打动对方，令对方心情愉悦，之后再提出自己的要求，大部分情况下都不会被拒绝。

2.从细微之处赞美对方

虽然每个人都有一些公认的优点或长处，但为了体现自己的“特别关注”，我们应该尽量从细微之处赞美对方，令其产生被重视、被尊重的感觉。比如“你这衣服真好看”、“只错了一点点，你就重新写了一遍，真认真啊”，这会令对方有意外之喜。

3.肯定对方

当我们在肯定对方的时候，实际上就是暗示对方具备某种能力。对方

就会按着这种能力要求自己，其行为最终也会达到你所期望的目标。

舍得给别人甜头

卡耐基说：舍得，既是一种做人做事的艺术，也是一种处世的哲学。舍与得之间，既对立又统一，是相辅相成的一对。在这个世界上，因为万事万物均有舍与得，所以世界才达到了和谐统一。若把握了舍与得的机理与尺度，就等于把握了人生的钥匙和成功的机遇，这就是舍得定律。当我们舍得给他人甜头的时候，我们自己也能感受到生活的甜蜜。对于交际中的一些冲突或矛盾，如果我们能敞开心扉，舍得把利益让给他人，那么定会赢得他人的钦佩，而我们自己也会感到欣喜。

曾听卡耐基讲述了一位美国总统的故事：

小男孩从小生活在一个贫穷的家庭里，为了谋求生活，他不得不上街乞讨。在大街上，有人给小男孩1美元和10美元，让他选择拿哪一个，小男孩不语，默默地接过1美元，看也不看那10美元。人们都觉得小男孩心地善良，不好意思多拿人家更多的钱。后来，有人故意拿1美元和10美元，让小男孩选择，小男孩还是只拿1美元，不拿10美元。

渐渐地，这个只要1美元而不要10美元的傻男孩的名声传出去了。于是，人们纷纷拿出1美元和10美元来让小男孩选择，但是，小男孩始终只拿1美元，不拿10美元。越来越多的人拿着1美元和10美元放在小男孩面前，大多数人的目的在于取悦这位只选择1美元的傻瓜。后来，有个人一口气10次拿着1美元和10美元让小男孩选择，每一次小男孩都选择1美元。这个人好奇地问小男孩："你为什么分10次拿我的1美元，而不一次拿我的10美元呢？"小男孩只是静默不语。但是，如果还有人拿着1美元和10美元让他选择，他依然会毫不犹豫地选择1美元。

后来，家里人问小男孩："你到底为什么只要人家1美元，而不要人家10美元呢？"小男孩回答："我要是拿人家10美元的话，我就跟其他乞丐一样了，这样，人家也就不会故意拿钱给我选择了。"

聪明的小男孩舍得了暂时的甜头，而获得了长期源源不断的1美元利益。或许，人们都会认为这个小男孩很傻，其实，这才是一种明智的选择。后来，这个小男孩成了美国总统，因为他懂得舍得，所以获得了人生的成功。

卡耐基这样阐释"舍得"：人就是一个有趣的平衡系统，当自己的付出超过所得到的回报时，内心就会取得某种心理优势；相反，当所得到的回报超过了自己付出的劳动，就会陷入某种心理劣势，这也就是交际场上的正能量。

1.赠人玫瑰，手有余香

乔治·艾略特说："如果我们想要更多的玫瑰花，就必须种植更多的玫瑰树。"生活的本质在于你如何看待它、如何对待它。智者永远不会对他人期望太多，因为他懂得：自己如何对别人，别人就会如何对待自己，如果想与他人维持良好而长久的人际关系，就应该学会舍得，敞开自己的胸怀，走进别人的心灵，把甜头给别人，自己终会获得一种甜蜜。

2.有舍才有得

每个人在这个世界上，既没有无缘无故的获得，也没有无缘无故的失去。大多数人习惯以物质上的不合算来换取精神上的超额快乐，这时候看似占了很大的便宜，实际上却在不知不觉中透支了精神的快乐。把甜头给别人，自己也会感受到其中的智慧。

第16章 团队正能量，让你拥有无限附加值

正能量，就是一切给予人向上和希望、促使人不断追求、让生活变得圆满幸福的动力和感情。对于一个团队而言，正能量或许是让团队达到最高水平的最关键要素。一个拥有正能量的团队，在工作中将拥有毫不动摇的决心，团队成员对工作负责，而且相信他们可以完成团队交给自己的任何任务。

成立自己的团队

为了让更多失去信心的人走出心里阴影，卡耐基开设了培训班，最后又成立了公司。如今，卡耐基的女儿——唐娜·戴尔·卡耐基，已经成为美国卡耐基培训公司董事长。卡耐基当然是一名成功的导师，因为在他的事业达到顶峰之后，他选择成立自己的团队。唯有团队，才会爆发出惊人的力量，所传递出来的正能量才会挽救更多沉浸在痛苦记忆中的人。一个单独的个体，是极需要团队的力量的，因为只有团队，才可以凝聚最强大的力量。俗话说："一个好汉三个桩。"仅仅凭借一个人的力量是难以有所作为的，因为一个人身上既有优点，也有缺点，总是会顾及了这边，却忽略了那边，这样一来，当他去干一些事情的时候，总会显得力不从心。

而当无数个个体组合在一起的时候，他们细微的力量就凝聚了起来。也就是说，团队的力量是惊人的。在生活中，我们所看到的所谓成功者，难道是他一个人在战斗吗？当然不是。在他的背后，永远会有一个团队、一个智囊团在支持他，使他获得了最后的成功。

在伯克希尔哈撒韦投资公司，也就是巴菲特旗下有9位高管，在每个高管身上，都深深地烙上了美国商业精神乃至美国精神的印记，比如冒险精神、团队精神、创新精神、品牌精神等。在巴菲特的团队身上，我们可以感受更多的东西。

从伯克希尔哈撒韦公司的经营业务范围以及发展可以看到，巴菲特的股票投资理论与企业投资理论一脉相传、互为印证、互为支持。在巴菲特的主张下，伯克希尔哈撒韦公司长期注重于“传统企业”投资，而且取得了巨大的成就，这就源于巴菲特的价值理论。也就是说，他一直坚信商品、商业的市场价值来自其内在的价值而非其他。也正因为这样，巴菲特在股票投资上采取了相似的选择股票的方法，同样赢得了成功。从这个角度来看，所谓的传统产业，假如可以赢得被市场认可的价值，一样是商机无限。

在伯克希尔哈撒韦投资公司，显著地展现了团队的力量。因此，并不是巴菲特一个人在战斗，在巴菲特的台前幕后，一个优秀的团队是他成功且经久不衰、越斗越强的坚实基础。可以说，这个优秀的团队经营管理着优秀的企业，提供“价值”的坐标系和参照系，为巴菲特的企业帝国和股票王国提供了源源不断的支持。

因为喜欢投资，巴菲特成了最成功的投资家；因为喜欢投资，他组建了属于自己的团队。我们都坚信这样一个道理：资本的力量是毋庸置疑的，巴菲特在华尔街这样一个充满“阴谋”、“欺诈”的肮脏世界里保持着良好的声誉，正源于其价值理论，但更源于他以及团队的商业价值和社会价值理念。而巴菲特旗下的公司力量以及团队的力量，也被巴菲特发挥到极致，从而造就了其伟大的企业帝国——伯克希尔哈撒韦公司。

在成人教育界，卡耐基敢认第一，就没有人敢认第二。成人教育可以说是贯穿了卡耐基的一生，终其一生为教育贡献了无数的心血。在最艰难的时候，卡耐基白天写书，晚上去夜校教书，用来赚取生活费。当时，他就想为夜校公开演讲课，因为他认为，在大学时代自己在公开演说方面受过训练，有些经验，那些训练和经验扫除了自己的怯弱和自卑，从而让自己有勇气和信心跟人打交道，增长了自己为人处世的才能。他希望自己以这样的方式去帮助更多的人，于是说服了纽约一个基督青年会的会长，同意他晚上为商界人士开设一个公开演讲班。也就是从这里，他开始了奋斗一生的成人教育事业。最后他创立了卡耐基培训公司。直到今天，这个公司的发展依然是蒸蒸日上，这表示卡耐基不仅仅是成功的教育家，而且是一个擅长组织团队的优秀领导者。

卡耐基将他一生中最重要、最丰富的经验，汇集在《人性的弱点》一书中，这本充满乐趣、充满智慧的书，在生活中给予了多少人启迪，又帮助了多少人克服弱点和自卑，帮助了多少人开拓他们的新生活之路。即便卡耐基被誉为世界著名的成功大师，但他仅仅是以自己为荣吗？当然不是。他更以旗下的卡耐基培训公司为荣，因为这个优秀的团队才是最值得他骄傲的。像卡耐基这样有着异常天赋的心灵导师也需要组建属于自己的团队，更何况生活中的我们呢？在生活中，当我们觉得自己一个人无法完成一件事情的时候，就应该想到组建属于自己的团队。只有这样，我们才会最大限度地凝聚团队的力量，从而走得更远。

1.把所有力量拧成一股绳

团队就是一个核心，一个综合体，它凝聚了所有成员的力量，可以说很好地达到了互补的效果。比如在团队中，有的人擅长这个，而在其他方面却不怎么样；而有的人恰好相反，他擅长有人不擅长的，这样一来，两

个人组合在一起，那就是绝对完美的组合。

2.有团队的概念

当然，我们在组建团队的时候，心里一定要有一个团队的概念，也就是在任何时候，都需要考虑到团队成员的意见。卡耐基虽然是世界著名的成功大师，但他从来不觉得自己可以脱离团队而独立存在，在他看来，卡耐基培训公司以他为荣，但他更以这个公司为荣。在他决策的时候，在他思考的时候，他从来不单枪匹马地作决定，因为他需要这个团队的力量，这不仅仅是对团队的尊重，更是对自己的决策负责。

用人所长，扬长避短

如何最大限度地发挥团队正能量？这当然需要领导者“知人善任”。卡耐基认为，要想一个团队达到最好的效果，就要让每个团队成员发挥其应有的作用，各显其长，这样才能最大限度地增强团队的正能量。有人曾问巴菲特：“如何才能在投资中控制自己的风险？”巴菲特回答：“一个是守规矩，另外一个是选人，最重要的是选人。”在巴菲特所成立的伯克希尔哈撒韦公司，巴菲特很重视挑选自己的职业经理人、投资经理人，而且要求十分严格，要选最好的，选完之后给他们最大的权力空间，让他们可以自由发挥。假如这些职业经理人达到了他的要求，就会得到许多回报；假如达不到他的要求，巴菲特就会很有礼貌地叫他们“走人”，这就是所谓的以人为本。巴菲特认为，知人用人要有胆量，而胆量往往来自于对人了解有多少，了解得越多，判断就越准，用起来才会越大胆。

学诚法师非常慈悲，又有观察力，对每一位弟子的特点都了如指掌，如何最大限度地帮助弟子成长，法师都有周到的考虑。

以前在广化寺，有时某个岗位缺人，法师就会说：“某某可以做。”

有时候法师提出的人选出乎所有人的意料，甚至是大家认为最不合适的人，结果当他真的承担了那个职位后，做得却非常好。弟子们感到困惑，虽然同行之间彼此接触很多，但对身边的人，各人有什么特点、什么意愿，大家其实并不了解。而学诚法师虽然接触弟子的时间比较少，却更加了解每一个人，知道每一个人的长处、心愿、能力，一旦有机会，就会安排合适的弟子去承担，最后事实总是证明他的选择是非常正确的。

学诚法师的观察力是弟子们公认的，大家都觉得不可思议，这正是法师高深功德的体现。

巴菲特认为，要想掌握高超的用人之道，必先做到知人善任。知人，就是要了解别人，也就是对人的考察、识别、选择；善任，也就是对人要使用得当。所谓的知人善任，就是要认真地考察别人、确切地了解别人，把每个人都安排到适当的岗位上去，充分地让他们发挥自己的特长、施展才干，这才是作为一个领导者的重要工作之一。就好比一台机器，有了先进的设计、合理的结构和科学易行的操作规程，还必须有高素质的操作人员。通常情况下，路线确定之后，人就成了决定因素，就是这个道理。

在知人善任方面，曹操深谙其中的道理。

《三国志》记载，曹操征张鲁前，给合淝护军薛悌一封密函，上书“贼来乃发”。不久孙权率十万众来围合淝。此时张辽、李典和乐进三人共守合淝，众人拆开密函一看，曹操在信中对合淝的防御和进攻作出了周密的部署：若孙权至，张李二将军出战，乐进守城。这三位将军“素皆不睦”，然而张辽在曹操的指示下表示坚决出战，以攻为守，此举感动了另外两人，决定放下私怨，愿意听从张辽的指挥，共同抗敌。乐进生性怯懦，过于谨慎，正好适合守城。结果合淝一战，张辽与李典在逍遥津以步卒八百，破孙权军十万，创下了史上有名的以少胜多的战役。

话说：“夫兵，诡道也。至于合淝之守，悬弱无援，专任勇者，则好战生患；专任怯者，则惧心难保。且彼众我寡，众者必贪惰；我以致命之师，击贪惰之卒，其势必胜。”在这里，不能不归功于曹操知人甚深，他不仅了解张、李、乐三人平日的隔阂，更对三人的作战能力、用兵特点以及性格修养都了如指掌。因此这封密函不仅调解了三将的关系，又通过适当的分工，使三将的优劣互补，最大限度地发挥了三将在防御作战中的整体优势。

卡耐基认为 “用人所长，扬长避短”，这应该是一个基本原则。人的个体存在很大的差异，这种差异不仅表现在职业能力上，而且还表现在个性、价值观以及职业倾向上。领导者在为下属分配任务时除了考虑岗位要求之外，还应该针对并尊重员工自身的特点以及优势，安排与其特点和优势相适应的工作，给予充分发挥的空间。

1.如何知人

俗话说：“不知人之短，不知人之长；不知人长中之短，不知人短中之长，则不可用人。”可以说，知人是用人的前提，每个人的问题与优点、长处与短处共存，有的人内秀而外拙，才不外露，很不容易被发现；有的人博学多智，却只会纸上谈兵，这样的才能难以展现出来。我们了解这些人，就需要从信任出发、从了解入手，知其德才学识，明其优劣长短，从其发展的前景中把握；要想准确、清楚地了解一个人，不能只看文凭和档案，也不能仅凭感觉和印象，而要深入了解，全面分析，这样才能辨其才能、明其本质，才能真正做到“善认”。

2.如何善任

善任的重点在于扬长避短，不过，怎样才能扬长避短呢？要学会量才使用，有的人善于管理，有的人懂业务，在选才时要以“质”为依据，以“质”为调配，这样才能使人才的质得以体现；要注意团队结构，人才群体的组成应注意知识结构、年龄层次、专业类型、性格特点等合理搭配，这样才能产生人才资源的互补效应。此外，还要注意重用性交流，也就是所选拔的优秀人才可以担任重要岗位。

只有平庸的将，没有无能的兵

卡耐基说："只有平庸的将，没有无能的兵。"作为领导者，当你将权力放手给下属的时候，表示一种信任，所传递的是一种正能量；而作为下属，自己博得了信任，所接收到的是正能量，在工作中自然会将这份正能量爆发出来，整个团队最终达到双赢的效果。大凡优秀的领导者总是能够从身边挖掘人才并充分发挥他们的潜能，而那些拙劣的领导者总是抱怨无人可用。于是，那些优秀的领导者带领身边的人才不断走向成功，而那些拙劣的领导者却在抱怨中走向没落。有的领导者是天生喜欢操心，他无时无刻不在担心这担心那，于是整颗心都是紧绷着的。无论是大事还是小事，他们都不放心别人去做，而是亲力亲为。当然，凡事都亲力亲为，这是一种负责任的态度，但若是太过亲力亲为，那就有点以自我为中心了。给予对下属信任，将权力放手给别人，这才是成功者应有的风范。

王姐从小就有个习惯，对和自己相关的事情，她必然是自己去做，从不放心任何人。在她年纪尚小的时候，有一次，她背着厚重的东西回家，身边的朋友好心建议："让我帮你背一程吧！"结果她拒绝了，理由是怕对方将她的东西掉地上，朋友听到这个理由，下巴都快掉下来了。

长大后，王姐的这个习惯更是日益严重。高中毕业后，王姐就在一家蛋糕店当了收银员，平时没事就守在那个柜台边，不让任何人靠近自己的工作位置。店长吩咐："有时间的时候，教教店里的导购收银。"结果，王姐经常会将这样的吩咐忘记，她从来不放心把自己的工作让别人去干。就因为这样独特的习惯，她在店里的人缘相当不好，但她对工作倒是很负责任，几年之后就升职为店长，于是更忙了。早上，她第一个到店里，晚上又最晚离开，因为她不放心任何一个店员，需要亲自收货、摆货、收银，虽然这样一来，自己算是放心了，但长此以往真是疲累不堪。但她若

是不去店里，让店员们去做，她的心就更累。

终于没过多久，王姐累倒了，躺在医院里，她所担心的还是蛋糕店："今天货到齐了吗？""货物摆放得整齐吗？"坐在床边的老公忍不住说："你总是这样，凡事亲力亲为，你以为自己多伟大，但其实是抹杀了店员们表现自我的机会，今天早上我路过蛋糕店，发现没有你，他们依然将事情做得很好，有条不紊，你就不用操心了。你现在是店长了，很多事情完全可以交给别人去做。如果你总是操心，那你永远有操不完的心，而且也会身心俱累。"

在案例中，王姐虽然升职为店长，但她没有将手中的权力放手给下属，对店里的很多事情总是亲自去做，结果病倒在床上，她的累不仅来自于身体，而且来自于心理。因为过于操心，她几乎每时每刻都在想还有什么事情没做好，她就好像一个陀螺一样，不停地转，直至最后无力地摔倒在地上。其实，她完全没必要这样累，放手将一些事情交给别人去打理，不仅能使自己轻松，而且能给予下属展现自我的机会。

生活中，一个人操心太多就会使自己身心疲惫；反之，如果将别人能做的事情交给别人去做，自己只是观看或指导，这样反而会轻松很多。卡耐基认为，要想培养这样的习惯，首先应该学会信任别人以及放松自己。你只有足够地信任了别人，才能放心地将事情交给对方；你只有放松了自己，才不会那么执著地想要亲自去做。所以，不要太过操心，学会放手自己才能轻松起来。

在卡耐基看来，权力的存在是一种十分合理的现象，对于领导和下属而言，却是一个敏感的话题。权力就意味着权威，领导需要这样的权威，下属也需要在这个权威下尽量自由支配自己的各项活动。这无疑就形成了矛盾，其焦点在领导和下属之间移动，而领导者就是支配者。很多时候，

领导应该放手一些权力给下属。领导者所扮演的角色就无异于一个母亲，当一个母亲放手让孩子跑步的时候，她确信孩子已经能跑了；当孩子在迷蒙中被母亲放手后才知道母亲放手的原因，自己已经得到了信任。领导者应该放手权力给下属，信任下属，他很快就会变得优秀起来。

1.肯定下属

英国女演员和诗人乔吉特·勒布朗说："人类所有的仁慈、善良、魅力和尽善尽美只属于那些懂得鉴赏它们的人。"任何一个下属都希望得到别人的肯定，尤其是上级的认可。美国著名的企业管理顾问史密斯指出："一个员工再不显眼的好表现，若能得到领导的认可，都能对他产生激励的作用。"

2.信任下属

权力是一切的基础产生信任后就应该释放权力。信任虽然是一个很简单的词，却包含着深妙玄机的改变，信任产生的心态就是认可，领导只有认可了下属才能信任他。一位管理学家说："我相信部属具备必需的技能和设备，能推动我授权执行的任务，于是我得以专心思考策略问题。"放手一些权力，不仅是领导者的自我松绑，也是一种本质的需要。

团队合作，积聚正能量

卡耐基认为，任何一个组织，不管大小都需要团队合作，虽然合作的形式会有所差别，但高效的团队合作，往往是组织成员共同努力的结果，因为组织内上下级、员工与员工之间是一个复杂而微妙的动态过程，而并非简单的加权。仅就谈判团队而言，它作为一个典型的组织团队也是这样。如今，谈判变得越来越复杂，所牵涉的范围也比较广泛，所需要的知识也很广博，诸如产品、技术、市场、金融、法律等多方面，假如是牵涉

到国际间的谈判，还会涉及国际法、外语等知识，如此纷繁的知识绝不是仅凭一个人就能办到的。因此，谈判除了一对一的方式之外，更多时候是一个谈判团队对另外一个谈判团队。为了实现某个具体的谈判目标，按照新的组合放大了个人的力量，从而形成了一种新的力量。

卡耐基说，任何团队的组合实际上都是一种优势互补。在实际生活中，即便是再高明的人，也有不懂的地方，也有不足之处，不是这里就是那里搞不明白。而面对这样的情况，若是找一个能与之互补的人组成团队，那岂不是更完美了？我们都知道，一个人能力再强，也到不了想干什么就干什么的地步，因此一个好的组合团队往往聚集了众多个人的力量，从而形成更强大的力量，而这样的力量恰恰是在实际工作中所需要的。所以，如果想在事业中赢得头筹，那组建一个好的团队是很有必要的。

公司建立了以王先生为首的谈判团队，在这个团队里每个人都有自己的具体职能。王先生作为团队的领袖，几乎处理所有面对面的谈判，是整个谈判的组织者，负责大部分“说”的工作，或者是提出新的问题和新的提议，或做出妥协和让步。

团队中的小李是评论员，他主要负责总结目前的进展，阐明目前所存在的问题。观察员小赵主要负责观察并监控人们通过话语和肢体语言、面部表情所传递出来的信息。小凡是团队里的分析员，主要负责记录并分析全部的数字和其他数据，对方的出价方式和做出让步的方式，这样有助于理解其谈判的目标和优先考虑的问题。

俗话说：“三个臭皮匠，顶个诸葛亮。”一支管理精良的团队具有这样的优势：可以代表公司内部的多方利益；可以保障企业内部各方对最终协议的坚定执行；可以有效地提高团队成员的自信；让整个团队在整个行业内有相当杀伤力。当然，我们在建立团队的时候，不要考虑与对方团队的人数相比较，因为人多的团队会很臃肿，一个少而精良的团队要好很多。

此外，在考虑团队优劣互补的时候，我们还需要考虑这些问题。以谈判团队为例，有些谈判者喜欢一个人与对手进行谈判，因为他们喜欢这种

形式所带来的控制感。但即便是最简单的谈判也有其复杂的地方，而且极少有人能在谈判中身兼说、听、看和计划这样几项工作。这时若有一个精良的谈判团队，那必然会赢得头筹。

卡耐基认为，当我们在组合一个团队的时候，所需要达到的宗旨是凝聚起来的力量应该是巨大的，而不是削弱整体的力量。也就是说，尽量做到互补，尽可能综合所有的力量。

1.明确团队的人员组成原则

在组建团队时，需要遵循两个方面的原则：一方面是需要成员具有良好的专业基础知识，而且能快速有效地解决实际运作中可能出现的问题；另一方面是参加团队人员必须关系和谐，但可以求同存异。简单地说，就是需要成员遵循知识的互补性，包括性格、能力的互补。

2.对团队成员数量进行有效的控制

团队的成员是不是越多越好呢？当然不是。以少量的人做更多的事情，这才是团队所要达成的目标。那么谈判团队需要多少人才合适呢？国内外的专家普遍认为大概需要6个人，其主要是谈判管理员、经济人员、技术人员、法律人员、翻译人员、记录人员。人员的搭配要适当，也可以适当做出调整。

给团队一个梦想

团队既然存在，就需要体现其价值，否则就形同虚设。团队的价值是如何体现的呢？当然需要团队目标，即所谓的团队梦想。当一个团队

已经存在时，那必然是几个志同道合的人为了追寻同一个目标而聚集在一起的。所以，我们不妨给这个团队树立一个梦想，使团队成员爆发出前所未有的正能量，这对于达成团队目标可以说是必需的策略。童年时期的卡耐基并不算是一个出色的人，跟所有不起眼的孩子一样，他自卑而忧虑，当时的目标就是摆脱自卑的阴影。在后来的人生道路中，他一直朝着这个方向前进。在学校里，他开始上台公开演讲，渐渐变得出色了。可这时他意识到，自己虽然成功了，可那些依然在自卑阴影里的人怎么办。于是，他制定了新的目标，那就是帮助那些人找回勇气和信心，所以成立了卡耐基培训公司。卡耐基的人生经历告诉我们，梦在哪里，方向就在哪里。其实，每个人心中都怀着一个梦想，苏珊大妈就曾高唱着："我曾梦想着我的人生，完全不像我现在的生活，现在不像我曾经的想象，如今现实的生活已经扼杀了我昔日的梦想。"怀揣着梦想，终究会梦想成真，因为梦在哪里，人生的方向就在哪里，我们的团队就在哪里。

有一年，马云受托去美国催讨一笔债务，结果一分钱都没有要到，但他发现了互联网。顿时，马云意识到互联网是一座等待开掘的金矿，在回到杭州之后，马云身上只剩下1美元和一个疯狂的念头：做互联网。

然而，当他把自己的梦想告诉身边的朋友时，却遭到了反对。但是，马云并没有放弃自己的梦想，而是更加坚定。马云找了一个搭档，加上自己的妻子，3人凑了2万元启动资金，开始了自己的第一家互联网公司。刚开始生意很困难，马云不得不在杭州街头的大排档里唾沫乱飞地讲述自己的梦想，人们都认为他是一个骗子。但是，马云无暇去注意别人对自己的称谓，仍然不屈不挠地讲自己的互联网梦想。慢慢地，他的业务开始艰难地发展起来，而且越讲越有名，他所做的"中国黄页"也越做越大。这时，杭州电信要求与马云合作，马云当即答应了，居然将营业额做到了700万元，但是，由于之后的合作出现了问题，马云毅然放弃了中国黄页，接受了外经贸的邀请。马云带着5个朋友北上，他们在北京租了一个20平米的

房间，连续苦干15个月，终于做出了一系列官方网站，但是由于股份制难以落实，马云选择了再一次放弃。

在这4年的时间里，马云舍弃了2次，其中的艰辛可想而知。但是，马云的互联网梦想却丝毫没有动摇，他再一次决定：回杭州创办自己的公司，一切从零开始。1999年4月15日，阿里巴巴上线，很快在商业圈里声名鹊起，马云开始在世界各地讲述互联网的梦想，著名的风险投资公司InvestAB的亚洲代表蔡崇信加盟到其中，随后华尔街多家公司向阿里巴巴投入了500万美元，一时之间，阿里巴巴声名大振，马云的互联网梦想实现了。

曾荣获诺贝尔经济学奖的萨谬尔森曾说："人们应该首先认定自己有能力实现梦想，其次才是用双手去建造这座理想大厦。"马云终于梦想成真了，这主要归功于他始终抱有坚定的信念，怀揣互联网的梦想，最后，他将梦想变成了现实，所以，他获得了成功。在任何时候，我们都要坚定自己的梦想，因为这样才能努力奋进。当然，马云所代表的阿里巴巴难道仅仅是马云一个人吗？当然不是。它代表着一个团队，一个热衷于互联网的团队，因为梦想而走到一起的人最终成就了梦想。

一个团队的组建首先是源于同一个梦想，因为有了梦想，也就有了团队发展的方向。就好像以卡耐基名字命名的卡耐基培训公司的共同梦想就是帮助一些人找回自信和勇气一样。当然有了梦想，我们还应该朝着这个方向不断地前进。

1.团队有了梦想，才有了方向

在生活中，每个人都有梦想，但那仅仅是一个人的梦想。就好像一个人拥有正能量，是件很好的事情，但很容易被周围的消极环境给消磨殆尽，因此，一定要将正能量传递下去，给团队一个梦想，这样才会有方

向。只有整个团队拥有了正能量，才能锁定正能量不流失，而个人正能量也才能够得以持续和加强，进而使个人才能得到最大限度地发挥。

2.坚定团队梦想，让团队走得更远

也许在实现梦想的路途中，有的梦想破灭了，有的梦想实现了，有的梦想还在实现的路上。然而，我们需要永远记住一个原则：只要坚定自己的梦想，梦想就不会再遥不可及，就可以照进现实。只要我们坚定团队梦想，就会让这个团队走得更远。

第17章
职场正能量，让你的成功不那么难

身在职场，我们需要发挥职场正能量，这样才能在职场中平步青云。当然，这完全取决于自己的心态和姿态，以最大限度地发挥自己的正能量，从而促进最后的成功。

不要只为了钱而工作

通常情况下，一个成功者需要具备许多条件。卡耐基认为，任何一个活跃于职场的成功者，都善于借用他人的力量来为自己创业。就算是开始创业时没有钱，也并不妨碍他会成功，这就要学会让钱来为自己工作，而不是自己为钱工作。在卡耐基看来，一个人生活在世界上，需要去挣钱，但不能被钱所羁绊，挣钱也是需要讲究技巧和方式的。以成功投资大师巴菲特为例，美国布隆伯格公司2002年公布的一项报告显示：当年个人资产已经达到305亿美元的巴菲特依然拿着低廉的工资——每年33万美元，这相当于一名硅谷的软件工程师的薪酬。而在这次加薪之前，他的工资在很长一段时间内是每年10万美元左右。当人们惊呼巴菲特工资如此之低的时候，他却只说了一句话："不要为钱工作！"而这句话也恰恰是卡耐基对许多职场人的忠告。

在哈佛大学，当学生们向巴菲特提问“如何才能创造成功人生”、“如何才能赚到更多的钱”时，巴菲特说了这样的话：“在校学习当然是好事，但是不能过多，除非你想成为教授，这是必须拿来使用的，而不是用来存储的。”针对那些热衷于拿学位的学生，巴菲特说：“只要接受过正规培训就可以去实践，不要仅仅为吸收知识而学习，就像不要为老年而节省性一样。”

与此同时，巴菲特还对NBA学生关于新工作的幻想和期望提了这样的建议：“这和美满婚姻是同样的道理，在婚姻中感到幸福的人，不是因为他们的伴侣比常人更漂亮、富有或者体贴，而是因为他们对其伴侣的期望值比常人更低一些。”

哈佛更多的NBA学生对于薪酬和个人兴趣感到十分苦恼和矛盾。对此，对于自己财富达到429亿美元的巴菲特而言，他的回答是：“不要总是把赚钱放在第一位，为了钱而工作就好比为了钱而结婚，在任何情况下都会使自己觉得恶心。而如果你已经很有钱了，却还要继续为了钱而工作，那么简直就是疯狂和荒唐！”

巴菲特本人就不是为钱而工作的人，他说：“我每天工作8个小时，每晚睡在一个普通的床垫上，而不是十个八个。当你们在麦当劳吃饭的时候，我通常在Dairy Queen 用餐，我们拥有它的股份，所以可以享受折扣。”直到现在，巴菲特依然住在自己40年前用31500美元买的旧房子里，他说：“对于任何物质的东西，我通常不是很感兴趣。”唯一让巴菲特觉得自己可能与普通人不一样的，那就是经常乘坐私人飞机在美国飞来飞去。

巴菲特说：“一生能够积累多少财富，不取决于你能够赚多少钱，而取决于你如何投资理财，钱找钱胜过人找钱，要懂得让钱为你工作，而不是你为钱工作。”如果我们能有幸看见巴菲特的办公室，那一定会惊呆。因为巴菲特的办公室十分简单：没有任何装饰和摆设能与财富联系在一起——没有华尔街、没有镏金的吊顶、没有气派的老板桌、没有交易员队伍、没有计算机、没有显示股价信息的电子屏幕，甚至连股票价格图表都

没有，有的只是一只古老的钟表和大量的财经报纸。我们可以感受到，这是一间没有任何财富和金钱气息的办公室。

卡耐基认为，支撑工作最根本的力量是热情，它会让一个人在工作中爆发出源源不断的正能量。卡耐基最初开办培训班的时候，并非为了生计，而是为了帮助更多的人。当然，当一切都走向成功之后，卡耐其除了赢得财富，还有名利以及成功大师的美誉。不过自始至终，他都不只是为了钱而工作，是为了心中的梦想而工作。

1.把工作当成事业

在现实生活中，不少人把自己的工作当成是一种交易：我为老板打工，老板给我工资。不过在巴菲特的眼里，工作就是一份事业，那应该是自己需要经营的。因为心中有这样的概念，所以才会对工作更加用心，才会体会到其中的乐趣。当巴菲特在家里熬夜分析财务报表的时候，他并不会感到辛苦，因为他不会为工作所累。他认为，当自己感到事业不如意的时候，可以选择退出或转行。

2.热爱自己的工作

威廉·费尔波是耶鲁最著名而且深受欢迎的教授之一，他非常热爱自己的工作，曾经这样谈起自己的工作："对我来说，教书凌驾于一切技术或职业之上。如果有热忱这回事，这就是热忱了。我的爱好是教书，正如画家的爱好绘画，歌手的爱好唱歌，诗人的爱好写诗。每天起床之前，我就兴奋地想着有关学生的事……人的一生之所以能够成功，最重要的因素是对自己每天的工作抱着热忱的态度。"

拒绝懒惰

懒惰是一种负能量，我们要拒绝懒惰，拥抱正能量。卡耐基是一个勤勉的人，在16岁的时候，不得不在自家的农场里干更多的活。每天早上，他骑马进城上学，放学后便骑马急匆匆地赶回家里，挤牛奶、修剪树木、收拾残汤剩饭喂猪。而当他去上学的时候，瘦弱、苍白的他永远穿着一件破旧而不合身的夹克，总是一副失魂落魄的样子。然而，正是这样一个没有自信，几乎被各种各样莫名其妙的忧虑缠绕的小伙子，最终却成为给别人自信，让人们乐观的心理激励大师，这是为什么呢？勤勉，当然是勤勉。卡耐基的座右铭之一就是——拒绝懒惰。中国有句古话：一屋不扫，何以扫天下？与巴菲特所说的话是一样的道理，当我们不能勤勉地工作，又怎么会为日后的成功打下基础呢？那些“一屋不扫”的懒惰者，最终会被埋葬在一屋子的灰尘中，再也放射不出闪亮的光芒。

卡耐基曾讲述了这样一个故事：

阿尔伯特·哈伯德出生于美国伊利诺州的布鲁明顿，父亲既是农场主又是乡村医生。年轻时的哈伯德曾在巴夫洛公司上班，是一名很成功的肥皂销售商，但是他却对此感到不满足。1892年，哈伯德放弃了自己的事业进入了哈佛大学，然后又辍学开始到英国徒步旅行，不久之后在伦敦遇到了威廉·莫瑞斯，并喜欢上了莫瑞斯的艺术与手工业出版社。

哈伯德回到美国，他试图找到一家出版社来出版自己的那套《短暂的旅行》的自传体丛书，但是没有找到任何一家出版社。于是，他决定自己来出版这套书，他创建了罗依科罗斯特出版社，哈伯德的书出版之后，便成为既高产又畅销的作家。随着出版社规模的不断扩大，人们纷纷慕名而来拜访哈伯德，最初游客会在周围的四周住宿，但随着人越来越多，周围的住宿设施已经无法容纳更多的人了，哈伯德特地盖了一座旅馆，在装修旅馆时，哈伯德让工人做了一种简单的直线型家具，而这种家具受到了游

客们的喜欢，哈伯德又开始了家具创造业。哈伯德公司的业务蒸蒸日上，同时出版社出版了《菲士利人》和《兄弟》两份月刊，而随后《致加西亚的信》的出版使哈伯德的影响力达到了顶峰。

有人说，阿尔伯特·哈伯德是无比传奇的一个人，他之所以在多方面都能获得成功，因为他从来不懒惰，而是保持勤勉的个性，不断地朝着自己的一个又一个目标努力奋进。阿尔伯特·哈伯德是一位坚强的个人主义者，一生坚持不懈、勤奋努力地工作着，成功对于他来说是理所当然的。

有人甚至给那些懒惰的人下定义为：把不愉快或成为负担的事情抛至脑后，或推迟做。如果你是一个懒惰的人，那生活中的你大部分都在浪费时间，无所事事，即便是做一件事情，也是担心这个担心那个，或者找借口推迟行动，结果往往错失了机会和灵感，到了最后只会抱怨上天的不公平。正所谓“天道酬勤”，克制自己内心的惰性，当自己想偷懒的时候，鼓励自己再坚持一下，这样就可以如期完成目标。

卡耐基认为，懒惰不仅是一个人成功的大敌，更是一个人不良情绪的源头。在充满困难与挫折的人生道路上，懒惰的人过着极为单调的生活，在他们的生活里，只习惯于等、靠、要，从来不想发现、拼搏、创造，最终不仅错过了多姿多彩的生活，而且将一事无成。

1.拒绝懒惰

在《致加西亚的信》中，阿尔伯特·哈伯德讲述了罗文送信的情节：“美国总统将一封写给加西亚的信交给了罗文，罗文接过信以后，并没有问：‘他在哪里？’而是立即出发。”拖沓、懒散对许多人来说已经是一种生活常态，要想成为罗文这样的人，我们就应该拒绝懒惰，努力让自己变得勤勉起来。

2.不要把昨天的活儿拿到今天来干

上天总是偏爱那些勤奋的人们，多一份耕耘，就多一份收获，你付出得越多，得到的回报就一定越多。换句话说，机遇和灵感往往只会垂青那些孜孜以求的勤勉者。这个道理启示我们：在通往成功的路途中，需要忍耐惰性，努力让自己变得勤奋起来。曾有人问一个懒惰的人："你一天的活儿是怎么干完的？"这个人回答："那很简单，我就把它当作昨天的活儿。"正是惰性使然。其实，懒惰的人何止是把昨天的活儿拿到今天来干！

全力以赴，尽职尽责

卡耐基的成功是建立在全力以赴、尽职尽责做好日常工作的基础之上的。千万不要小看一些事情，它们往往是决定成败的关键。做每一次培训，卡耐基都是全力以赴、尽职尽责。当他在完成一本书的时候，不管结果怎么样，总是先问自己：在做这件事情的时候，自己是否考虑全面，是否竭尽全力？这是卡耐基通常的习惯，也正因为这个习惯，使得卡耐基在每一次培训中总能收获很多，因为每一个细节他都考虑到了，他从来不做半途而废的事情。

有一只品种优良的猎狗，被主人训练得十分壮硕，追捕猎物速度很快，而且反应非常敏捷。对于追捕猎物这件事，这只猎狗可以说是驾轻就熟。

有一次，主人带着这只猎狗又去狩猎，老远发现一只狐狸，主人用枪射击，准头不够，让狐狸给逃脱了。主人一声令下，猎狗于是展开自己最拿手的追捕工作。不过，森林是狐狸的天地，它对路径十分熟练，跑得飞快，但猎狗也不含糊，追捕之间，过程紧张迭起。

眼看就要追上，突然一个窜身，狐狸转往另一条路径去了，猎狗一不留神，身子受了点擦伤，有点痛。它一边舔着自己的伤口，一边想：唉！我追得这么累干吗！追不到狐狸，我也不会饿到肚子啊！念头刚刚闪现在脑海里，它的速度就已经慢了下来。这时狐狸又跑远了。

算了，现在早已脱离了主人的视线，反正主人看不到。猎狗又起了放弃的念头，速度便迟缓起来。

最后，狐狸终于逃脱了猎狗的追捕。

一个人做任何事情，心中的意图强烈与否会大大影响到最终的结果。猎狗没有饿肚子的疑虑，因此放弃的念头轻易闪现，总是想着自己的退路，所以很容易就放弃了。而这对狐狸？而言却是一场生死竞跑，跑慢了就会没命，所以它不敢偷懒，只有不断向前跑才能活命。做任何事情都是一样的道理，当我们全力以赴、破釜沉舟，就一定能成功。假如我们心中有预想，为失败找好了退路，那么成功就比较困难。

卡耐基经常会讲述关于比尔盖茨的一个故事：

在美国西雅图的一所著名教堂里，有一位德高望重的牧师——戴尔·泰勒。有一天，他给教会学校一个班的学生先讲了下面这个故事：

那年冬天，猎人带着猎狗去打猎。猎人一枪击中了一只兔子的后退，受伤的兔子拼命地逃生，猎狗在其后穷追不舍。可是追了一阵子，兔子跑得越来越远了，猎狗知道实在追不上了，只好悻悻地回到了猎人身边。

猎人气急败坏地说：“你真没用，连一只受伤的兔子都追不到！”猎狗听了很不服气地辩解道：“我已经尽力而为了呀！”再说兔子带着枪伤成功地逃回了家，兄弟们都围过来惊讶地问它：“那只猎狗很凶啊，你又受了伤，是怎么甩掉它的呢？”

兔子说：“它是尽力而为，我是竭尽全力呀！它没追上我，最多挨一顿骂，而我若不竭尽全力地跑，可就没命了呀！”

泰勒牧师讲完故事之后，又郑重其事地承诺：谁要是能背出《圣经·马太福音》中第五章到第七章的全部内容，他就邀请谁去西雅图的“太空针”高塔餐厅参加免费聚餐。《圣经·马太福音》中第五章到第七章的全部内容有几万字，而且不押韵，要背诵其全文无疑有相当大的难度。尽管参加免费聚餐是许多学生梦寐以求的事情，但是几乎所有的人都浅尝辄止、望而却步了。

几天后，班中一个11岁的男孩儿，胸有成竹地在泰勒牧师面前，从头到尾地按要求背了下来，竟然一字不漏，没出一点差错，而且到最后简直成了声情并茂的朗诵。

泰勒牧师比别人更清楚，就是在成年的信徒中，能背诵这些篇幅的人也是罕见的，何况是一个孩子。泰勒牧师在赞叹男孩那惊人记忆力的同时，不禁好奇地问："你为什么能背下这么长的文字？"

这个男孩不假思索地回答："我竭尽全力。"16年后，这个男孩成了世界著名软件公司的老板，他就是比尔·盖茨。

卡耐基认为，当我们毫无保留、竭尽全力地去做一件事情的时候，结果往往是成功的。在生活中，这样的例子很多，有些事情从表面上看是极其困难的，但只要我们全力以赴，不保留、不妥协，不总是想着自己还有退路，最终会成功的。很多时候我们之所以失败了，不是因为路途太艰难，而是我们丧失了继续前进的勇气，也就是说我们没有付出全力。

卡耐基认为，每个人都有极大的潜能，一般人的潜能只开发了2%～8%，即便是像爱因斯坦那样伟大的科学家，也只是开发了12%左右。有人得出了这样一个结论：一个人假如开发了50%的潜能，就可以背诵400本教科书，可以学完十几所大学的课程，还可以掌握二十来种不同国家的语言。"我已经努力了"这样的辩解是苍白的，因为仅仅有努力还不够，必须全力以赴才行。

1.不要总想着退路

只有不留退路，才更容易找到出路；反之，如果总是想着退路，就很

难获得成功。一个人若是太纵容自己的懒惰和欲望，就很容易迷失方向。或许有人会说，不留退路是不明智的选择，有了退路，才能在危险的浪潮中获得更多生存的机会。然而，人们很容易忽视，对于大多数人而言，退路往往是诱惑人、蒙蔽人的因子，只要想到了退路，就会觉得这次不全力以赴下次还有机会，而在这个时候，成功往往会与我们失之交臂。

2.再苦再累也要支撑下去

眼前的苦与累又算得了什么呢？再苦再累都只是暂时的，只要熬过这段时间，便会苦尽甘来，从而尝到成功的滋味。上帝总是在让我们获得快乐与幸福之前，习惯性地给我们一些考验，即便在我们看来这个考验的过程又苦又累，但只要全力以赴、努力支撑，遇到再大的困难与挫折也不放弃，那我们就一定能品尝到成功的快乐。

辛勤工作，获取成功

卡耐基认为，一个人的成功跟他是否勤勉有着重要的关系。如果一个人是勤奋的，那么他就拥有了成功的机会；如果一个人是懒惰的，那么他就一定不会成功。他们通常认为，勤勉和成功是互相制约的，经常会有很多人因为勤勉而成功，但却很少有人因为懒惰而成功。虽然你的勤劳并不一定会给你带来成功，但是无论如何，每个人都要辛勤工作，因为这是获取成功最基本的条件。《圣经》中有两句话：“流泪撒种的，必欢呼收割。”远古的时候，犹太人为了生火，就要花很长的时间去摩擦木头或者石头；要吃果实，就要爬到很高的树上去摘。而如果能够成功地生起一堆火，成功地摘得果实，那么背后一定有着辛苦。

卡耐基曾讲述了这样一个故事：

哈德良皇帝看见一个老人正在努力工作，他在种植无花果树。于是，他问老人：“你是否期望自己能够享受果实呢？”

老人回答：“如果我不能活到吃无花果的时候，我的孩子们也将会吃到。或许上帝会因此特赦我。”

“如果你能够得到上帝的特赦，吃到这棵树的果实，那就请你告诉我。”皇帝对他说。

随着时间的逝去，果树果然在老人的有生之年结出了果实。老人装了满满一篮子无花果去见皇帝，他说：“我就是你看见过的那个种无花果树的老人，现在无花果成熟了，这些无花果是我的劳动成果。”

皇帝命他坐在金椅子上，为他的篮子里装满了黄金。可皇帝身边的仆人表示反对：“您想给一个老犹太人那么多荣誉吗？”

皇帝回答：“造物主给勤劳的人以荣誉，难道我就不能做同样的事吗？”

皇帝说很对，上帝和人们通常都是把奖赏给那些勤勉的人。老人因为勤劳，得到了上帝的特赦，在自己的有生之年吃到了无花果。在犹太人看来，懒惰将会使一个人一事无成，所以他们选择了勤勉，只有勤勉的人才会尝到胜利的果实。

犹太大亨洛克菲勒就是一位在工作中异常勤奋的人。一天24个小时中，他的工作时间一般都在十五六个小时，超过一天的大半时间。而有的时候，他甚至可以一天工作十八九个小时。有人计算，他的一生中平均每周工作76个小时，只休息很短的时间。经常是别人已经下班了，他还在勤奋地工作。他常常对别人说：“如果你什么都不想干，那一天工作8个小时就可以了，可是如果你想干点什么，那么当别人下班的时候，正是你工作的时候。”别人问他：“你怎么能一天工作20个小时？”他却说：“一天工作20个小时怎么可以，我需要一天工作48个小时。”当人们看到他的时候，他总是在不停地忙于工作。于是凡是认识他的人都说他只有睡觉和吃饭的时候不谈工作，其余时间他都是泡在工作里。这位世界级的大富翁就是这样紧张而勤奋地工作着的，所以他才取得了举世瞩目的成就。

洛克菲勒之所以能够获得成功，就在于他始终如一地保持勤勉的态

度。他的勤勉已经变成了顽强的奋斗，在他眼里，一天24小时都已经不够用了，他希望能在一天内工作更长的时间。其实，卡耐基一直把洛克菲勒当作自己勤勉工作的偶像，他认为只有勤勉的人才能够尝到胜利的果实，只有勤勉的人才能够得到命运的眷顾。所以，不管是洛克菲勒还是卡耐基，用自己的实际行动证明了这样一个道理：如果你是一个做事勤勉的人，那么成功已经离你不远了。

《羊皮卷》这样劝告世人：“最难受的工作是无所事事，最愉快的工作是人们忙于工作。”辛勤地工作，会让你每天都充满正能量。卡耐基崇尚工作，并十分讨厌整天无所事事，到处游走，因此整天勤勉甚至紧张的工作才是他所喜欢的。卡耐基成功的秘诀之一就是努力培养自己勤勉的习惯，因为这是成功的关键，而正是这种“成事在于勤，谋事须忌惰”的精神成就了巴菲特的成功。

1.勤勉是成功之本

卡耐基认为，在孩子们小时候就开始培养他们勤勉的习惯，这有利于孩子们更早地意识到勤勉的作用。他们会明白，如果很懒惰，那么就什么也得不到；如果很勤奋，就能够得到奖赏。因为从小树立起来的观念，会让他们在成长的路途中，更懂得怎么认真地去做每一件事。

2.成事在勤，谋事忌惰

韩愈曾说：“业精于勤荒于嬉，行成于思毁于随。”一个人要想成就一番事业，一定要守住“勤”字，忌掉“惰”字。面对生活或者事业，你用什么样的态度付出，就会得到什么样的回报。如果你以勤付出，回报你的，也必将是丰厚的硕果；相反，以惰付出，生活是不会赐予你任何东西的。懒惰的人是思想上的巨人，行动上的矮子。如果你懒惰地面对自己的人生，那么其实就是把自己的生命一点点送入虚无。一个成功的人，是不会给懒惰任何机会的。

罗马不是一天建成的

卡耐基经常告诫年轻人："别想一下就造出大海，必须先由小河川开始。"在卡耐基的思想里，世界上没有一步登天的奇迹。所以他恪守"脚踏实地"的原则，做任何事情都是循序渐进，就好比投资。卡耐基认为，如果要想获得成功，就必须从一件小事做起，哪怕是这件事微不足道。他只专注于所拥有的工作，并借自己成功的经历告诉人们：用投机取巧的方法来获得成功，那是永远不可取的。可能你在短时期内会获得一两次的成功，但是不能获得长久的成功。卡耐基更愿意慢慢地一砖一瓦，踏踏实实地工作，最后建造出属于自己的美丽城堡。

卡耐基曾讲述过这样一个故事：

哈同在1872年独自一人来到中国上海谋生，当时他只有24岁。他看起来是一个年轻力壮的青年人，但是除了自己穿着的衣服以外，他一无所有。他既没有一点资本，也不懂专业知识和技术。但是他来中国是赚钱发财的，于是，他结合自身的情况，决心从一个立足点开始。

他凭着自己长得魁梧高大，于是在一家洋行找到了一份看门的工作。哈同并没有因为自己的这份工作感到丢脸。他认为通过自己为别人看门赚来的钱也是一种报酬，并没有使自己失去身份。他希望把这份工作作为一个立足点，通过自己的努力奋斗，积蓄力量，找到能赚更多钱的路子。

哈同对自己的工作非常认真，忠于职守。另外，他还常常利用晚上休息的时候阅读一些经济和财务的书籍，以增加知识。老板渐渐发觉哈同是个出色的员工，而且很聪明，于是就把他调到业务部门当办事员。

哈同一如既往地工作，业绩也越来越突出，逐步被提升为行务员、大班等。这时候，他的收入已经大大增加了。可是满怀志向的他并没有知足，他想拥有自己的企业。于是，在1901年他借故离开了工作岗位，开始独立经营商行。

哈同给自己创办的商行取名为“哈同商行”，主要以经营洋货买卖为主，他独特的眼光使他发现洋货在中国市场上相对比的竞争品不是很多，消费者难以“货比三家”。因此，他通过市场神不知鬼不觉地获得了高额利润，将自己的商行越办越大。

哈同能够从一个看门工做到商行的老板，正是体现了“脚踏实地”做人的智慧。看门工，可能是大多数人都瞧不起的工作，换作别人是不愿意干的，他们觉得自己相貌堂堂，年轻高大，怎么会屈于当站门雇员。可是哈同反而认为这是他成功的一个起点。注意到哈同的工作历程，就不难发现他成功的秘诀，那就是“脚踏实地，循序渐进”。他对自己的每一份工作都勤勤勉勉，忠于职守，并且不是急于求成，而是循序渐进，慢慢登上成功的宝座。

卡耐基认为，人就应该从基础做起，认真完成每一项工作。人们应该通过认真工作来陶冶自己的情操，坚守脚踏实地而不是好高骛远工作态度，这样才能逐渐积累自己丰富的阅历和宝贵的工作经验，而这对于以后从事更富有挑战性的工作是一个准备。当他们最后面对比较复杂的工作的时候，依然能够胸有成竹地去完成它。卡耐基经常告诉年轻人，“工作无大小”。任何一项工作都需要我们认真对待。只有当你用心去面对一切的时候，才能够做到认真处理每一件事情，这样才能为自己积累更多的经验，也才能完成领导交给我们的任务。

1.罗马不是一天建成的

卡耐基经常对学生说："罗马不是一天建成的。"而巴菲特本人也正是坚信这样的道理，所以才能够在世界享有盛名。中国也有句相似的格言"千里之行始于足下"，它们所表达的是同一个意思。我们在面对任何一件事情的时候，都要脚踏实地、循序渐进，才能获得最后的成功。正所谓"一屋不扫，何以扫天下"。凡想成大事者都需要从小事做起，踏踏实实地做好生活中的每一件事。

2.从最底层做起

犹太巨商中的大多数人都是通过白手起家获得成功的，在职业之初，他们一般都是从事最底层的工作。但是他们并没有因此而气馁，相反，他们把底层作为展现自己的平台，作为成功的开端。无论他们的工作是多么的平凡、多么的不起眼，他们都能够将那些看似普通而又细微的工作干得很出色。

吃掉那只青蛙

卡耐基认为，行动的天敌常常是人们的拖延，而能够停止拖延的最好办法就是马上付诸行动。犹太人只占全世界人口的百分之一，但全球百分之七的财富却掌握在他们手中。这其中的一个重要原因，就是犹太人总是做行动的主人。犹太人做任何事情都尽自己最大的努力，从来不把今天的事留到明天。他们做事情绝不会拖延，而是今天的事情今天做，时刻谨记"今日事，今日毕"。卡耐基的时间观念很强，所以他绝不会拖延时间，也不会浪费时间，总是致力于做好一件事。如果他认定是今天必须要完成的事情，就会竭尽全力去完成它，哪怕别人已经下班了，他也要坚持把事情做完。于是他养成了做事严谨、珍惜时间的习惯，这也成为他能够成功的一个重要条件。

卡耐基举了这样一个例子：

马克·吐温曾经说过：“如果你每天早上醒来之后所做的第一件事情是吃掉一只活青蛙的话，那么你就会欣喜地发现，在接下来的这一天里，再没有什么比这个更糟糕的事情了。”由此引发出“青蛙”规则，对每一个人而言，“青蛙”就是最重要的任务，如果我们现在对它不采取行动的话，就很可能会因为它而耽误时间，它也可能对我们的生活产生很大的影响。

有人引申出了“吃青蛙”的两个规则：一是如果你必须吃掉两只青蛙，那么要先吃那只长得更丑陋的。简单地说，假如在一天里我们面临两项重要的任务，那么我们应该先处理更重要的一项，即使重要的任务总是棘手的。养成这样的习惯，而且一开始就要坚持到底，完成一个目标再接着开始另外一个目标。

二是如果你必须吃掉一只活的青蛙，那么即使你一直坐在那里并盯着它看，也无济于事。摆在面前的即使是一项非常难做的任务，也需要立即行动，漫无目的地思索以及任由内心惰性的滋长只会浪费更多的时间，影响我们完成任务。

为了达成既定目标，提高自己的工作效率，要立即行动，即“吃掉那只青蛙”所阐发出来的理论：每天早上要做的第一件事情，就是对你来说最重要的那件事情，并使之成为一种习惯。这样时间久了，自然就能养成“今日事，今日毕”的好习惯。大量的研究表明，那些成功人士身上最显著的共性是“说做就做”。一旦他们有了明确的目标，就会立即展开行动，一心一意、持之以恒地完成这项工作，直至达到目标为止。

如果你走进卡耐基的办公室，就会发现在他的办公桌上，没有“未决”的文件。卡耐基的时间观念极强，他绝对不会浪费时间。在他“今天

的事情今天完成”的观念里，积压文件的做法是非常不可取的。因为一旦发现在办公桌上有待批的文件，里面极有可能有一批是极其重要的。如果没有按时处理，就可能会耽误很重大的事情，而这是在变相地浪费时间。

1.珍惜时间

金钱能储蓄，而时间不能储蓄。金钱可以从别人那里借，而时间不能借。人生这个银行里还剩下多少时间我们无从知晓。因此，时间更重要。卡耐基用投资来作比喻，投入多少不能用金钱来衡量，而要用时间来计算。他觉得，在时间和金钱这两项资产中，时间显得更为重要，只有时间才是最宝贵的。他还认为，一个人认识到时间宝贵的那一刻，也会变得富有。时间观念极强的犹太人，无论是在生活中还是在工作中，都极为珍惜时间。所以，他们做任何事情的原则就是今天能完成的事情绝对不会拖到明天。

2.看谁跑得快

懒惰是借口的来源，如果我们不再为自己找借口，那就必须让自己变得勤奋起来。生活给我们每个人一样的平台，谁跑得快，谁就能第一个站在台上接受鲜花和掌声。假如你跑得慢，就只能在后面忍受别人的讥讽，但可以比别人更勤奋一些。懒惰是一种习惯，勤奋也是一种习惯，既然都是一种习惯，为什么不让自己变得勤奋一些呢？

第18章
生活正能量，保持激情让身体放松

卡耐基认为，身体是革命的本钱。在日常生活中，我们要善于激发生活正能量，保持对生活的激情，让身体彻底地放松下来，这样才有足够的力量去生活。生活中的正能量很多时候是身体健康带来的，试想，没有健康的身体，又何谈正能量呢？

关注饮食，远离亚健康

卡耐基告诫年轻人，要关注饮食，远离亚健康。前几年，我们还可以自豪地拍着胸脯说“身体倍儿棒”，也不会十分注意自己的饮食情况。早上若是感觉不怎么饿，就干脆不吃早餐，也省去了麻烦，即使吃也是去小摊买点油炸食品；中午休息时间太短了，直接到快餐店来份午餐，匆匆解决掉；晚上几个哥们姐妹一起海吹喝酒聊天吃火锅，玩得不亦乐乎；到深夜会在街上吃点夜宵再回家。这样的生活虽谈不上滋润，却很惬意，但近几年，满大街流行的词汇都是“亚健康”，刚开始我们不是很明白，“亚健康”不还健康着吗，着急什么？后来，我们才明白原来那亚健康已经离疾病不远了。拿着亚健康的介绍一个个对比，发现自己不知不觉间也显露出亚健康状态了。这时候才猛然惊觉，过去一直没有注意的饮食情况，才

导致自己现在的亚健康状态。正所谓“防患于未然”，也许有的人对那些所谓的“健康饮食”抱以不屑的态度，仍然随意粗鲁地对待自己的胃，这时你正踏上亚健康之路。所以，为了身体健康，需要拒绝那种不健康的饮食习惯，保持自己的健康饮食。

梦洁刚刚大学毕业，在家人朋友的帮助下找了一份不错的工作，每个月薪水不少，唯一的不足就是太忙，忙得都没有睡觉的时间。所以，早上为了能赖那么十几分钟的床，她索性就省去了早餐。有时候，闻着隔壁小吃店的美味，也忍不住买点东西吃。但是，她从来不喝牛奶吃面包，她觉得那样的饮食搭配寡然无味，还不如吃点油炸食品。

中午的时候，当别的同事都出去吃饭了，梦洁还在公司忙碌着，经常都是叫外卖。吃着快餐店的饭菜，她都分辨不出什么是美味、什么是难吃了，只要能吃饱就行，这样下午才有力气工作。在她看来，中午这顿不用花多少心思，因为白天大家都忙，还不如留着肚子晚上吃个痛快。傍晚，梦洁结束了一天的工作，邀约几个好朋友去酒吧玩，喝酒唱歌跳舞，好像把白天工作所带来的那种负荷都摆脱得一干二净。玩到很晚，大家才散伙，因为在酒吧只顾着喝酒，这时候才发觉饿了，于是又吃着路边的烧烤，或者回家煮包泡面。

她从来没有觉得自己的饮食有什么问题，直到她最近觉得身体不太对劲。在医院，当医生把“亚健康”这样的字眼抛给梦洁时，她有些不相信，自己才刚刚大学毕业正值青春年华，怎么会处于亚健康状态了。医生笑着说：“就是你们自认为太年轻了身体很好，从而不爱惜身体，不注意饮食，导致了亚健康。所以，你们要特别注意自己的饮食习惯，否则还会引发身体疾病。”梦洁拿着医师开的营养饮食清单，心里却在想，自己还真舍不得那深夜的美味烧烤呢？可是，身体的健康问题咋办？她陷入了纠结。

也许，我们身上都有梦洁的影子，不讲究早餐午餐的营养，却贪念深夜的美味烧烤。但是，如果不良的饮食习惯和身体健康摆在面前，自己又会做出怎样的选择呢？虽然受到医生的警告，但有的人还是“不见棺材不

掉泪”，任性地折腾自己的身体，直到躺在了医院才发现事情的严重性。其实在这样的情况下，我们应该做出正确的选择，舍弃不良的饮食习惯，摆脱亚健康的影子，恢复健康的身体。当身体处于健康的状态，心情自然也会好起来，工作也很有劲儿，你会发现原来生活是多么美好。

可能有人还在疑惑，亚健康到底是什么？用比较通俗一点的话说，就是你已经接近生病了，虽然从表面上还看不出什么具体的症状，也没有明确地感觉到身体上有什么不舒适，但是也许就在你转头的那一刹那，可能疾病就出现了。当疾病真正来临，你可能还在迷惑之中：身体不是好好的吗，怎么说病就病了呢？其实，这就是你没有及时地认识到自己的身体已经处在了亚健康的边缘。如果在疾病没有来临之际，你能通过身体的一些异样来发现，使身体在亚健康状态中恢复过来，那么就避免了去医院的“厄运”。

如果你最近觉得记忆力减退，开始忘记熟人的名字；如果你最近做事情经常后悔，容易发脾气，难以控制自己的情绪；如果你最近注意力总是不集中，精力也越来越差；如果你最近处于敏感紧张状态，惧怕任何人任何事；如果你最近容易疲乏，莫名其妙地感到体力不支等。假如这些所描述的情况都出现在你的身上，那么你要保持警惕了，也许你正处于亚健康状态，为了保持身体的健康，首要任务就是要保持健康的饮食。

当然，如何以健康的饮食来“吃”掉亚健康，我们还应该在饮食的营养搭配上下工夫。

1.食补

如果你觉得烦躁且易失眠健忘，就可以选择多摄取一些含钙、磷的食物，比如大豆、牛奶、鲜橙、葡萄、土豆、蛋类；如果你觉得神经有些敏感，那就多吃蒸鱼，还要适当加一些绿叶蔬菜，还可以少喝些葡萄酒；如

果你觉得体质比较虚弱，那就多吃炖鱼，在吃饭之前可以小睡一会儿；如果你整天对着电脑，觉得眼睛很疲劳，就可以在中午吃一份鳗鱼，或者吃点韭菜炒猪肝也很有效；如果你觉得大脑比较疲劳，可以吃点坚果类，诸如花生、瓜子、核桃，可以健脑，增强记忆力。

2.均衡膳食

另外，还要保持每天的健康饮食，营养师建议：早餐吃饱为好，应喝豆浆或牛奶，外加一个苹果，千万不要吃油条，尽量少去早餐店吃饭，在家弄点全麦面包或馒头花卷小菜；午餐有条件的话可以吃点鸡、鱼、粗粮；晚餐六七分饱就可以，但一定要杜绝油炸食品而且不要喝酒，睡前可以喝点牛奶或红葡萄酒。所以，从现在开始舍弃那些不良的饮食习惯，选择这样健康的饮食，使自己远离亚健康状态吧。

合理释放负面的情绪

卡耐基认为，每天我们都可能面临着生活带来的愉快、悲伤、愤怒和恐惧。但是，这样形成的情绪和情感往往是短暂的，哪怕是负面的情绪如痛苦之后，强烈的体验会随着刺激的消失而消失。可是，如果那些焦虑和忧愁长期存在，就会使人惶惶而不可终日，由不良情绪引起的生理变化也久久不能恢复。其实，长期压抑的情绪对人的身体健康是有着很大影响的，紧张忧虑的情绪不仅仅影响生活的质量，还会给身体带来更大的伤害。那些压抑的情绪在身体里撞来撞去，让自己很难受，还有一种说不出来的悲哀，严重者还会就此患上抑郁症。也许有时候，你会因为种种因素而压抑心中不良的情绪，还安慰自己说“忍忍就过去了”，其实，总是压抑自己的情绪，会逐渐影响到身体，甚至带来更大的伤害。抑郁一段时期之后，你会发现身体出现了诸多不适，不仅给自己带来了心理上的疾病，

还引起了身体上的疾病，这根本就是得不偿失。所以，当自己产生一些不良情绪时，一定要通过正确的渠道释放出去，从而获得心理身体上的双重健康。

小曼最近心情很抑郁，因为她发现以前老把“爱”挂在嘴边的老公有了外遇。刚开始知道这个消息的时候，她就觉得心中的那个世界已经坍塌了。自从结婚之后，小曼就辞去工作在家里相夫教子，把重心也放到了孩子身上，忽视了打扮学习，也忽略了老公的感情，自己成了黄脸婆，老公也就出轨了。

之后，她的心情就一直很压抑很低落，对未来生活没有希望和期盼，很迷茫，每天都守着房子过着。2012又马上就到了，她觉得完全失去了生活的勇气，那天天跟自己在一起的老公都可以背叛自己，还有什么值得依靠的？前些日子，她突然觉得烦躁不安，手心出汗，浑身不自在，什么也听不进去、看不进去，感觉有点崩溃。好朋友来看她，小曼也不好意思把真相告诉朋友，觉得这是家丑。她也试着跟老公谈了一次话，可老公满脸愧疚地说没有打算跟自己离婚，但又牵挂着其他的女人，小曼觉得自己实际上是守着一个空壳过日子，她不想去过问他的行踪，可一想到老公和其他的女人在一起，就觉得很痛苦。

前两天去医院例行检查，小曼发现自己患上了慢性浅表性胃炎，难道这就是守住婚姻的代价吗？小曼心情糟透了，精力严重透支，现在体力也完了，她也不知道自己该怎么办？

小曼一直压抑自己的情绪，使那些恶劣的情绪影响到自己的身体，也破坏了生活的质量。其实，她大可以跟老公吵一架，选择干脆地离婚，但她并没有这样做，只想守着自己的婚姻。最终因为不良情绪压抑得太久患上了疾病，给自己身体带来了严重的伤害。也不少人都觉得自己与家人的相处比较压抑，自己即便是对他有什么不满，总是强忍着，告诉自己不要跟他计较，尽量不生气，但是这样的情绪压抑久了，难保自己不会做出一些冲动的行为来。所以，对于那些不良的情绪，要舍弃压抑的方式，选择正确的渠道来释放，这样才有益于身心健康。

可能有人觉得，既然不能压抑自己的情绪，那就随处释放，不管是同事还是朋友，一股脑儿向对方发泄。卡耐基认为，压抑的情绪是需要释放，但前提是通过正确的渠道，而不是无所顾忌地就随处释放出来。也许，不同的人会选择不同的释放渠道。有的人喜欢运动，有的人喜欢通过参加休闲活动来放松心情，有的人喜欢听歌看小说，有的人选择睡个好觉。其实，无论是哪种途径，只要能顺利地释放不良情绪，都是值得采纳的。因此面对不良情绪，要舍弃压抑的方式，选择正确的释放渠道，保持自己身心健康。

1.想哭就哭

众所周知，女性普遍比男性的寿命长，除了职业、生理、激素、心理等各方面的优势条件之外，女性喜欢哭泣也是一个重要的因素。因为哭泣是一个释放不良情绪的渠道。哭泣之后，在情绪强度上就会减低百分之四十，如果不能利用眼泪把情绪压力释放了，就会影响到身体的健康。所以，强忍着眼泪就等于“自杀”。可是。哭泣的时间不宜超过15分钟，否则也会对身体有伤害。

2.适当娱乐一下

当然，眼泪并不是唯一释放情绪的途径，尤其是对于许多男性来说。这不得不让人想起今年冬天的流行语“你今天偷菜了吗”，如果见面不说“偷”，就好像自己不前卫不时髦跟不上时代步伐一样。其实，除去 “偷菜”本身所具备的娱乐性质之外，它之所以能风靡于网络，还源于对压抑情绪的释放。许多上班族忙碌了一天，总希望能通过一件愉快的事情来释放自己压抑的情绪，而“偷菜”就成了一个巧妙的出口。总之，不同的人会选择不同的途径去释放自己的不良情绪。

身体健康靠运动

卡耐基认为，生命在于运动，运动让人们焕发出青春与活力，重显年轻的光彩。不可否认，运动为我们的生活带来了生机与活力，展现出不一样的激情。随着生活节奏的加快，来自生活工作的压力接踵而来，我们的身体开始发霉了，逐渐不再有往日的灵活。也许，有人会问到底是什么造成了这个状况？其实，这就是缺乏运动的后果。运动可以给身体带来诸多益处，它可以化解你心中的压力，大汗淋漓之后你已经忘记了超负荷的重担；它让你的身体得到锻炼，延缓身体各个部分的衰老；它还可以无形之中增强你身体的抵抗力，让你免受疾病的干扰。总而言之，运动对身体是百利而无一害的。当然，我们这里所说的运动只是适当的运动，而且是健康的运动。如果你没有控制好适当的运动量，又选择了危险、不健康的运动，那么只会适得其反。所以，为了保持身体健康，要拒绝懒惰，保持运动的良好习惯，而且懂得选择一些健康的运动。

美国人菲克斯曾是一名万米长跑冠军，1997年他所著的《跑步全书》在美国出版，之后跑步这一运动就风靡全美国，而且轰动了整个世界。许多人在这本书的煽动下开始了长跑训练。然而就在不久之后，菲克斯本人却突然死于长跑途中。跑步，确实给不少人的健康带来了奇迹，但也使相当一部分盲目追求者成了不合理运动的牺牲者。据说，在长跑与马拉松运动员死者中，死于冠心病者占77.5%，明显高于正常人群。

对此情况，美国一家保险公司曾调查了五千名已故运动员的寿命和健康状况，结果发现他们的平均寿命都比普通人短。运动员经过了严格训练，可以提高身体的潜能，较大的运动量也使他们的体能得以充分发挥。但从健康长寿的角度来说，那种运动量较大的锻炼方法并不可取。

适当的跑步是健康的运动，但运动量较大的长跑或者马拉松则威胁着

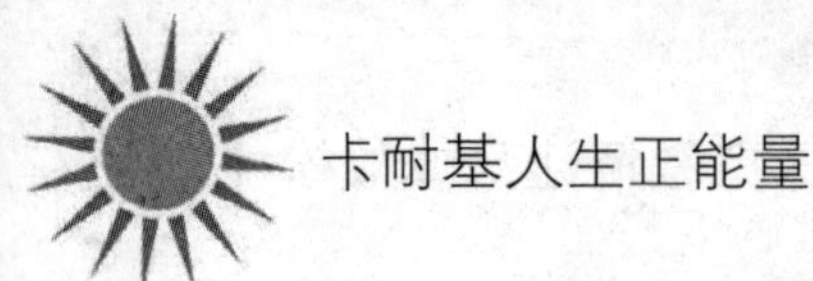

我们身体的健康状况。因而，那些运动量较大的运动对于普通人来说，却是一种不健康的运动。另外，诸如登山、赛车、攀岩等一系列危险性较大的运动，其实也不适合普通人，它们都适合专业的运动员，或者在有最大限度的安全措施下而自己又比较擅长，这样才有可能避免一些身体上的伤害。其实，如果不是作为一种嗜好的运动，实在不建议一个普通人去选择这些危险的运动。运动的目的在于保持身体的健康，如果运动本身就有可能给身体带来很大的伤害，那么不如放弃这些不怎么“健康”的运动。

实际上，运动充斥着我们日常生活的每个角落。如果有人还认为运动必须是穿着运动装出门去进行的运动，那这样的观念已经落后了。运动并不一定是进健身房，它可以是任何时候身体的运动。在现代社会，一些经常性的适度运动可以增进健康，进而维持健康，消耗热量。比如饭后散散步、溜冰、在家做做清洁、跳舞、爬楼梯等都算是运动。也许有人会问“爬楼梯也算运动吗”，在高科技发达的今天，“爬楼梯”真的算是一项运动。现在，一般的住宅区都有了电梯，虽然这省去了不少麻烦，但一定程度上也使身体开始懈怠，有的人哪怕是住在三楼，也会选择坐电梯而不是爬楼梯。所以，这时候爬楼梯就成为一项运动了。

1.让运动成为你生活的一部分

其实，只要是做健康的运动，对自己的身体都能起到一个维持健康的作用。如果你想达到防病保健的作用，那就每天做消耗150卡热量的运动，最好是让运动成为你生活的一部分。有的人抱怨“工作太忙了，哪有时间运动”，实际上，只要你有运动的决心，时间是会有的。坐公交车的时候，提前两站下车，走两站的路程；晚上下班回家，爬楼梯代替坐电梯；上班坐久了可以伸伸懒腰，走动一下；在家边看电视边做运动或者趁着广告的时间做运动；带小孩出去郊游、逛街。当然，选择运动的时候，要拒绝不“健康”的运动，养成运动的良好习惯，使自己的身体保持健康的状态。

2.适当的运动还会影响到心理

实际上，适当健康的运动不仅带给我们健康的身体，还会对心理产生积极影响。每个人的心理状况、精神状况和身体状况是三位一体的、不可分割的。医学家经过研究发现，运动能使人的身体发生一系列化学变化，使运动者身体的血液中产生一种能让人欢快的物质，即内啡肽，因而有人认为运动可以防止抑郁症的发生。运动对于我们的身体来说是至关重要的，但是一定要适度。运动量过大，有损健康；运动量过小，则不足以达到锻炼的目的。因此，掌握适度的运动量，才能有益于身心健康。另外，要选择健康向上、远离危险的运动，这样才能有效地达到运动预期的目的，使身体保持健康的状态。

谨防心理疾病

卡耐基认为，随着生活节奏越来越快，来自社会各方面的压力也越来越大，由此而引发的各种心理疾病也层出不穷。在最开始的时候，人们并没有意识到心理疾病会带来危害性，他们只重视身体上看得见的健康，而忽略了心理健康问题。实际上，比起身体上的健康，心理上的疾病对身体的伤害更严重。一般来说，身体上的疾病是可以治愈的，而心理上的疾病却难以医治，一旦陷入某种心理上的疾病，就会直接影响到工作、生活和学习。所以，每一个生活在激烈竞争下的人都要学会呵护自己的心理健康，不要让心理疾病侵扰你，这对于保障未来的事业生活都是极大的帮助。

许多人都有这样的问题，心理上的压力很大，却又不得不到释放，这主要是来自生活社会的种种压力。而且，随着社会竞争越来越激烈，这样的压力会越来越大，几乎到了崩溃的边缘。近年来，因为承受不了生存压力而选择自杀的人不在少数，究其原因就是心理疾病的困扰，更有甚者因此患上了抑郁症，失去了生活的勇气。因此在现实生活中，我们一定不能忽视心理上的健康，只有保持身心健康才能扬起生活的风帆，走向的成功人生之路。

“老师承受的心理压力实在太大了！”这是现代老师喊出的肺腑之言。

有一次考试结束后，章老师将一份全年级化学小测班级平均分的排名拿给与自己同场监考的王老师看。王老师所带班级的化学成绩一直不是很理想，这次小测，他所教班级平均分不仅又是最末，还比以前略有下降。第二场考试开始了，王老师叹着气与王老师走进考场。刚发完试卷，教室里突然传出男性的歌声。“谁啊？”安静的教室里顿时炸开了锅，章老师和同学们一起搜寻那个破坏考试秩序的人。然而，师生们惊奇地发现，唱歌的居然是王老师。

王老师的行为让大家觉得既奇怪又好笑，随后有同学大声叫“老师，别唱了”，章老师也把王老师拉到一边，劝他别唱了。可是，王老师似乎听不见任何人说话，依旧唱个不停。章老师急忙向校领导报告，并找来医生进行诊断。医生表示，王老师受了不良刺激，心理压力太大引发行为失控。

而同事某女老师也发生了类似的状况，“我教学能力这么强，人又长得漂亮，为什么你领导不重用我？”在办公室里，老师们忙着备课批改作业，某女老师突然蹦出这么一句话，让同事们感到莫名其妙。有老师说，每次考试结束，校领导把全区其他学校的成绩领回来比较的时候，那个女老师都十分紧张，然后就吃不下饭了；有时候能看见她在操场上走着，却说着胡话。

在以前，大家都会认为教师是一个比较轻松的职业。但近年来，一

些社会舆论认为学生学不好，责任在于老师，因而老师所承受的压力非常大。而且，随着这些年一直进行大规模的课改、教材更新，一些老师尤其是年纪较大的老师感觉到“力不从心”，适应不过来，加上自身心理调适能力较弱，就会产生心理问题或者心理疾病。

由于现代人普遍工作节奏快、竞争激烈、心理压力大，抑郁、焦虑和强迫已成为人们主要的心理疾病。为此专家呼吁，应加强对自身心理健康的关注和重视力度，建议人们每年做一次“心理体检”，把心理疾病危害程度降到最低。所以，面对心理疾病，要舍弃听之任之，要进行及时的疏导，进行心理上的调节，必要时可以向心理专家进行咨询，以保持自己的心理健康。

据调查，现代人中产生心理问题和疾病的人群急剧增加，患精神疾病的人数几乎超过了心血管病，跃居疾病患者的首位。社会各阶层的人士都有着心理上的困扰，如果不及时调节，久而久之就会形成一种心理疾病。都市白领会在紧张的工作下患上焦虑不安、抑郁症、精神障碍等心理问题和疾病；高发离婚率之下的人士遭受了情感的挫折，也会或多或少地产生心理疾病；贫困家庭难以承受压力的超负荷，生活和工作的双重压力极有可能导致心理疾病；商界精英面对事业受挫，其心理因失败的打击长期处于一种失衡状态，又不能自我调节，极有可能诱发精神障碍、抑郁症、自闭症等心理疾病。事实上，一些竞争比较激烈、所担负责任重大的行业里，也会出现一些被心理疾病所困扰的人士。因此，心理健康不容忽视，与身体健康一样重要。

学会对自己微笑

卡耐基说："每一个人都在寻找快乐，而只有一个方法能保证你找得到它，那就是微笑，人生，每天不一定都能得到快乐，如果碰到了烦恼的事情，记得给自己一个微笑；碰到了令自己生气的事情，记得给自己一个微笑。微笑，可以使自己产生一种豁达的心态。"对自己微笑，也是一种积极的心理暗示，暗示心中一份好心情；给自己一个微笑，你会发现生活的美好其实就在心中。微笑，本身就是一种感情交流的美好神态，对别人真诚地微笑，体现了一个人热情、乐观的心态；对自己微笑，则是一份乐观的自信。让我们的心灵一直处于愉悦之中，你会发现，生活中的美好并不一定需要真切地寻找，它其实就在我们心中。

卡耐基曾在培训课上讲过这样一个故事：

在清水龟之助小时候，他随着母亲到寺院去上香，看到方丈正在清洗新鲜桃子，于是站定了不想离开。方丈清洗完桃子之后，就把洗好的桃子递给了清水龟之助，但他的妈妈却认为这样做不好，不让清水龟之助伸手接桃子，并对方丈说："师父你还是自己留着吧，这桃子若是给了他，你就少了一个！"方丈听后就笑了："虽然我少吃了一个桃子，却多了一个吃桃的快乐。"说完，方丈便把新鲜的桃子塞到了孩子的手中，悄然离去。

从这以后，清水龟之助就懂得了快乐是可以互相传递的。长大后的他因为生活所迫而成为邮差，刚开始的时候，他感到很苦闷，但他并不想把自己的苦恼传染给他人，所以自始至终他在工作时都保持着微笑；不仅如此，为了获得一份愉快的心情，每天早上，他都会对着镜子给自己一个微笑。当他看到许多人在接到信件之后露出了开心的笑容，那份快乐又传递给自己，他觉得邮差这份工作还是挺有意思的。

在很多人看来，邮差是一份辛苦的工作，而且收入很微薄，所以很

少有人会将其作为一生的职业。然而，清水龟之助怀着开朗乐观的心态，对自己微笑，一干就是整整25年，成为日本少数的老邮差之一。每天一大早，清水龟之助就用自行车驮着报刊和邮件穿梭于城市的大街小巷，凡是接受过清水龟之助服务的居民都特别喜欢他，因为他每天都面带笑容。当居民们从他手中拿到信件和报刊的时候，也获得了一份他所传递的快乐。他的事迹使他获得了国家级的奖项——终身成就奖，在这之前那些获得该奖项的人都是社会的精英，有的人对一个邮差获得如此殊荣而感到不解。但是，在得知清水龟之助的事迹之后，他们改变了自己的想法，纷纷为清水龟之助鼓掌。

1972年，尼克松竞选连任总统，由于在第一任期政绩斐然，他有绝对的优势获得胜利。但是，他走不出失败的阴影，没有学会对自己微笑，于是在潜意识的驱使下，派手下潜入对手的办公室安装了窃听器。最后，在选举胜利后不久就被迫辞职。成功的时候，需要给自己一个微笑，但不可流连太久；失败的时候，更需要给自己一个微笑，用轻松的心态去面对挫折；生气的时候，需要给自己一个微笑，用乐观的心态去战胜内心的不良情绪。对自己微笑，是一种积极的心理暗示，暗示自己没有必要生气。

伟大的发明家爱迪生的工厂曾经失火，造成了近百万美元的设备瞬间化为乌有，67岁的爱迪生听到消息赶到了火灾现场。旁边的员工们认为他看着这一片废墟，一定十分生气，谁知爱迪生表现得十分镇静，甚至还笑着说："这场大火烧得好哇，将我们所有的错误都烧光了，现在可以重新开始了。"生活就如同一面镜子，你对它哭它就哭，你对它笑它就笑。对自己微笑，我们将收获一份乐观的心态，而这样的心态将帮助我们战胜一切不良情绪。

梁实秋说："一个人发怒的时候，最难看。"确实，一个发怒的人，脸红脖子粗，龇牙咧嘴，难免会有损自身形象。俗话说："人一发怒，上帝就发笑；上帝一发笑，人就很难平心静气地去思考。"相比较微笑，发怒的表情实在很难看。所以，为了自身的形象，我们要学会对自己微笑，而不是将发怒的表情定格在脸上。

卡耐基认为，每一个人要学会微笑，更好地享受生活，只有对自己微笑，快乐才会将生活围绕。微笑，不仅仅代表着我们的心态，还能够有效地影响他人的心情。所以，学会对自己微笑吧，你会发现生活的美好其实就在自己心中。

1.向自己微笑，补充正能量

古人云："人生不如意之事十之八九。"在日常生活中，我们总是避免不了一些烦心事，虽然我们无法改变事情的好坏，但我们却可以改变心情。不管遇到了什么，都要学会对自己微笑，补充渐渐流失的正能量。微笑，是一种愉悦的表情，但并不是每个人都能做到对自己微笑。

2.不要忘记对自己微笑

在人生道路上，既有坦途，也有坎坷荆棘，人们在失败时就消沉低迷，忘记了微笑是什么；在生气愤怒时就歇斯底里，忘记了微笑是什么。失败了给自己一个微笑，生气了给自己一个微笑，以平常心来面对生活中的成功与荣誉，你会发现生活其实很美好。在我们身边，有的人成功了，有的人却失败了，造成这样不同结果的原因是什么呢？其实，我们都忽略了最重要的一点，那就是忘记了对自己微笑。

第19章
恋爱正能量，爱情是生命的魔法师

千百年来，最能打动的人还是爱情。然而，爱情也是有正能量和负能量的。有的感情会让我们全身充满力量，感受到这个世界的美好；而有的感情则会让我们感觉到痛苦，举步维艰。但凡爱情，它所带来的都是难以言说的悸动，所以我们要善于激发恋爱中的正能量，让自己沉浸在爱河中。

让对方感觉到自己很重要

卡耐基认为，人们在刚开始恋爱的时候，彼此都十分依恋，每一分每一秒都恨不得将跟对方在一起。那时候，你在他心中永远是重要的，他几乎是推开所有的活动，避开所有的朋友，甚至无心于工作，整日只围绕你一个人转；只要一听见你身体不适，无论多远，甚至跋山涉水，也要见你一面；花整整一天炖好的鸡汤，也是为了微笑看你喝下去；冒着风雨，跑遍了整条街，只是为了给你买一个发卡。刚开始的时候，我们都为对方无尽地疯狂过，几乎是对方的全部。曾几何时，我们发现自己在对方心中已经不是那么重要，总是有那么多的应酬，对方总是那么忙，忙得见一面都很难。这是为什么呢？

小李和男友在一起一年了，近段时间，她发现自己在男友心中的位置下降了。以前刚在一起的时候，男友整天围着自己转，自己有什么事情，只要打个电话，他立马就赶来了；现在白天打个电话也没人接，末了回过来总是说自己工作忙，小李正想反击：“以前怎么没有见你有这么忙？”可是没想到，话还没有说出口，对方就挂了电话，传来一阵盲音。小李气极了，打电话跟他吵起来，男友总是那句：“我很忙，你怎么就不能善解人意点？”

更让小李感到气愤的是，周末准备找他一起逛街的，可是一打电话，男友居然说自己正和朋友在乡下采风呢，没有时间陪她。

小李对自己的处境感到很苦恼，自己在男友心中已经没有地位了，难道是男友已经不爱自己了吗？

其实有时候，并不是他对你没有感情了，而是在一起的时间太久了，恋人之间已经处于一个很平淡的时期。恋人之间的新鲜感已经过去，他在工作之余也想和朋友一起出去过过四处游玩的日子。当恋爱已经处于一个平淡的阶段，丧失了最初的疯狂和激情，他就不会挖空心思来表示你对他的重要了。这时候，就需要你适时地用自己的方法来向他表示你对他而言是异常重要的。

当你觉得你在他心中的位置已经不那么重要的时候，千万不要跟他大吵大闹，更不要去指责他。而要比平时更加关心他，把他的生活打点得无可挑剔，这样，他的生活就离不开你了。

1.支持他

如果他工作压力大，就为他减减压，在你们之间营造一种愉快的氛围：适时地讲讲你生活中遇到的趣事，让他觉得跟你在一起是轻松的、没有压力的；为他分担一些烦恼的事情，温柔地告诉他：你是他永远的港

湾，坚强的后盾。

2.关心他

生活中，每时每刻都表现出你无微不至的关心：吃饭的时候，如果自己没能陪在他身边，一定要记得打电话告诉他，提醒他按时吃饭；每个周末，抽个时间一起吃顿饭，点几个他最爱吃的菜。他出差的时候，在他包里放些感冒药、治胃痛的药，告诉他没有你的陪伴，要好好照顾自己；每天至少给他打个电话，哪怕只是说一句“我想你了”；不要总是追问他在哪里，不要打电话责骂他，把关心的话说给他，就先挂电话。

3.让他习惯有你

当他已经习惯你每天的关心，开始依赖你的时候，你的方法已经奏效了。这个时候，就应该制订下一步计划了。他已经完全依赖你了。你应该适时地消失一阵子，但是时间不宜过长。或者跟几个好友一起出去旅游几天；或者是跟爸爸妈妈待上一阵子；或者是因工作需要出差几天。你会发现，你其实才走了一天，他的电话就接二连三地追来；你才下飞机，他就催你回去；甚至，他会忍不住偷偷地来找你。因为你走了，他才发现自己的生活有了一个缺口，他才猛然意识到你对他而言是多么的重要。你要先努力地融入他生活的点点滴滴，给予无微不至的关心。让他习惯你、依赖你，感受到你的重要性。

爱情在逆境之中越发炙热

卡耐基认为，在逆境中恋爱，才能使爱情之火更炽烈。因为在逆境中，彼此把对方已经当成了唯一的依靠，这样的感情会比平平淡淡的爱情来得炽烈，来得疯狂。中国古代有七仙女与董永的爱情神话；有三圣母私自偷偷下界与一介书生成亲，还因此被压在山下，所以才有了“宝莲灯”

这样美丽的神话故事。无论是在哪个朝代，能够被人称颂的爱情，大多都是在逆境中的爱情。那些逆境，或许是因为父母的反对及阻拦；或许是因为人鬼殊途；或许是因为世俗的不容忍；或许是因为彼此两家有过节。有时候，那些在逆境中的爱情可能并没有坚守到最后，但是其惊世骇俗依然是人们最羡慕的爱情境界。

祝英台女扮男装，远去杭州求学。途中，邂逅了同去杭州求学的书生梁山伯，他们两人一见如故，相谈甚欢，在草桥亭上撮土为香，义结金兰。没过几天，二人就来到杭州城的万松书院，拜师入学。从此，同窗共读，形影不离。梁山伯与祝英台同窗三年，情深似海。英台深深地爱上了山伯，但山伯却始终不知道英台是一位女子，只是念及兄弟之情，并没有特别的感受。祝员外思念女儿，就写信来催祝英台回家，英台只得急急忙忙回乡。临走的时候，两人依依不舍。在十八里相送途中，英台不断借物抚意，暗示爱情。山伯忠厚淳朴，却看不透其中缘故。英台无奈之下，就谎称自己家中有个妹妹，品貌与自己非常相似，自己愿意替山伯作媒。

可是到了提亲的日子，因为梁山伯家里贫穷，没有能够按约定的日期到达，等到山伯去祝家求婚时，才知道祝父已将英台许配给太守之子马文才。美满姻缘，已成泡影。于是两人楼台相会，泪眼相向，凄然而别。临别时，立下誓言：生不能同衾，死也要同穴！

后来梁山伯忧郁成疾，不久便身亡了。英台听说山伯的噩耗，誓以身殉。英台被迫出嫁的那天，绕道去梁山伯墓前祭奠，在祝英台哀恸感应下，风雨雷电大作，坟墓爆裂，英台翩然跃入坟中，墓复合拢，风停雨霁，彩虹高悬，梁祝化为蝴蝶，在人间蹁跹飞舞。

好一个“生不能同衾，死也要同穴”，梁山伯与祝英台的爱情真是感天动地，至今被人们所称颂。爱情越在逆境之中，就越能绽放出耀眼的光彩。比如西方朱丽叶与罗密欧的旷世爱恋，他们同样是相爱在充满了反对的声音中，他们爱得如此炽烈，以至于最后因为爱而双双殉情，成了最悲壮的爱情。

卡耐基认为，平淡的爱情让人觉不出它的伟大，因为它只是隐藏在一个眼神、一个动作、一句话里面，好像人们都忽视了它的存在。而当爱情一旦跨进逆境中，人们就会用更多的行动和语言来表现爱情。在逆境中的爱情，则会把表露爱意放大，在特定的环境里，爱情显得神圣而又伟大。

1.逆境让两人的心离得更近

只有在逆境中，你才会觉得爱情是多么的伟大。它可以让你冲破世俗的观念，以强大的支撑力去面对外界异样的眼光；它可以让你不惜和养育自己、与自己有深厚感情的父母反目；它可以让你倾其所有地来拯救你们的爱情。在逆境中的两个人，因为共同承受着一切压力和抵触，所以他们的心靠得特别近，他们在逆境中学会“相濡以沫”，他们在逆境中互相鼓励。虽然有时候他们会觉得看不到未来，但只要心中有爱就有希望。所以，逆境中的爱情表现得更为炽烈。

2.逆境中的爱情往往会成为永恒的经典

有时候，你的感情本来是平淡的，但是突然出现父母的反对，会让你的爱情陷入逆境。虽然在一定程度上，会增加彼此的心理压力，但是你会发现在那种反对声音里的爱情，会让你倍感珍惜，也倍感炙热。很多古今中外那些被人们传颂下来的爱情，无一不是在逆境中的爱情，比如梁山伯与祝英台的爱情、罗密欧与朱丽叶的爱情。

选择最合适的，而不是最好的

卡耐基这样比喻爱情：每个人都有买鞋子的经历，也许，当我们站在

橱窗外，看着橱窗里那漂亮而款式新颖的鞋子就会觉得兴奋不已，甚至还会以自己独特的审美目光选出最好的一双鞋子。于是，自己迫不及待地取过来试穿，才发现不是太大了就是太小了，或者那看似别样的款式并不适合自己，望着镜子，自己都会觉得别扭极了。而这时候，美丽的导购小姐会极力向你推荐："您可真有眼光，这可是我们店里最好的款式，我看挺适合您的。"在你没有忘记微笑之余，还是会带着遗憾离开，因为不合适的鞋子买来根本没有用处。其实，那挑选鞋子的过程就是我们寻找爱情的过程。爱情，就如鞋子一样，只有合适的才是自己所需要的，那些外表光鲜亮丽的鞋子，有时候并不适合自己。现在，游荡在爱情城堡周围的男男女女越来越清晰地认识到：最好的未必是最合适的，而最合适的才是最好的。的确如此，一双再漂亮的鞋子，如果连合适都谈不上，又怎么会认为是最好的呢？它只适合放在橱窗里供人欣赏，而不适合带回家。所以在爱情的世界里，学会正确地取舍，选择最合适的，舍弃那看似最好的，才能收获最美丽的爱情。

同事小娜在一家公司做销售，人很漂亮而且能力优秀。虽说才刚刚大学毕业，可是在短短的一年之内，她居然将营业额升到了占全公司的三分之一，作为一个初出茅庐者，确实不同凡响，她也因此而令人刮目相看。

最近，大家听说她谈恋爱了，都觉得很好奇，很想知道这位传说中的男士是怎么俘获她的芳心的。昨天，她偕男朋友与公司同事见面了，满足了大家的好奇心，同时也让大家大跌眼镜。这位Mr. Right细高个儿，其貌不扬，看起来很斯文，不怎么爱说话，据小娜介绍是在旅行社工作。同事们都觉得这位男士硬件和软件都不怎么样，与漂亮能干的小娜站在一起，给人极不相配的感觉。而且，由于同事们都很佩服小娜的能力，以前还私下评论过她未来男朋友该如何如何的了不起和能干，没想到现在居然是这个样子。特别是同事小孟对这总不愿相信，还不停地摇头："真想不到，这么漂亮的女孩最终找了这样的一个人，我真不能接受。"感叹之余，还是觉得很不理解。可是，看着小娜挽着男朋友那幸福的样子，大家又觉得很释然。

爱情的最终目的不过是幸福，不管别人是怎么看的，只要你觉得最适合你，那就是最幸福的。在爱情的世界里，没有最好的，只有最合适的，这就要看你如何来取舍了。小娜的选择是最适合她的，因为大家看到了她眼中飞扬的神采，还有她男朋友欣赏和赞许的目光。或许在外人看来，这两人显得不那么般配，但鞋子合不合脚，只有脚知道，幸福终究是属于自己的。所以，要想赢得爱情，那就选择最合适的，而不是最好的。

女人大多嫁不了有钱人，男人也大多娶不到漂亮女人，但是，他们依然过着幸福的生活。因而，渐渐流行一句话：爱情，寻找最合适的，而不是最好的。也许，我们都很欣赏这样一句话：你不是最好的，但我依然只爱你。仔细回味这句话，我们能感受到那种乐观豁达而又理智执著的爱情。当一个最好的与最合适的放在你面前，你会怎么来选择呢？最好的也许会带给你物质上的充足，却无法满足你精神上的贫瘠；最合适的会给你带来精神上的极大满足，从而使爱情变得完美。物质生活，可以用双手来创造，而精神生活却是无法被创造的。

1.爱情到底是什么

爱情就是当你知道他并不是你所崇拜的人，而且清楚地知道他还存在着种种缺点，却仍然选择了他，并不因为他的缺点而抛弃他的全部、否定他的全部。如果有一个人，他在你的心目中是绝对完美的，没有一丝缺陷，你敬畏他却又渴望亲近他，这种感觉不可以叫作“爱情”，而应该叫作“崇拜”。

2.最好不一定最适合

通常来说，别人认为最好的，不一定适合你；你认为最好的，也不一定适合你。爱情的关键是要两个人都能配合对方的脚步，有一双欣赏的眼睛和一双愿意倾听的耳朵，一起发现爱的真谛。在我们短暂的生命中，又

有什么才是永恒的呢？金钱还是权力？名誉还是地位？其实，这都不是永恒的，只有爱才是永恒的是一种恒久的财富。当岁月流逝，我们需要的不是高高在上的地位，也不是手中至高无上的权力，而是来自爱情的温暖与体贴。

3.合适的人很少

这个世界优秀的人太很多，合适的人却很少。那些优秀的人对自己未必是最好的，而合适的必定是最好的。我们的一生中都处在取舍之间，要学会拒绝那最好的却不适合自己的，选取最合适的爱情。在最合适的爱情里，有一种难以言说的契合，你可以在他那里看到你自己。每个人活着就是为了找到自己，如果你能在他那里找到自己，就选择他吧。因为，他对于你而言是再合适不过的，没有人会比他更好了。

爱情，需要呼吸

蔡健雅有一首歌叫《呼吸》，那是一种对爱情的呼唤，没有了爱人的那种冰冷难耐的空气直接侵入，让人无法呼吸。可是，当爱人完全占据了你的世界，你也一样会感到无限的压力，自由空间受到限制，甚至无法呼吸。卡耐基说，我们都会认为一声关怀就是爱意，以为经常送上问候，嘘寒问暖，就是深情；以为只是询问而不干涉，就是宽容。可是，这样造成的结果就是爱人并不领情，自己也会感到很受伤。究其原因，是把爱抓得太紧了，从而限制了爱的自由，自然也就没有爱了。喜欢在春天放风筝的人都知道这样一个道理，风筝的线若是拽得太紧，风筝就会徐徐而落；若只是轻轻地抓住风筝线，那么风筝就可以自由地在天空中翱翔。爱情，就和风筝一样，也需要自由地飞翔，如果你紧紧地抓住它，爱就会死去。爱人之间，也需要呼吸的空间，每一个渴望爱情或者正在爱情

中的人一定要记住，爱和风筝一样，也是需要放生的，紧紧抓住的爱会慢慢地在手中死去。如果你能懂得放开，爱就会变得更强壮，也更有生命力。所以，在爱情的世界里，不要束缚，选择给爱放生，留出一点距离，让对方自由地呼吸。

他和她认识在浪漫的大学时代，然后在一大帮朋友的撮合下陷入了热恋。他很爱她，这是众人皆知的秘密；她也很爱他，这一点没有人怀疑。朋友都说她就像是他的影子，总是跟在他身边，形影不离。有人说，距离产生美。但他们俩却异口同声地反驳：有了距离，美也就没有了。

她不喜欢他抽烟，特别是在公共场合，那他就不抽，只要她高兴；她还不喜欢他上网打游戏，说那样会玩物丧志，他也可以不打，因为他认为她说得很对。她不让他做的事情，他从来不坚持，因为他觉得她也是为了自己好，他应该尊重她。渐渐地，他已经习惯了她这样左右自己的生活，而她也觉得只有这样，才能充分说明自己在他心目中的位置。

大学毕业后，他们开始工作了。他的工作时间并不是法定的八个小时，而是更长。刚开始，她只是埋怨他没有时间陪她，但是后来，这种埋怨逐渐升级为猜疑。有一次，他加班回家已经深夜一点了，一进门就看到她坐在床上，便问她为什么还没有睡，她阴阳怪气地说想等他回家闻闻身上有没有香水味。他只当她开玩笑，脱衣服去洗澡，可洗完之后却发现她正在床上翻自己的口袋。那天晚上，两个人都无法入睡。

后来，她每天都会打数十个电话查岗，他终于有一天忍无可忍，生气了："我在单位，你可以放心了吧？"这样的行为愈演愈烈，每天都会有歇斯底里的争吵，感情也一点点地被扼杀了。

卡耐基说，在爱情的世界里，我们都有过感动、有过信任，但在某些时候，这样的信任远远不及自己的猜疑。到底是什么扼杀了爱情？其实，真正的凶手就是因为自己抓得太紧了，没有给对方足够的呼吸空间，让爱情窒息而死。当爱情逝去了，有人才开始追悔“我为什么会傻到去猜疑一个如此爱自己的人，甚至做出那么多愚蠢的行为”，纵然翻然醒悟，但终究亲手扼杀了一段美丽的爱情。一直以为，只要有爱，就没有什么不可以，但是现在想来，爱情和人一样，也需要空间，也需要氧气，这样才能生存。

1.爱情只需八分饱

刚开始恋爱的时候，爱很感性，也很缠绵，但不可能整段爱情都是如此。爱情只是生活的一部分，除了谈恋爱，还需要生活、工作，不可能二十四小时都放在对方身上。在爱情里，每个人都需要保留一点自我的东西，不要过于依附对方。爱情就像吃饭一样，只要八分饱就可以了。爱一个人不要爱到十分，爱得太过会让人有窒息的感觉，也会成为一种束缚。那么，剩下的两分就留出来，成为两个人自由呼吸的空间。在爱情里，要舍弃捆绑的爱情，学会为对方留出一点空间，让爱自由呼吸。

2.遵守爱情中的刺猬效应

其实，人与人之间永远都存在着一个交往的距离，若离得太远，感受不到关怀，会显得孤独落寞；若离得太近，又会彼此限制，互相伤害。这样就像是冬天里互相取暖的两只刺猬，进行多次尝试之后才找到了一个合适的距离：既能获得温暖而又不至于受伤害。人际交往中也需要保持适当的距离，这在心理学上被称为“刺猬效应”。在人际交往中存在着刺猬效应，在爱情中体现得尤为明显。

爱情，拒绝束缚

劳伦斯曾经在《儿子与情人》中说：“爱情应该给人一种自由感，而不是囚禁感。”成功大师卡耐基认为，真正的爱情应该是彼此有着自由呼吸

的空间。也有人说，最美丽的爱情就是两个人既是共同体，却又是相互独立的个体。爱情固然需要火花的碰撞，也需要激情的燃烧，但是如果将爱的琴弦绷得太紧，那爱势必会在浪漫的释放之后走向决裂的坟墓。正如那句名言所说“最快失去爱的方式是将爱抓得太紧，而最快获得爱的方式是给予爱”。爱情就像是一滴晶莹剔透的水珠，你越是紧紧地握着，它就越快地从你指缝中流走、蒸发，最终成为没有颜色的悲哀。像这样的爱情被我们称为“束缚的爱”，也有人称之为“捆绑的爱”，因为爱得太用心，爱进了骨子里，所以，爱就悄无声息地逝去了。但是，如果你能放下束缚的爱，松开自己的双手，让那一滴水珠蔓延在你花样的手纹里，就能将其美丽尽收眼底。

安娜，一个有着宗教信仰的贵族妇女；沃伦斯基，一个上流社会的花花公子。这两条原本没有交集的平行线，在各自的人生轨道上谱写着没有起伏的生活旋律。有一天，他们相遇并走在了一起。为了爱情，安娜不惜放弃丈夫、儿子、家庭，放弃自己的身份地位，与社会决裂，孤注一掷，把所有的赌注都压在情人对自己的爱情上。除了爱情，她可以说是一无所有，但她还是很自豪。因为对她来说世界上只有一样东西，那就是沃伦斯基的爱情，只要有了它，她就觉得自己很高尚、很坚强。她认为她爱沃伦斯基就应该完全占有他，丝毫不允许沃伦斯基有自由活动的空间和权利。而沃伦斯基作为一个男人，尤其是一个从小就出入彼得堡上流社会的花花公子，不可能蛰伏于二人苦心营造的爱巢而对外界不闻不问。他还有自己的生活和事业，他觉得“我什么都可以为她牺牲，就是不能牺牲我男子汉的独立性”。最终，一场爱情悲剧发生了，在假想情敌索罗金娜小姐的挫败下，安娜卧轨自杀。在临死的一刻，她叨念着“您，您会后悔的”。

安娜的爱情悲剧令人欷歔，她一直所苦苦追求的爱情不过是被束缚的爱情。她已经在追逐的过程中失去了自我，她放弃了丈夫、儿子、家庭，放弃了自己的身份地位，这样的爱情在一开始就注定将面临死亡。因为不懂得爱自己的安娜不会赢得爱情的青睐，她把所有的心思都放在了爱情身上，所以最终她也输得很惨。安娜对爱情的强烈占有欲，将爱情看成她生活的全部，这就是她不懂得自爱的表现，是她的自私捆绑了原本美好的爱情，亲手扼杀了这刚刚萌芽的爱情。

小丽美丽端庄，在一家公司工作。由于优秀的表现被老板器重和追求，可是就在收到老板主动送过来摆放在自己办公桌上的玫瑰花，并写着："可以做我的女朋友吗？"后，小丽不假思索地将玫瑰花送还给老板，并说："做朋友可以，但很抱歉我不能做你的女朋友，因为我已经有非常爱我的男朋友了。"当小丽把这样的事情告诉男朋友之后，男朋友高兴之余还有一丝不悦。之后，他就像变了一个人，病态地苦苦缠着小丽，要求她准时下班，甚至要求开会时要现场手机拍照发回给他，身边是男的还是女的，并开始怀疑小丽的升职也和老板有着暧昧的关系。后来，男朋友不惜辞去了工作，专门在家盯着小丽。为此，小丽非常苦恼，没有一刻的自由，背负着巨大的精神压力，无奈三次提出和男朋友分手。可是，男朋友一次次哀求，保证下次再也不了，然而每次都一样，甚至以自杀来挽回小丽的同情。小丽整天痛苦着，自己也不知道该怎么办。

男朋友对小丽的爱，当然是不容置疑的，他刻骨地爱着小丽，小丽也深爱着男朋友。但是，面对这样病态的爱、失去自由的爱、被束缚的爱，小丽只有选择离开。小丽一再要求分开，深爱着小丽的男朋友居然以自杀来引起小丽的注意。如果男朋友懂得自爱，懂得爱人，就不会陷入病态的爱恋中无法自拔了。所以，舍弃束缚的爱情，给爱呼吸的空间，也是为了更好地疼爱自己。

席慕容曾这样说过，"忧伤的来源其实是起于丰盈之后的那种空芜。对生命，对内里的激情，我们从来没有人能够得到真正知足。"正是出于对激情无止境的追求，才让许多人走入爱的误区，他们害怕那眼前的爱会昙花一现，对爱情的渴望使自己变得越来越自私，爱情被束缚了，对方也

在反抗了。

其实，束缚的爱才是扼杀爱情真正的原凶，它不仅让我们变得自私，也让我们在爱情的争斗中失去了自我。有的人甚至不惜放低自己的身段，害怕失去对方，在这一过程中，他早已不懂得如何来爱自己了。这样，被束缚的不仅仅是爱情本身，还有爱情中的两个人，你丧失了爱自己的力气，也让爱人失去了自由的权利。所以，学会放弃束缚的爱情，这也是疼爱自己的方式，更可以为你赢得爱情。

让爱情掉进“蜜罐”

卡耐基认为，每个人都希望自己的爱情能够每时每刻都保持甜蜜，就如同两个人掉进了“蜜罐”一样，心里每一刻都是甜的。但是有时候，爱情毕竟熬不过岁月，在刚开始热恋的时候，彼此都很迁就对方，会为对方着想。可是时间一长，爱情就会进入一个疲倦期，两个人的感情在平平淡淡中磨合，有争吵、有泪水、有埋怨、有厌倦。彼此觉得爱情已经不是最初的那样甜蜜而又激烈了。怎样才能使自己的爱情如最初那么甜蜜呢？只要你在爱情中巧妙地采用以下方法，就能让你的恋情掉进“蜜罐”里。

1.坚持做你自己

很多人在热恋的时候，会显得不够自信，总是害怕对方会离开自己。于是，在这样既冒险而又甜蜜的爱情里，她会梦想着成为另外一个人，比自己更聪明、更可爱、更引人注目的一个人。其实，每个人都有自己独特的魅力，不管你爱上的那个人是谁一定要坚持做你自己，因为你是世界上独一无二的，他爱上的不是别人而是你。你在盲目地去做别人的时候，便已经丧失了你自己独特的魅力，只有做你自己，才能保持自己的神秘感，才会对他有吸引力。也许，只要你多一点点自信，他就会牵着你的手，一

直走下去。

2.多为对方准备惊喜

每个人心里都有最柔软的地方，只要你能时刻为他做一些事情，让他心里充满感动，那么你们的爱情还是会在感动中点燃激情的。在平时的生活中，多给对方一些惊喜，让他心里随时充满新鲜感，这对爱情的保鲜也是很有必要的。在他生日那天，偷偷地把礼物准备好，然后放在他能发现的地方；或是事先不打电话给他，突然坐着车跑到他公司楼下见他；在外出旅行的时候，把写好的字条悄悄地放进他第天要穿的大衣外套里。这些都是很小的事情，却能在对方心中留下永久的感动。生活中处处充满了惊喜，也让你们的感情时时充满了甜蜜。

3.不要放弃自己的工作

聪明的人在享受爱情甜蜜的时候，也很会享受自己的工作，并在自己的工作中找寻乐趣。在工作中，你可以展现你的另外一种美丽，也可以在经济上保持独立。如果你没有属于自己的工作，天天围绕他转，不但自己会觉得无聊，对方也会感到厌倦。最重要的是，有一份热爱的工作，比拥有一段不稳定的感情更能给自己带来安全感。

4.要有自己的朋友

每一个人在除了爱人之外，都要有三五个朋友。这样，你在空闲之余还可以和朋友聊聊天、谈谈心，这能够为你带来一些爱情之外的新鲜感。你在他工作繁忙的时候，可以做些自己喜欢的事情，也可以和朋友喝杯咖啡，聊聊时尚、美容方面的话题，做个快乐的人。这比你无所事事，甚至胡思乱想要强得多，当你见了朋友回来再看到他，你的心里就会充满愉悦，这对于你们的感情保持甜蜜也是相当有用的。

5.吵架时记得他的好

恋人之间，难免会发生争吵。有时候，越是相爱的两个人，越是容易产生误会。当你们出现矛盾的时候，请你想一想他对你的好，两个人在一起是因为相爱，而不是为了吵架。长久的爱情，一定是两个人共同努力的结果，只要两个人能够互相谅解，生活总会好起来的。如果每个人都能包

容对方的一些缺点，爱情的路会走得更长远，你也将会永远是他心中深爱的人。

6.少抱怨，少埋怨

生活中总会有一些不如意的事情，这时候要少抱怨、少埋怨，要用积极的心态看问题。只要两个人在一起，以乐观的心态看问题，一切问题都会迎刃而解。每个人都希望看到对方微笑的样子，情绪是会感染的。如果你一味地抱怨，也会影响他的心情，这样就会使你们的感情产生一些矛盾。所以要保持一颗乐观、宽容的心，相爱的时候，一切都是美好的。所以，也请你以最美的姿态去爱他，让他和你快乐地度过每一天，让你们的爱情甜如蜜。

第20章
婚姻正能量，家庭美满是最大的幸福

卡耐基认为，婚姻也是需要正能量的。就卡耐基本人而言，他的第二任妻子桃乐丝很支持他的事业，他们之间的关系一直很融洽。就在卡耐基63岁时，桃乐丝为他生下一名女婴，名为唐娜·戴尔·卡耐基，现任美国卡耐基培训公司董事长。在一段婚姻里，我们需要发挥出婚姻本身的正能量，因为家庭美满才是最大的幸福。

学会原谅他

卡耐基认为，恒久的婚姻，是需要彼此的宽容来维持的。在婚姻的世界里，并没有一百分的一个人，只有五十分的两个人。或许他有一些小缺点，偶尔还会犯一点小错误，这时候，都需要你的原谅与宽容。在这个世界上，就连圣人也免不了会犯些错误，更何况我们普通人呢？有人说，原谅生活，是为了更好地生活。其实，在婚姻的路上，学会原谅你的另一半，也是为了更好地生活。别跟自己过不去，也别跟他过不去，没有理由不滋润快乐地生活着，关键是我们在婚姻中怎样来取舍。他有一些错误，但婚姻比起来更加美好，我们又有什么理由来拒绝婚姻呢？两个人曾经那么相爱，还记得雨天里浪漫的散步，还记得那次他陪着你逛了一整天的街，还记得他说“只要你

做的饭菜，我都喜欢”，还记得他在泥泞的路上毫无犹豫地背起了你，还记得以前那艰难的日子里相濡以沫的点点滴滴。所以，两个人既然是真心相爱，就没必要为了一个错误而放弃这段来之不易的感情。

樱子的新房装修好了，回想和老公一起走过的日子，她觉得时间真快，他们终于有自己的家了。他们是大学同学，在一起7年，房子的首付是两个人三年攒下来的，虽然那段日子过得很艰辛，却显得无比幸福。樱子经常会说，那就是一起吃苦的幸福。结婚后不久，婆婆来了，因为照顾小孩子，要住一个多月，樱子也表现出媳妇的孝心，陪着婆婆买衣服，又塞给婆婆零用钱。

一天下班之后，樱子回到家发现自己的房间好像被人动过，所有的摆设都换了位置，她想找东西也找不到，当时心里有点生气。她就对婆婆说：“妈妈，你打扫房间的时候动我房间里的东西了吗，我连明天要穿的衣服都找不到了。”没有想到婆婆情绪很激动，一直在那里说：“屋里东西哪些能动，哪些不能动你也不说，我们怎么知道？我收拾东西帮你打扫卫生，不指望你能干活。”婆婆啰嗦起来没完没了，她根本就插不上话，她一开口，婆婆就提高声调，完全不给她解释的机会。还说：“下次我不进你房间打扫了，你自己来做清洁。”她关门进了卧室，丈夫就出去了，他是个特别孝顺的人。婆婆的唠叨还在继续，用的是家乡话，听着好像说她不爱干净和把儿子拉扯大不容易之类的话。

樱子在房间里实在很憋屈，忍不住出来，说道：“我并没有说怎么样，以后你愿意怎么样就怎么样吧，我什么都不会管的。”“你这是什么意思，觉得我这个婆婆碍事了，那我走好了，明天就走。”说完，还一把鼻涕一把泪的。这时候，丈夫回来了，伸手就给了樱子一个耳光。樱子捂着自己那通红的脸颊，开始大叫：“我要离婚！”因为樱子一向反对家庭暴力，而且也是两人以前约好的。

事后，丈夫向樱子道歉并请求她的原谅，要她放弃离婚的想法。她相信他是爱自己的，他们一起吃了很多苦，两个人互相扶持走到现在不容易，共同经历了数不清的风风雨雨。但是她总害怕会再次被打，再三考虑后，一纸离婚协议递到了丈夫的手里。

丈夫在一时冲动之下打了她，也打破了两个人的婚姻。如果樱子原谅了丈夫，那一家人还可以和和美美地过下去。可就在转眼间，幸福却因为一个不原谅而烟消云散，而且这只是一件很小的事情。两个人能经历风风雨雨走到一起，真的很不容易，没有理由去轻易放弃一段来之不易的感情。所以，请选择原谅他，放下偏执，让那些不愉快的伤痛成为过去，给它画上一个句号，明天的生活就会更加美好。

每个人的心里都隐藏着一个杯子，这个杯子里装满了心事，如果心事太多了，就会溢出来，影响到身体的健康。所以，在适当的时候需要倒掉一些才行，否则心中的负荷太重了，就会使我们的心情沉重，呼吸困难。而在婚姻的城堡中，没有谁敢保证他就永远不会犯错，每个人都会犯一些错误，如果你把爱人的错误压在心底，就会造成心理负荷，使杯子里装满不安和痛苦，难以获得快乐。

这时候，舍弃心中的计较，选取宽容大度的原谅，你们就可以重新收获爱情，也可以更好地生活。无论是生气还是吵架，都是激化爱情矛盾的催化剂，要学得理智一点，不要再为他的错误而耿耿于怀，宽容地原谅他，给他一个改过自新的机会。而他也会从心里感激你的豁达与大度，你们的生活依然可以过得很幸福。

被误会也要学会理解

卡耐基说，有时候，我们也会在婚姻的世界里遭遇误会、误解，甚至一件微不足道的小事也会让对方觉得难以理解。误会重重，越想解释，看

起来却越像掩饰，于是，误会就像是弥天大雾，阻断了爱情前进的脚步。一方迟迟打不开心结，而被误会者更是受尽委屈，心中愤恨不已，这样的两个人在一起，就注定了伤害与痛苦。有的爱情，仅仅因为一次误会而终结，导致两个本来相爱的人成了陌路。为什么爱情会这么不堪一击呢？其实，误会毕竟是误会，只要拨开了眼前的迷雾，生活就会充满阳光。当自己被误解的时候，也要学会看得开，以一种理解的心情来看待对方的言行，并且试着解开这个误解，从而打开一直纠缠对方的心结。如果你还沉浸在委屈中，做出反击的动作，势必会火上浇油，这时候，爱情成了战场，相爱的两个人都会受伤。所以，即便是自己被误会了，也要舍弃心中的委屈，致力于解开误会，让爱情重新绽放出无尽的光芒。

小M和老公结婚三年了，生了个宝贝，显得更加温馨和睦。小M感到很幸福，老公事业有成，女儿活泼可爱，还有什么不满足的呢？

可是，最近小M听到了很多传闻，就连自己的好朋友也悄悄地暗示自己"要注意你老公的动向"。刚开始听到这样的传闻，小M还以为是开玩笑，反过来安慰朋友："没事啦，我现在很幸福，老公也很爱我。"朋友看着一脸幸福的小M，也有点宽慰："其实，我也是听来的，据说你老公所在的公司来了个漂亮能干的总监，好像跟你老公走得挺近的。"小M听了，心里也有点疑惑，怎么从来没有听老公说过呢？有一天下午，小M特意打扮了一番去接老公下班，在公司门口等着，一会儿，老公和一个女的并肩走了出来。老公看见小M，有些惊讶，微笑着走了过来。小M脸上却不好看，不屑地看了那女的一眼，就挽着老公走了。一路上，小M一句话也不说，老公问了几句，她也是没好气地回答。老公知道她在生什么气，但觉得自己现在说什么都会被认为是辩解，便一脸苦笑。

周末，在外面洽谈工作的老公打电话给小M"晚上出来吃饭，一会儿我来接你"，小M心里还有气"你咋不跟那个什么总监一起吃呢，我可只是一个家庭妇女"，老公回了一句"我就喜欢家庭妇女"，"什么，她已经结婚了，你还对她有那意思？""哎，晚上出来再说吧"。小M差点把电话砸了，但她不想就这样完事。晚上，小M来到了楼下，老公为她拉开了车门，她发现车上还坐了两个人，是那个漂亮的总监和苏军。老公作了介绍："这是我们公司的总监小曼，这是她老公苏军，你认识的，我大学同学。"小M恍然大悟，幸亏自己没有做出什么行动，她捏了老公的手臂，嗔怪道："也不早跟我说一声。""可是，你没有给我机会啊！"老公笑着说。

老公被小M误会了，但他并没有因为小M的无端猜疑而大为光火，而是以包容的心态来理解她的言行。并且，他以一个戏剧性的方式解开了误会，最终两人又恢复了往日的恩爱。假设老公在受到老婆猜疑的时候，就开始生气，并且认为这是"莫须有"的罪名，怀着一种"反正我是清白的，你爱怎么想就怎么想"，那一定会让这次误会升级为战火，还有可能使两人之间的感情破裂。所以，一个人遭受误会时也要想得开，舍弃暂时的委屈，选取长久的爱情。

正能量提示

卡耐基认为，爱情，就像人生一样。没有谁的爱情会一帆风顺，都会免不了经历一些风风雨雨，走过一段坎坷的路程。也有人说，当爱情经历了风雨的洗礼，它会变得更加强壮，无坚不摧，这样的爱会更恒久。

1.更好地理解另一半

其实，在爱情里会产生一些误会，除了女人的天性敏感多疑，还有一个原因就是她太在乎你了。因为在乎你，所以不得不关注你的一切行为，虽然这看似霸道的爱，却是出自真诚的心理，也是无可厚非的。男人应该对这种行为给予理解，以宽容的姿态拥抱她。在每一个男人心中，都应该有一块静心石，对于她的误会要放下，很多误会也就可以解开，也能够为美丽的爱情拨开云雾的遮蔽，重新绽放出爱的光芒。

2.感情需要理解的呵护

如果爱情就像温室里的花朵，从来没有经历过风雨的洗礼，它就显得

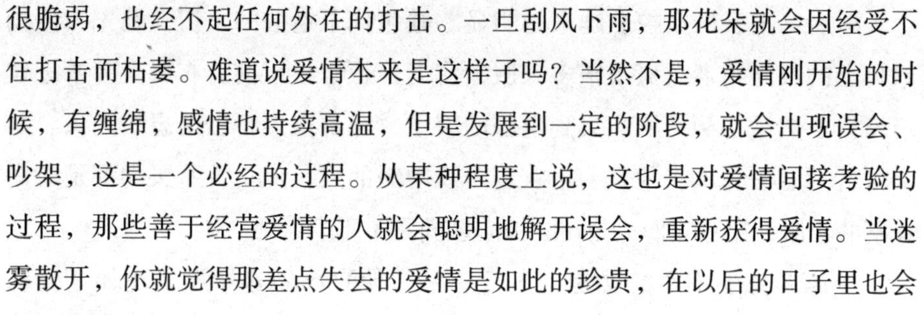

很脆弱，也经不起任何外在的打击。一旦刮风下雨，那花朵就会因经受不住打击而枯萎。难道说爱情本来是这样子吗？当然不是，爱情刚开始的时候，有缠绵，感情也持续高温，但是发展到一定的阶段，就会出现误会、吵架，这是一个必经的过程。从某种程度上说，这也是对爱情间接考验的过程，那些善于经营爱情的人就会聪明地解开误会，重新获得爱情。当迷雾散开，你就觉得那差点失去的爱情是如此的珍贵，在以后的日子里也会更加珍惜爱情。

不要总想着男人按照自己的意愿做事

卡耐基曾这样告诫所有的女性：不要总想着男人按照自己的意愿做事。生活中，我们总会看到这样的景象：一些像跟班似的男生，背着女朋友的包包，鞍前马后，全然不顾男人形象。当然，走在他身边的女人肯定没有失去生活自理能力，只是习惯让男人按照自己的意愿做事，最终导致男人没有了尊严。而造成这一切的却是那些妄图掌控男人的极端膨胀女人。在这些女人看来，自己掌控了男人就好像有了莫大的尊严，其实越是这样的男人就越是不可靠，他之所以还能忍受你的掌控欲，那是因为心里还有你。但若是这样长期下去，他肯定会在你“高高在上”的姿态下转身离去。女人，若是不想让自己的爱情遭遇风暴，就应该记得在一开始就需要维护自己尊严的同时给男人同样的空间和尊重，这样男人才会更加爱你。

王云是一个掌控欲较强的女人，她的这个特点从结婚那天起，老公就知道了。结婚的时候，婚礼的所有安排都是王云设计的，老公好心提出建议，却总是被一句话驳回：“这个事情必须得这样，否则搞砸了婚礼，我跟你没完。”

婚后，王云的掌控欲越来越明显。她包揽了老公的一切，她先去商场以自己的眼光给老公买了很多衣服，将老公柜子里以前的衣服全部塞进垃圾箱里。然后小到牙刷，大到电脑的牌子，她都按照自己的想法购买。结果可苦了老公，本来他是一个衣着中规中矩的人，但王云所买的都是时尚花哨的衣服，穿着它们去公司，被同事们看了不少笑话。

最让老公受不了的就是，王云总是指使自己做这做那，比如老公回家说："最近，公司人事部可能有变动。"王云就会"出谋划策"："你得想办法上升，这样才有出路，总是这样怎么行，这样明天我去给你领导送个红包怎么样？"老公暗暗叫苦，嘴上说着："你还是别去了，省得最后把事情搞砸了。"结果王云还是去了。可想而知，本来老公有机会晋升的，让王云一闹腾，领导硬生生地将晋升的文件压了下来。

出了这样的事情，老公生气了，大吼："你怎么总是这样？什么都想管着我、控制我，小到衣着打扮，大到公司的事情，你管得未免太宽了吧，你这样，我真的很累，好像每天我做的都不是我自己，而是你训练出来的傀儡一样……"

女人总是想让男人按照自己的意愿做事，其实这本身就是一种对男人的控制。而男人是一个强势的群体，他们通常会将自己的面子和自尊看得比生命都重要，因此不会任由别人侵犯。如果女人跨越了这个边界，只会惹来男人的怒气和厌恶，时间长了，有可能两人之间的感情也会出现问题。

卡耐基认为，在家庭中，有些女人的形象就好像是一个全职保姆，而且还是一个姿态蛮高的保姆，因为她总是会强迫男人按照自己的意愿去做事。比如，出门穿什么衣服，浴巾放在哪里，家里的每样东西都必须按照她所说的放在固定的地方，不然她就开始唠叨，甚至发脾气。电脑是开着

还是关着，她也会管，而且在她说了之后就应该马上去做，否则他又会生气。在这样的严格控制下，男人就好像一只被关在笼子里的小鸟，毫无自由。人的内心深处总是住着一个叛逆的小孩，你叫他这样做，他偏偏那样做。男人也是一样的，他们就好像飞翔在天空中的风筝，如果你把线拽得太紧，他只会拼命挣脱，最终线断了，他也自由了。

1.对男人就好像放风筝一样

很多人都放过风筝，而如何有技巧地掌控风筝线，不让风筝挣断，这才是最重要的。女人对男人，就好像放风筝一样，你要给男人充分的自由，用心体恤他的工作，这样男人的心才会紧紧地留在你那里，而不会飞向别处。

2.“控制男人”的想法往往会起相反的作用

许多女人聚在一起，所谈论的话题就是“如何控制男人，将男人玩弄于股掌之间”，但她们都忽视了，男人并不是物件，他们也是有思想、梦想自由的人。女人一旦产生“控制男人”的想法，往往会起到相反的作用，因为男人讨厌被人控制，而且还是被最亲近的人控制，他们心中会对你产生极大的反感，而这将成为两人之间关系亮起红灯的导火线。

不忘对他说几句鼓励的话

卡耐基认为，在婚姻之中，假如一人陷入情绪低迷的时候，作为他的另一半，需要及时向对方说几句鼓励的话。每个人都有低迷的时候，他也不例外，有可能是工作上进展得不够顺利，有可能是遇到了一些困难与挫折，有可能正处于人生的低谷时期。当他出现低迷的时候，你是否做了应该做的——给予他几句话的鼓励。一些女人习惯了啰唆、指责，面对他工作中的失败，不仅不给予安慰，反而变本加厉地指责起来，说一些伤人的话语："你真是没有出息"、"纯粹是一个窝囊废，早知道当初就不嫁给你"、"自从跟着你，我就开始倒霉了"……这些杀伤力无穷的话语，无疑是雪上加霜，而你也成了落井下石的那一位。当面对他遭遇困难的时候，即便是陌生人也会递上一份问候，更何况是你。所以，即使他事业没有什么成就，也不要乱加指责，更不要随意怒骂，这只会使你们之间的感情越来越淡漠。不妨拿出女人的本色，给予他几句话的鼓励，用你柔弱的双肩为他支撑起坚实的大后方，给他信心，让他从困境里走出来。这是一个女人的智慧，更是一个女人的骄傲。

小路和老公都来自农村，因为共同的家境让他们有了许多共同语言。认识两年之后，他们就领证结婚了，虽然没有房子，也没有车子，甚至连婚纱照都没有拍，可是小路觉得自己很幸福，因为爱是任何物质都换不来的。

结婚后，老公工作更努力了，虽然没有较高的学历，但他用自己点点滴滴的勤奋努力拼搏，只是为了当初许下的承诺：小路，我会给你一个美好的将来，相信我。小路的爱让他坚信自己一定会成功。小路也经常鼓励老公："你就是最棒的，总有一天，你会有自己的公司，我相信你，一直，甚至是永远。"其实并没有等到永远，过了两年，辛苦拼搏的老公赚回了人生的第一桶金，自己经营了一家小公司，虽然看起来似乎并不起眼，但小路说："有一天，你会把公司做大的。"在小路的不断鼓励下，老公的公司发展越来越好，没过几年就买了房子，买了车子，也做成了大公司。

但是好景不长，可能是因为经营不善，一些管理方法出现了问题，公司陷入了困境，老公焦虑得晚上睡不好，白天还要去公司处理事情。小路看着着急的老公，也很担心，但她还是一如既往地鼓励他："这只是暂时的困难，很快就会过去的，现在可比我们才来城市的时候好得多了，那时候那样艰难我们都熬过来了，何况是现在呢？"老公看着小路认真的脸，笑了。

小路在任何时候都没有指责老公，而是一如既往地支持他、鼓励他，不断地给他坚持下去的勇气。在小路的鼓励下，老公取得了一次又一次的成功，从一次次的失败中重新站了起来。每个人在人生路途中都会遇到种种困难和挫折，面对突如其来的打击，很多人都防不胜防，心理也即将崩溃。这时候，正是需要帮助的时候，没有指责，没有质问，只是一句轻轻的鼓励，或者只是一个拥抱，一个善意的微笑，都足以燃起他心中的希望，给他强大的力量，那是重新站起来的力量，是重新获得成功的力量。

1.男人也需要被肯定、被鼓励

也许，有人认为男人那么坚强，是根本不需要鼓励的，只有弱者才需要鼓励。事实上，无论是强者还是弱者，都有最脆弱的时候，在那低迷的时候，最需要有个人能给他勇气、信心，能够不断地给他打气，成为他最坚实的后盾。对于男人来说，他们的自尊同样是异常的脆弱，假设你给正处于困境的他一顿责骂，他有可能就真的一蹶不振，甚至破罐子破摔，最终毁掉自己的一生。

所以，请在他最需要帮助的时候，用力地拉他一把，用你的语言行动告诉他，无论他成功还是失败，你永远支持他、陪伴他。如果你真的付诸于实际行动，那么他会用一生来回报你的恩情。或许在你的鼓励下，他真的就成功了，重新找回了自己，他的重生证明了你的伟大，因为你的鼓励，让他对自己的工作充满了信心。

2.女人要成为男人最坚实的后盾

男人在外工作已经够累了，如果遇到工作中一些问题，再强大的他也会感到沮丧。这时作为女人，应该适时说几句安慰的话，虽然这些话并不会提供实质性的帮助，却可以让他对工作重新充满信心，从而为明天的成功打下基础。

参考文献

[1] 戴尔·卡耐基.卡耐基魅力口才与演讲的艺术[M].北京：中国华侨出版社，2011.

[2] 戴尔·卡耐基.卡耐基励志经典大全集[M].北京：华文出版社，2009.

[3] 戴尔·卡耐基.卡耐基口才的艺术与人际关系全集[M].北京：中国华侨出版社，2010.